山西老陳醋

程光胜◎编著

南京出版传媒集团
南京出版社

图书在版编目（CIP）数据

山西老陈醋 /程光胜编著. — 南京 ： 南京出版社，2015.8

ISBN 978-7-5533-0911-8

Ⅰ. ①山… Ⅱ. ①程… Ⅲ. ①食用醋—介绍—山西省 Ⅳ. ①TS264.2

中国版本图书馆CIP数据核字（2015）第107779号

书　　名：山西老陈醋
作　　者：程光胜
出版发行：南京出版传媒集团
南 京 出 版 社

社址：南京市太平门街53号　　邮编：210016
网址：http://www.njcbs.cn　　电子信箱：njcbs1988@163.com
联系电话：025-83283893、83283864（营销）　025-83112257（编务）

出 版 人　项晓宁
出 品 人　卢海鸣
责任编辑　程　瑶
装帧设计　刘振然
责任印制　杨福彬

排　　版：南京新华丰制版有限公司
印　　刷：南京凯德印刷有限公司
开　　本：787毫米 × 1092毫米　1/16
印　　张：17.25
字　　数：261千字
版　　次：2015年8月第1版
印　　次：2021年10月第2次印刷
书　　号：ISBN 978-7-5533-0911-8
定　　价：68.00元

用微信或京东APP扫码购书

用淘宝APP扫码购书

上架建议：科普

序　一

《山西老陈醋》这本书的问世，很有意义。书中的内容涉及醋和山西老陈醋的起源、酿造技术的发展历史、酿醋的科学研究成果和醋的应用等等，相当丰富，连近年推出的老陈醋新国家标准，也有介绍。书是一种知识的载体，本书的出版，对于了解山西老陈醋和推动这一优秀传统产品的更快发展，可能会有所帮助。

本书的编著者程光胜是中国科学院微生物研究所的老教授。他是江西人，却写山西的醋，其渊源则来自他的恩师、已故中科院院士方心芳。方院士早在1934年就注意到了山西老陈醋，并且以一个酿造科学工作者的视角对80年前的老陈醋酿造工艺和产业进行了详细的考察，这成为我国近代酿醋史上的创举。他们这两代科学家作为炎黄子孙，都认为山西出产的老陈醋，应该是属于全人类的，因此，身为工业微生物学工作者，有继承祖先宝贵遗产的责任，应该通过实验研究，发扬老陈醋酿造技术中的优点，改进存在的问题。年近八十的程教授用两年的时间，克服了各种困难，写成了这本书。这既是一本科普著作，又是一本技术专著，集知识性和工具性于一体，相信也会对读者有帮助。

我与程老的相识、相处和相知，到今天经过了5年时间。把我们联系在一起的，就是山西老陈醋。老大哥对我的家人和许多关心醋业发展的人说，“山西老陈醋的未来发展，是王建忠一生的信仰和追求，我一定要给王建忠一个交代，我不得不写这本书。”乍听起来，似乎这本书是我逼迫他写的，其实是老大哥依旧旺盛的事业心碰上了我而找到了寄托，也是对我的信任。

众所周知，任何一个行业，如果缺少基本的规范，必然出现恶性竞争，从而导致产品质量下降、定价混乱、鱼龙混杂，最终的结果将是行业的崩溃。当前山西老陈醋行业中存在的问题，我们不能听之任之。2010年以后，我担任过山西醋产业协会的常务副会长，对于山西老陈醋这一卓越的传统产品，有着深深的爱和不能推卸的责任。山西省政府八大部门组建了“促进山西醋发展领导小组”，为山西醋业在我国当前新常态下的发展采取了决定性的措施。我曾提出过“山西促进醋发展的若干条建议”，为后来出台的《关于促进山西醋产业加快发展若干意见的通知》（简称山西醋八条）尽了自己的一份责任。醋产业协会在领导小组的领导下，克服了一个又一个主客观困难，集合同行业和各方面智慧，为制定国家新标准《地理标志产品　山西老陈醋》，拟定《山西老陈醋生产工艺流程规范》做出了很大的努力。我们还组建了山西醋产业发展有限公司和山西老陈醋专卖店，这是实现发展山西醋业战略规划的实际步骤。我相信，山西醋业，特别是山西老陈醋产业，将会在一个规范有序的格局中迅速而健康的发展，为山西省的全面发展做出自己的贡献。

山西老陈醋是华夏农耕文明中一项体现中华民族智慧的结晶，是我国对世界的贡献。由于它的酿造工艺特殊，成就了山西老陈醋除作为优秀的调味品外，更加突出的保健和医药功能。

改革开放以来，我在艰苦创业中小有成功。进入 21 世纪后，发展山西老陈醋成了我今后终生不渝的追求。除了将我微薄的积蓄全部动用外，还通过社会融资，对这个希望无限的产业加大了投入。其目的并非生产用于调味的普通老陈醋，而是以新颁布的国家标准为目标，“生产老陈醋，销售老陈醋，研发老陈醋”，使山西老陈醋这一别具一格的、彰显地域特色的、目前还不可复制的传统酿造产品得到健康和稳步的发展，为国争光，为山西人争光。我想，这也是程光胜教授撰写这本书的初衷。

在与山西醋结缘的人生中，让我意识到山西老陈醋这种优异的酿造食品，融汇着哲学、医学、药学、自然科学，乃至佛教和道教等多元的人类文明。在实现我的理想的过程中，我愿意吸取古今中外那些卓越的思想家、哲学家、战略家、军事家、科学家、宗教家、企业家、金融家的能量于一体，努力，努力，再努力，为普天之下的人们的健康做出积极的贡献，使山西老陈醋在蓬勃发展的大健康产业中异军突起。我想，这也是程光胜老大哥对我的殷切期望。

我感谢养育我成长的这块黄土地，感谢在我投入醋行业后给我各方面支持的众多领导、师长、同行和朋友；我还要感谢山西金醋生物科技有限公司、山西聚华体育产业公司、山西小酒店的每位员工给我的支持；更令我永生难忘的，是爱妻彭希年几十年来的相濡以沫！所有这些，铸就了我克服各种困难的决心与力量。

王建忠
2015 年 3 月 15 日书于太原

序　二

醋的发明与酿酒有关，酿造醋作为传统发酵食品，古称“酢”“醯”或“苦酒”，我国古代典籍《周礼》中，就记述有“醯人掌五齐、七菹”之谓，旁证了醋在帝王日常饮食中的地位。古籍记载，武则天在洛阳时凤体欠安，腹胀气滞不思饮食，后有位道士进献小米陈醋，武后服后很快康复。此后御膳必配米醋，此习俗流传至今。因以醋佐餐可以增加食欲，著名的“洛阳水席”就配有米醋，以开胃解酒。醋不仅作为调味品，自古就已入药，中医认为醋有活血散瘀，消肿止痛，下气消食之功。酿造醋的成分非常复杂，其氨基酸及有机酸、矿物质等相当丰富。各种有机酸（包括醋酸）赋予了食醋的风味，老陈醋经过“冬捞冰、夏日晒”的制作过程，其醋酸含量高于一般酿造醋。醋酸等有机酸被机体吸收后，可以加速乳酸氧化，促进新陈代谢，预防和消除疲劳。食醋还能加速脂肪代谢，故有利于减肥。千百年来“家有二两醋，不用请大夫”“便秘用陈醋，胜过药无数”等谚语在民间广泛流传，其中蕴含着中国人民对发酵醋健康功能的肯定。

欧洲的醋与中国不同，如英国的麦芽醋是用啤酒为原料酿造的，麦芽醋有浓郁的柠檬味，在烹饪中用作柠檬的代用品。西班牙雪利醋则是用葡萄酿制的，发酵容器是橡木桶，葡萄经酒精发酵后再转入醋酸发酵，发酵时间 5 年。奥地利苹果醋的工艺基本类似，但是用苹果为原料，发酵结束后还要加苹果汁和蜂蜜调味。但是，欧洲这些醋的风味与中国传统酿造醋不可同日而语。我在慕尼黑做访问学者时，曾从意大利买到一种小瓶装的高档酿制醋，颜色较黑，比较黏稠，味道类似山西老陈醋。该醋名叫“马可 · 波罗醋”，据说其酿造工艺是马可 · 波罗从中国带回去的。

食物是伴随人类的进化出现的，包含着许多人类文化的信息，可以说食物是文化的载体。山西老陈醋是中华民族饮食文化的精粹，也是中国人民生活智慧的结晶。我国的民族企业——山西金醋生物科技有限公司高举振兴民族传统食品的大旗，为提高中华民族健康素质，在地道的山西老陈醋的传统工艺保护、传承和发展方面，做出了卓越的贡献。《山西老陈醋》一书的作者以非常严谨的科学态度，检索了大量科学资料和古代文献，对老陈醋的历史、传统酿造工艺、成分和功能，都做了详尽的描述。阅读此书你可以了解中华民族食醋的历史，系统学习酿造山西老陈醋的有关工艺知识，了解山西老陈醋的成分与健康功能。此书不仅可以作为调味品专业人员的参考书，也是一本普及中华饮食文化的科普书。广大读者认真阅读此书后，不仅学习了科普知识，还可以提高每个人的民族自信心与民族自豪感。《山西老陈醋》确实是一本不可多得的好书，谨此推荐。

赵　霖

解放军总医院营养科研究员

2015 年元月 6 日于北京

目录

contents

目录 contents

壹

什么是醋

今天，凡是有人群聚居生活的地方，从开始懂事的孩子算起，大概都知道醋。醋是一种非常大众化的常用调味品，可能比酒还更普及。尽管全世界的人语言不同，各有各的叫法，但说的基本是一类东西。例如英语里把醋叫vinegar，法语叫vinaigre，德语叫Essig，中国各地也有许多俗称，例如江西的方言里就把醋叫作“小酒”。

那么，醋到底是什么呢？《现代汉语词典》的释义是：“调味用的有酸味的液体。”《词源》（1979年修订本）的释义是“用酒或酒糟发酵制成的一种酸味之调料。”《发酵工业词典》则解释得更为详细，且特别强调我国食醋的特点：“我国传统的酸性调味品。我国各地生产的食醋品种很多，按产地命名的，如山西老陈醋、镇江香醋、四川保宁醋、上海香醋等；按原料命名的，如米醋、麸醋、酒精醋等；按工艺及产品外观特征命名的，如玫瑰醋、白醋、红曲醋、合成醋、速酿醋等；制醋原料以高粱、大米、薯干、玉米为主。方法因品种不同而异，如天然酿造法、回流法、深层发酵法等。制醋工艺主要可分为三个工序：（1）原料糊化、液化、糖化；（2）酒精发酵；（3）醋酸发酵，由曲霉菌、酵母菌、醋酸菌等微生物酿制而成。食醋成分中含有醋酸、氨基酸、糖分、酯类、食盐等，是一种增进食欲，助长消化的调味料，在我国中医学及农药上也有一定用途。”

从这几本字典中，我们知道醋是什么。看来这个调味品还真不简单，不但制造方法很多，而且里面的成分很复杂。以上的解释中，都没有明确指出其中的具体化学物质到底是什么。这是因为醋中的成分几句话说不清楚。不过，任何一种醋里，除了水作为基质外，赋予醋的酸味特征的主要成分都是一种化合物，在化学上被命名为乙酸。乙酸在醋中的含量总是占有很大的比例，因此，通常也把乙酸称作醋酸。

在化学科学中，乙酸是分子式为CH_3COOH，分子量：60.05，分子中有一个甲基，一个羧基。它的分子结构模型见图1-1所示。

在这幅图中，圆球代表原子，蓝色的最大，代表氧原子，深灰色的中等，代表碳原子，红色的最小，代表氢原子。所以，从化学上说，乙酸是由2个氧原子、2个碳原子和4个氢原子组成的一种化合物分子。

图1-1　乙酸分子结构示意图

纯乙酸的相对密度（以水为1）是1.050，它的沸点是118.3℃，凝固点是16.7℃，黏度是1.22 mPa.s （20℃），20℃时的蒸气压是1.5（KPa）。因此，纯乙酸比水稍重，很容易挥发，凝固点很高，在常温下容易凝固成冰状结晶，所以纯的乙酸俗名叫冰醋酸。

乙酸的羧基上有一个氢原子，能够部分电离变为氢离子（质子）而释放出来，呈现羧酸的酸性，正是这些氢离子作用于我们的味觉，使我们感到酸味。乙酸在水溶液中是一种弱酸，酸度系数为4.8pKa=4.75（25℃），浓度为6%的醋酸溶液（类似于市场上的6度食醋的浓度）的pH值为2.4，也就是说仅有0.4%的醋酸分子是解离的。下面的表格是pH对醋酸分子解离的影响。说明pH值越低，即溶液中酸度越高，乙酸分子的解离就越少。

表 1-1　pH 对醋酸分子解离的影响

pH	7.0	6.5	6.0	5.5	5.0	4.5	4.0	3.5	3.0
未解离的乙酸分子所占百分比	0.6	1.7	5.3	15.2	35.7	64.3	84.8	94.7	98.3

不过，因为食醋里面含有多种成分，对酸碱度有调节作用，所以一般食醋的pH值要比这个数值高一些。例如山西老陈醋的标准是含总酸的量（以乙酸计），必须≥6.00 g/100mL，其pH值应为≥3.60，所以解离的氢离子会比0.4%高得多，大约在10%左右。

在这里，我们可以更详细一点做个总结：醋是以醋酸为主要成分的一种酸味调味料，除用食品级冰醋酸配制的配制白醋外，醋产品的大多数是经过微生物发酵酿造而成。在我国传统的食醋中除乙酸外，还含有多种有机酸、氨基酸、碳水化合物、酯类、食盐，以及多种天然生物活性物质。因此醋的更多功能正在不断研发中。

至于外国的醋，固然也有用粮食酿造的，但许多是由水果为原料制成的，还有的是直接用酒精氧化而成的。本书只谈中国醋，特别是山西醋，外国的醋，除有时会谈到日本米醋外，其他都很少涉及。

在这本小书里，我们只谈醋，尽量少谈醋酸，即乙酸。因为醋酸只是醋里面的主要成分，而且含量最多也不会超过20%。尽管可以用酿醋的方法生产醋酸，但在今天已经随着现代技术的发展而把这种方法淘汰了。

贰

醋从哪里来

乙酸是醋的主要成分，因此在本书中要谈谈乙酸是从哪里来的。不过读者千万不要把醋作为单纯的乙酸溶液来看待，因为醋不是简单的乙酸溶液，而是由成百上千种化合物组成的，即使是基本由乙酸配制成的白醋，也要添加一些配料，况且白醋里面含有的乙酸也只有4%左右。

乙酸，也就是醋酸，是地球上，甚至可能是地球形成以前就存在的一种化合物。2009年，在美国威斯康星大学召开的美国天文学会全国会议上，伊利诺伊大学射电天文学家戴维·梅林格率领的研究小组宣布，在远距地球2.5万光年（一光年的距离约等于94600亿公里）、由气体和尘埃构成的“人马座B2北”星云中发现了微量乙酸。这说明早在37亿年前地球上还没有生命的时候，就可能存在乙酸。由于乙酸和含氮的简单化合物互相作用，就可能形成氨基酸，而科学家们在这之前就在星际空间中发现了氨分子，有了这些基本化合物，乙酸和氨化合，就可能形成最简单的氨基酸——甘氨酸。氨基酸正是生命的必需组成化合物蛋白质的构成单位，所以乙酸在生命起源过程中可能有重要作用。

地球上的所有生命，从结构最简单的病毒到万物之灵的人类，体内都存在乙酸或它的衍生物。人类虽然早就知道有某种酸性化合物，并且早就在生产和生活中利用它，但直到19世纪前后，化学家才知道乙酸是由碳、氢、氧三种元素组成的化合物，并按学科规范命名为乙酸。1847年德国科学家阿道夫·威廉·赫尔曼·科尔贝第一次在实验室人工合成了乙酸。在20世纪初，化学家从木材里面得到了比较纯的乙酸，并开始批量生产乙酸。

在人类从木材中干馏出乙酸之前的几千年中，他们已经开始利用乙酸了。这些乙酸来自地球上的自然界，不是来自外星。来自自然界什么地方呢？原来是由酒精氧化而来的。酒精又是从哪儿来的呢？来自单糖类。单糖又是从哪儿来的呢？这些糖的直接来源是高等植物，特别是一些植物的果实，另外就是来自由单糖组成的淀粉等单糖聚合物中。进入农耕时代的人类，淀粉来自各种粮食，粮食中的主要成分便是淀粉。为什么酒精能发生氧化，单糖又能变成酒精，淀粉又能变成单糖呢？这就是地球上的微生物的作用。

在地球上还没有出现人类以前，微生物就在自然界生产酒精和醋了。那些生长在自然界的含有较高浓度单糖的水果，就会形成酒精和醋。如果把一个水果看成一个密闭的罐子，其中会有两类微生物参与产生酒精和醋的活动。开始在酸性条件下，水果表皮上生长着的酵母菌容易从单糖产生乙醇。乙醇发酵时消耗了这个罐子中的氧气，出现了缺氧条件（在科学上叫作厌氧环境），酸度继续下跌，乙醇逐渐增加。酵母菌发酵完成时，糖消耗得差不多了，也不再大量消耗氧气了，在接触空气的罐子的外表层又开始有较充足的氧气，这时利用乙醇作为营养的醋酸菌开始生长。它们能够形成的醋酸浓度大约是4%到10%，使pH（酸碱度）下降到3或3以下。因此环境中只要有适当的含糖的原料，多半会进行天然的发酵，产生乙醇，并相应产生类似醋的产物。这就是为何人类很可能早就在发现酒类饮料后随即发现了醋。

在人类文明出现后，受到大自然的启发，我们的祖先开始造酒和造醋。自然界由微生物引起的这些变化，我们通常称为发酵，而利用微生物来生产发酵产品，我们就叫酿造。正因为有多种微生物可以被人类利用，因此，在19世纪后化学家和化学工程专家实现人工合成酒精和乙酸之前的很久很久，人类就已经可以比较容易得到乙酸了。当然这些乙酸的浓度不可能很高，纯度也不高。但是到今天为止，因为食品安全的关系，根据国家的食品卫生标准，还不能以化学合成的酒精或乙酸制成人类消费酒类和食醋。由于是多种微生物参与上述活动，所以产生的就不只是单纯的酒精或乙酸，而是成分非常复杂的液体。这就是我们通常食用的酒类或醋滋味鲜美芳香诱人的原因。醋是由酒而来，我们先说酿酒。

人类酿酒主要有三类原料：水果、家畜的奶、粮食。前两种因为含有单糖，酵母菌可以直接将它们转变成酒。但酵母菌基本上没有把粮食中的淀粉转变成单糖的能力，所以用粮食酿酒，必须先将淀粉水解成可被酵母菌发酵的单糖。水解粮食淀粉成单糖，称作糖化作用。只有经过糖化作用后粮食才能酿酒。在酿酒时，糖化作用都必须利用酶。酶是所有生物体内催化生命过程所有化学反应的催化剂。几千年来，人类利用的这类酶无非三种。第一种是人类嘴里的唾液淀粉酶，它可以把淀粉分解成糖（在嘴里细嚼馒头或米饭，渐渐会感觉到甜味，就是分解出了单糖），然后吐出来装在容器中，酵母菌就可以发酵生成酒，过去在太平洋的某些岛国就是这样用含淀粉的原料酿酒的，称为“美人酒”；第二种是利用植物种子中的淀粉酶，从埃及古代的啤酒到今天西方的威士忌酒等都是利用麦芽中的淀粉酶；第三种是利用微生物的酶来糖化，利用的方式是做成酒曲，这种曲里面既有起糖化作用的霉菌等微生物，又有发酵糖类产生酒精的酵母菌，因此，我国用粮食酿酒的过程就变成一面把淀粉变成糖，同时又由酵母菌在同一空间和时间内将糖类变成酒精的复合过程，我们称之为复式发酵，这正是我国用曲酿酒的特点和优点。

酒曲是中华民族的伟大创造，它是用粮食或粮食的加工副产物培养微生物所制成的含有大量活菌体及其酶类的发酵剂。酒曲在古代已经传到亚洲各国，到19世纪又传到了西方。既然曲可以把微生物培养出来酿造食品，就不仅能用在酿酒上，酿醋、酿制酱品或制作腐乳等，我国许多传统的酿造食品都是用曲来酿造的。

以酒曲为代表的微生物培养物在日常生活中的广泛应用，是中国文化的特征之一。日本著名微生物学家坂口谨一郎认为，中国创造酒曲，利用霉菌酿酒，并推广到东亚，其重要性可与中国的四大发明媲美。几千年前微生物的利用在中国特别成功的主要原因是中国的农耕时代开始比较早，又受到定期吹向中国这片广大土地的季风影响。据竺可桢的研究，在北纬20度到40度之间欧亚大陆东岸，夏季受副热带高压西侧控制，下沉空气从暖湿海面吸收大量水汽，因而带来丰沛的降水，产生了副热带湿润气候。在这里由于海陆高度的对比十分强烈，形成了独特的季风气候，其显著特点是夏雨冬干，雨量集中在夏季。温度高，湿度大，自然适合微生物的生长。所以中国自古以来把芒种后第一个丙日（6月6日至15日）定为“入霉”，小暑后第一个未日（7月8日至19日）定为“出霉”，这段时间内，中国东部有一个雨期较长、雨量比较集中的明显雨季。这个时期粮食器物容易发霉，因此在历书上加以警示。同时，竺可桢还在对中国的古气候变迁进行深入研究后指出：在我国近五千年中的最初两千年（即从原始氏族时代的仰韶文化到安阳殷墟时代），大部分时间的年平均温度高于现在

2 ℃左右。一月温度大约比现在高 3～5 ℃。因此，在那段时间的华夏大地适于微生物生长的地域会更广，我们今天知道的古文献中记载的曲，大部分是在那最初的两千年中创制的。

曲的改良史上，最早出现的曲的形态应该是曲糵，即发芽发霉的谷物种子。古代收获的粮食没有良好的储存条件，很容易发芽和长霉菌，古人发现这种变质了的种子泡在水中会出现酒香，喝了以后会有兴奋的感觉，于是在大自然的启示下渐渐学会了酿酒。所以古书上有学者总结出“若作酒醴，尔惟曲糵”这样的话，意思是说，要酿酒，就要用曲。经过长期的使用和改良，到周代以前，酿酒的曲质量已经比较高了，也就是酿酒功能比较强的霉菌在粮食上长得特别多了。我们在周代的著作中看到有所谓“曲衣”的字样，应该是指在粮食外面长满了霉菌孢子，好像给粮食穿了衣服。因为菌种较单纯而色彩较单一和鲜艳，说明此时曲中的微生物应该以产生黄色孢子的米曲霉为主，当然也少不了酵母菌。由于此时是使霉菌生长在分散的谷物颗粒上制曲，因此现在把它们称为散曲。到汉代，风行的是成块状的曲，叫作饼曲。由于饼曲内部可以繁殖更多种类的微生物，使得曲中的微生物组成更加丰富了。首先是酵母菌更多了，更重要的是，根霉这种霉菌相对于曲霉更容易在曲的内部生长，产生乳酸和分解蛋白质能力强的细菌也更容易在曲中占有一席之地。后来在曲中加入野生草木植物，更为酵母菌提供了维生素等营养，酵母菌生长得更多了，这样便使我国独具一格的边糖化边发酵的酒精复式发酵工艺得以形成。因为酒曲微生物区系的多样性，不仅有糖化作用和酒精发酵作用，还有其他微生物对蛋白质和脂肪等的分解，以及各种生化代谢产物的形成，使酒中的成分异常复杂，形成了独特的风味。而由于制曲技术的发展，特别是通过以优良曲作为“母曲”不断延续，使曲的利用效果不断提高。于是制曲成为富集优良菌种的一种手段，使曲成为长期保存优良菌种的形式。中国和日本许多现代发酵工业中使用的优良纯菌种，许多都是从曲中分离后加以选育而获得的。

从微生物学的观点看，微生物的地域分布没有高等生物那样明显的特征，这是因为微生物容易随着气流到处飘荡和传布。因此，酒曲中的微生物基本上来自制曲车间（曲房）的空气、用于保温的稻草麦秆和芦苇等，也会从制曲原料，即各种粮食表面带进酵母菌和细菌。从20世纪70年代的一些零星报道中，我们对各名酒厂所用的酒曲中的微生物有所了解。我们以双沟大曲（江苏）、汾酒大曲（山西）和茅台大曲（贵州）中分离的微生物作为中国东南部、北部和西南部酒曲的代表，考察它们的微生物种类，发现环境中的微生物基本上是类似的，主要是制曲原料和制曲工艺条件的不同，造成曲中微生物种类的差异。例如汾酒大曲中主要是根霉，曲霉次之，优质曲中含有较多红曲菌；双沟大曲也类似，这两种酒曲中都含有较多的乳酸细菌、芽孢杆菌和醋酸细菌；而茅台酒曲中除也含有与上述两种酒曲中相似的霉菌外，还有耐高温的霉菌，但以细菌占绝对优势，多数属于耐热的芽胞杆菌属细菌。为何茅台酒曲中细菌占绝大多数？是因为这种酒曲在焙制过程中，由于微生物生长释放热量，可以使曲块的温度升高到62℃，此时大部分霉菌和酵母菌都因不耐高温而死亡。而前两种酒曲的焙制过程中，温度不曾超过55℃，因此保存了较多的霉菌和酵母菌。

由于这些名酒酒曲一直是通过人工制曲的工艺从自然界来选择培养微生物的，所以难免有不利于酿酒的微生物存在，例如在上述几种酒曲中，总能发现不少犁头霉。据有经验的酒厂专家指出，这类霉菌对于酒的质量有负面影响，例如使汾酒产生苦味。

用曲富集天然微生物，利用微生物生产食品是创始于中国的独特技艺，经过千百年的选择，获得了一个对于酿酒比较优秀的微生物生态系统。再通过地窖长期堆积发酵，又培育了以窖泥为载体的生态系统；使多种微生物在一边糖化、一边酒化的复式发酵过程中，进行多种代谢反应，形成包括酒精和成百上千种风味物质，再通过特殊的蒸馏工艺，形成了品格多样的高酒精度烈性酒（白酒）；同样，用曲作为酒精发酵的启动物，通过在大缸中人工控制的复杂发酵工艺，得到酒精度在18度左右的黄酒。因此，曲是一种蕴涵多种可供利用的微生物的宝库。

我国传统发酵中对根霉菌的利用，是酒曲的重要贡献。包启安曾从生物化学的角度总结了根霉对于酿造粮食酒的优点，即：①根霉的糖化酶非常强，而且分解成的糖分，几乎全部是葡萄糖，葡糖甙很少，淀粉利用率高；②根霉属兼性厌氧性霉菌，也就是说在透气性差的饼曲上能够很好地生长、增殖；③根霉在没有经过蒸煮的生淀粉中能迅速繁殖；④根霉产酸能力强，可抑制杂菌，尤其是细菌的生长；⑤根霉具有相当量的酸性蛋白酶，在酸性条件下能将蛋白质分解成氨基酸，供自身及酵母繁殖所需，也有助于淀粉粒周围蛋白质的分解，促进淀粉的水解，提高淀粉利用率；⑥根霉在发酵过程中分泌出的有机酸，除促进酵母的繁殖和酒精发酵外，还有利于酒味的改进；⑦根霉具有较弱的酒化酶系，只能产生少量酒精，而不能成酒，这点也是不可忽视的；⑧根霉不仅适合于固态培养，它还能在液体状态中很好地进行菌丝繁殖；⑨根霉生料饼曲有贮存菌种和酶的活性的功用，因此在生产中常选出优质曲作为下批生产的种曲使用；⑩根霉和酵母菌之间有一种相互共生生理特性，使根霉和酵母菌很好地共生于制曲过程中，使曲兼备了糖化和酒精发酵两种功能。因此，根霉的利用是中国酒曲的重要特征，除印度尼西亚培养根霉在大豆上制成的“甜胚”外，在国外是少见的。

谈完了酒曲，现在开始谈我国传统的酿醋。

凡是有糖或可转化成糖的原料，都可以酿醋，所以各种水果、麦芽汁都可以酿制成醋。当然，那些含酒精的饮料，例如葡萄酒、果酒，只要再进行醋酸发酵，也就成了醋。更方便且快捷的，就是把一定浓度的乙醇，通过含有许多醋酸菌的载体，同时通入空气，就能很快获得食醋，我们称之为速酿醋。

不过，我国的食醋，大部分是用粮食酿制的。例如镇江香醋用糯米，先用曲做成黄酒，再通过醋酸发酵酿成；山西老陈醋是用高粱，用大曲进行糖化和酒精发酵后，再进行醋酸发酵酿成的。

用粮食酿醋，须经过三个阶段，即淀粉糖化、酒精发酵和醋酸发酵，前两个阶段与用粮食酿酒没有原则差别。酿醋所用的曲与酿酒的曲也没有原则差别。只是在醋酸发酵阶段，由于由醋酸细菌把酒精变成乙酸的化学反应是氧化反应，因此需要充足的氧气。醋酸细菌就存在于曲中和酿造车间的空气中，为了使醋酸菌大量增殖并担负起氧化酒精的作用，需要采用特定的工艺操作。食醋是富有营养的酸性调味料，不仅有酸味，而且还有一定的鲜味、甜味和香气，不少品种具有特殊的风味及色泽。这些色、香、味的来源，主要是由原料中的碳水化合物、蛋白质、脂肪等经过微生物产生的酶所引起的生物化学变化而形成的。因此，用粮食酿成的食醋，除含有醋酸外，还有许多有机化合物，因而味道鲜美。

以淀粉质原料酿醋，与酿酒一样，是用曲酿制，即通过曲中霉菌产生的糖化酶实现糖化，同时曲中的酵母菌立即把糖变成了酒精，即所谓“复式发酵法”。由于曲中生长的微生物种类多样，酿制出酒精的同时，还产生许多其他成分，因此醋的风味也是异彩纷呈，是西方的食醋难以达到的。西方的食醋主要是以糖类原料，甚至是直接用酒精酿成的，在风味和营养价值上远远赶不上我国的传统食醋。

下面更详细地介绍酿醋的三个阶段：

1. 淀粉的糖化

谷类和薯类以及野生植物原料经过蒸煮、糊化、液化成为溶解状态，但是还不能直接被酵母菌利用来发酵成酒精。因此，在发酵前必须加入一定量的糖化剂，使溶解状态的淀粉，变为酵母菌能够发酵的糖类，这一个由淀粉转变为糖的过程，称为糖化。

糖化过程中物质的变化，是曲中霉菌或细菌产生的淀粉酶催化的，结果将淀粉转变为糊精和可发酵性糖。在这个过程中，先是粮食中的淀粉受α-淀粉酶作用，黏度迅速下降，生成较多量的糊精；后是糊精被糖化型淀粉酶水解为葡萄糖。在传统酿醋工艺中，糖化曲中的液化型淀粉酶与糖化型淀粉酶共同作用于淀粉，使原料中的淀粉大部分分解成为葡萄糖。

在糖化淀粉过程中，还会发生其他化学变化，主要是：

（1）含氮物质的水解

粮食原料中的蛋白质等含氮有机化合物，经加热变性后在蛋白酶的作用下水解为胨、多肽和氨基酸等，其中有不少由几个氨基酸组成的低聚肽。这些游离氨基酸是食醋中的主要鲜味成分。

（2）果胶质和半纤维素的水解

在糖化过程中，粮食原料中的果胶质和半纤维素也会发生水解作用，它们的分解程度，依所用曲的种类而不同。

（3）酸度的增加

糖化过程中的酸度是上升的。这是由于含磷化合物与糖分子分解造成的，也可能是曲中的霉菌生长过程中形成的。应该说明的是，此时酸度上升并不是产生了醋酸，而主要是琥珀酸、苹果酸，柠檬酸等葡萄糖代谢过程中产生的有机酸。

（4）寡糖的产生

所谓寡糖，是指葡萄糖在酶的作用下由少于10个葡萄糖分子聚合而成的产物，又叫低聚糖。曲中的微生物在糖化时，会产生一种成为葡萄糖苷转移酶的催化剂，于是形成了一些寡糖，这些寡糖都不能被酒精酵母发酵，在下一步醋酸发酵过程中也不会变成醋，但多数能够保留在最后的醋成品中。

2. 酒精发酵

酒精发酵，就是曲中的酵母菌把可发酵性的糖经过细胞内一系列酶的作用，生成酒精和二氧化碳，并放出热量。在发酵过程中产生的酒精能够以任何比例与水混合。产生的二氧化碳则因其溶解度较小而逸出液面，因此我们可以用耳朵贴在发酵容器的外壁听到容器内像开水沸腾的响声。

酒精发酵过程大体可以分为三个不同阶段：

第一阶段是发酵前期。在将原料与大曲混匀入缸后，开始时酵母菌细胞数量还不多，由于此时原料和加入的水中含有少量的氧气和适量的营养物，所以酵母菌迅速繁殖，达到一定数量，同时这一时期醪液中的曲霉产生的液化酶和糖化酶作用开始产生可发酵糖类，但由于温度较低，酒精的产生较为缓慢。从外观看，发酵作用不强，酒精和二氧化碳产生得很少，发酵醪表面显得比较平静，糖分消耗也较慢。由于酵母菌数量不多，发酵作用不强，品温上升也不快，在接种时为26~28℃，前发酵期品温一般不会超过30℃，如果温度太高，会造成酵母早期衰老，如温度太低，又会使酵母生长缓慢。因此在酿醋操作时，前期应注意防止杂菌污染，因为在此阶段酵母菌数量少，易被杂菌污染而使酵母菌的生长遭抑制。

第二阶段我们称为主发酵期。此阶段酵母菌细胞已大量形成，由于发酵醪中氧气因好氧的霉菌和酵母菌生长而消耗殆尽，酵母菌基本停止繁殖，而主要进行酒精发酵作用，霉菌糖化酶也使大部分淀粉变成了可发酵糖，于是醪液中糖分迅速下降，酒精逐渐增多，并产生大量的二氧化碳，醪液温度上升较快。在酿醋工艺上，这一阶段特别要注意温度控制。根据酵母菌的性能，主发酵温度最好能控制在30～34℃（最适酒精发酵温度），如太高，易使酵母菌早期衰老，减低酵母菌活力，另外高温较易造成细菌污染。一般生产食醋的酒精发酵容器并不完全密闭，高温时更易污染杂菌。主发酵时间长短，取决于醪液中的营养状况，如果糖分高，则发酵时间长，反之则短。

第三阶段称后发酵期。随着酒精的积累和糖分的减少，酵母菌的生命活动和发酵作用变弱，就进入后发酵期。此阶段糖分已被酵母菌消耗，尚残存的部分糊精继续被分解，生成葡萄糖。由于这一糖化作用进行得极为缓慢，生成糖分很少，故发酵作用亦十分缓慢，接近尾声。此时品温逐渐下降，温度应控制在30～32℃左右，如过低，将使糖化酶作用减弱。淀粉质原料的后发酵阶段一般约需40小时左右。

然而，这三个阶段并不能截然划分，一般原料拌曲入缸完成时的温度较高，则发酵时间短，当然还受糖化剂种类、酵母菌性能、接种量等因素的影响。

酵母菌的酒精发酵能力有差异，对酒精的耐受程度也不一致，一般情况下，在8.5%（容量）的酒精度即显著阻碍其发芽能力，10%则完全停止繁殖。在固态发酵时，完成酒精发酵时的醅中酒精含量大约在8%~9%。

酵母菌体内与酒精发酵密切相关的酶主要有两类，一类为水解酶系，另一类为酒化酶系，此外尚有酯酶和异构酶等。水解酶类有蔗糖酶、麦芽糖酶、肝糖酶等等；酒化酶系存在于细胞内，包括十二种酶和三个辅酶体系。

酒精发酵是在没有氧的条件下，通过上述酶的作用，先把葡萄糖降解为丙酮酸，丙酮酸经脱羧酶的作用分解成乙醛和二氧化碳，然后乙醛在乙醇脱氢酶的作用下还原成乙醇。因为酒精发酵不需要氧气，所以要求发酵在密闭条件下进行。如有空气存在，酵母不仅进行酒精发酵，而且部分进行呼吸作用，会使酒精产量降低，糖的消耗速率也减慢。这种有氧氧化抑制无氧氧化的现象在生理学上称为巴斯德效应。

发酵中会有副产物生成。在酒精发酵中的主要产物是乙醇和二氧化碳，同时也伴随着产生多种发酵副产物，已经鉴定的就有数百种。按它们的化学性质区分，主要是醇、醛、酸、酯四大类。这些产物在随后的醋酸发酵过程中会有变化，但也有许多会保留下来，赋予我国食醋特殊的色香味。现举几种主要副产品加以说明。

甘油 正常发酵只有少量甘油生成，酒精厂发酵醪中的含量约为成熟醪的0.3%～0.5%。甘油主要在酒精发酵后期产生，当发酵醪中含氮量超过某种限度或发酵温度高时，会使甘油产量增多。

杂醇油 杂醇油是酒精发酵过程中形成的含4个以上碳原子的醇类（相对于两个碳原子组成的乙醇，称为高级醇），对食醋的风味和香气有影响。杂醇油是蛋白质或菌体蛋白在发酵过程被水解生成氨基酸后，经过进一步分解形成的。因此杂醇油的生成量和组成与酿醋原料有关，也和酵母菌的种类有关。杂醇油的含量一般在千分之几的程度。在醋酸发酵过程中这些醇能与醋酸生成有芳香气味的酯类。

琥珀酸 在厌氧发酵过程中，许多种细菌会产生琥珀酸，它是糖代谢和氨基酸代谢中的中间产物，但经常会有积累。琥珀酸是赋予食醋鲜味的成分，如果条件掌握合适，在老陈醋中可含有比较大量的琥珀酸。

乳酸 在曲中含有的某些细菌，例如乳酸细菌，木糖醋杆菌等，在分解葡萄糖的过程中可以产生乳酸，乳酸是我国食醋，特别是老陈醋中的重要组成成分，每100毫升醋中乳酸的含量可达到数百毫克，使醋的味道变得柔和而少刺激。

丁酸 某些厌氧细菌在降解葡萄糖过程中会生产丁酸，丁酸有难闻的气味，但丁酸与乙醇化合产生的丁酸乙酯，则是有芳香气味的成分。

3. 醋酸发酵

乙醇在醋酸菌的作用下氧化为乙酸，这个过程叫醋酸发酵，它是食醋生产的主要环节，直接影响到食醋的产量与食醋的风味。食醋生产中的醋酸发酵是在敞口条件下，依靠环境中的细菌进行多菌种混合发酵的过程，故其发酵机理非常复杂。这个阶段与酒精发酵阶段不需要氧气的特征不同，其需要大量的氧气才能使酒精氧化成乙酸。醋酸发酵需要氧气，水中的氧气溶解量很少，25℃时每升水中仅仅8.1mg，温度低时含氧量会增加一些，但还是远远满足不了醋酸发酵的需要，因此氧气的供给是醋酸发酵的限速因子。这就产生了许多不同的工艺。

乙醇氧化过程分两个阶段，先是乙醇在乙醇脱氢酶的催化下氧化成乙醛，然后乙醛与水结合形成水化乙醛，接着由需要担负氢传递的辅酶烟酰胺腺嘌呤二核苷酸磷酸（NADP）的乙醛脱氢酶催化水合乙醛氧化成乙酸，并形成还原型的烟酰胺腺嘌呤二核苷酸磷酸（NADPH2），而NADPH2将分子中的氢通过细胞呼吸链传递给氧生成水分子。辅酶又复原为NADP，如此往复循环。这个过程是个放热的氧化过程。

食醋中的芳香酯类是构成食醋芳香的主要成分之一。因原料、菌种和工艺条件不同，使各种食醋中的酯的种类和含量也有差异。

在食醋酿造过程中，既有乙酸、乳酸、琥珀酸等酸类，又有乙醇、高级醇，且处于比较酸性的环境中，酸与醇合成酯的反应是必然会发生的。一般来说，因为大曲中的微生物种类丰富，产生酯化酶的菌种较多，因此在像山西老陈醋这样的传统固态发酵的食醋中含量较多，例如每100毫升食醋中的乳酸乙酯含量大约在数毫克。

食醋中的酯类可能通过多种代谢途径形成，但都有酰基辅酶A参与，既可通过激酶的作用使脂肪酸活化与醇类作用，又可以通过α酮酸（例如糖分解代谢过程中形成的丙酮酸）的氧化而与醇类作用，还可以通过乙酰化的高级脂肪酸使酮酸活化形成。因此，酰基辅酶A是酯类生成过程的关键性物质。这种活性化合物存在于酵母菌和醋酸菌等微生物菌体内，酯的生成在细胞内进行，合成酯类后有一部分透过细胞膜进入细胞外部，所以酯的生成主要发生在发酵阶段。

完成以上三个阶段后，便是后熟陈酿阶段。

食醋品质的优劣取决于色、香、味三要素，而色、香、味的形成是十分错综复杂的，除发酵过程中形成风味物质外，很大一部分还与后熟陈酿有关。例如山西老陈醋在刚淋出时，风味并不特别突出，但经过夏日晒、冬捞冰的长期陈酿后，品质大为改善，产品色泽黑紫，质地浓稠，酸味醇厚，并具有特殊的醋香味。在一定时间内，如果条件控制得当，陈酿时期越长，陈酿温度越高，风味越佳。为确保成品醋的质量，新醋须经一定时间的储存，不宜立即出厂。储存期的长短由醋的成熟度决定，目前对最佳储存时间尚未找出规律，一般为1~6个月之间。据老陈醋厂的老师傅说，山西醋只有储存9个月以上的醋才可以称为陈醋，根据最新国家标准，则老陈醋必须储存12个月以上。经过陈酿的食醋风味会有明显改善。

后熟陈酿工艺方法有三种。一为醋醅陈酿，即将加盐后熟的醋醅移入缸内砸实，上盖食盐一层，用泥封顶，放置一个月，中间倒醅一、二次；二为生醋经日晒夜露、陈酿数月，山西老陈醋的传统工艺多采用这种方法；三是将成品醋灌装封坛陈酿。

食醋陈酿期间，发生了以下主要的物理化学变化：

（1）色泽变化

在贮存期间，由于醋中的单糖或双糖和氨基酸结合，发生所谓美拉德反应。美拉德反应又称为“非酶棕色化反应”，是法国化学家L.C.Maillard在1912年提出的。它是羰基化合物（还原糖类）和氨基化合物（氨基酸和蛋白质）间发生的化学反应，经过复杂的过程，最终生成棕色甚至是黑色的大分子物质类黑精或称拟黑素，所以又称羰氨反应。不过到目前为止，对美拉德反应的产物和反应机制，并没有完全探明。有实验表明，新醋经过3个月贮存后，其中的氨基酸氮和还原糖的含量都会降低2.0%左右，这很可能大部分是通过美拉德反应形成了增色物质，因为美拉德反应在30℃左右即可发生，温度越高反应进行得越激烈，熏醋的温度接近100℃，而且经过4天之久，其反应产物当是非常多样的。山西老陈醋的颜色不仅比西方的水果醋或酒精醋的颜色深很多，就是比起我国的其他名醋来，也要深很多，而且山西老陈醋在存放过程中容易形成沉积物，这种沉积物被当地称之为“醋膏”。这是因为酿造过程中配用的大量辅料（如麸皮，谷糠等），以及山西老陈醋酿造过程中由于熏醅的工艺，更促进了美拉德反应产物的积累。当然，在长期贮存过程中，由于在制醋容器中接触了铁锈，食醋中的各种醇、酸、醛类化合物会生成黄色、红棕色，这也是醋的颜色成因之一。随着不锈钢容器的普及，这类色素物质会减少，但不锈钢依旧含有种种金属原子，要完全避免也非易事。原料中的单宁属于多元酚的衍生物，也能被氧化缩合而成黑色素。

（2）风味变化

在食醋贮存期间与风味有关的主要变化基本上是非生物学的化学变化，例如乙醇氧化生成乙醛的氧化反应，酸与醇在酸性条件下发生的酯化反应等。这些反应的产物会随着储存时间的延长而增加。在贮存过程中，水和醇分子之间会引起缔合作用，减少醇分子中的活度，可使食醋滋味变得醇和。

食醋酿造的过程基本上如此，但食醋的种类很多，酿造原料和工艺五花八门。本书只着重谈山西老陈醋，后面还会详述。

这样看来，食醋这种非常平凡常见的生活用品，其中的学问还是很大的。我们中国的食醋，花色繁多，更体现了中华民族的生活智慧，滋养着我们民族的繁衍壮大，食醋的酿造经验中蕴藏着丰富的科学知识，需要我们不断去探索。

叁

醋的历史

一、从酒说起

人类酿醋的历史，应该和酿酒的历史一样久远。因为古代酿制的酒很容易被细菌作用而氧化成醋。

酒究竟起源于何时呢？我国古代书籍中有“猿酒”的记载，说的是猴子把野生水果堆集在石凹中所酝酿出的果酒。在非洲黄金海岸曾流传着一个关于“安塞尔”饮料的故事。说的是有位名叫安塞尔的猎人，一天，他带着猎狗外出打猎，猎狗发现从椰树枝杈中流出芳香的汁液并吸了几口，然后依依不舍地被主人牵走了。第二天猎狗径自跑向那棵椰树，再也不肯离开，结果被那种汁液醉倒了。这位猎人也试着尝了一口，果然美不可言，于是他把这种汁液献给国王，国王也因贪饮而醉倒了。国王的卫士以为猎人谋害了国王，将猎人杀了。国王酒醒后知道猎人被杀，十分气恼，杀了卫士并把这种饮料命名为“安塞尔”来纪念那位猎人。这种“安塞尔”饮料，自然也不是人工酿制的。在自然界，只要有糖，就可能通过酵母菌的作用形成酒。

我国古代早就有“清醠之美，始于耒耜”（美酒产生于农业）和“若作酒醴，尔唯曲蘖”（如果要制造酒和甜饮料，只有靠霉菌和谷芽）这样的论断。我国至迟在六七千年前，用谷物酿酒的技术就逐渐开始形成了。在殷墟中发现的酿酒作坊遗址，证明早在三千多年前，我国的酿酒业已经相当发达。在殷墟出土的商代甲骨文中，有和现代汉字“酒”字形体相似的象形字。

二、我国古代早期醋的记载

醋从酒来，有酒就有醋。我国古人对酒变成醋的认识，所见最早的文字依据，可能是韩非（前281—前233年）在《韩非子·外储说右上》篇中关于“狗猛则酒酸”的故事。这个故事说，宋国有个卖酒的人，每次卖酒给的分量很公平，对客人殷勤周到，酿的酒又香又醇，店外酒旗迎风招展高高飘扬。然而有段时间却没有人来买酒。时间一长，酒都变酸了。卖酒者感到迷惑不解，于是请教住在同一条巷子里的长者杨倩。杨倩问：“你养的狗很凶吧？”卖酒者说：“狗凶，为什么酒就卖不出去呢？”杨倩回答：“人们怕狗啊。大人让孩子揣着钱提着壶来买酒，而你的狗却扑上去咬人，这就是让酒变酸了卖不出去的原因啊。”（原文是：“宋人有酤酒者，升概甚平，遇客甚谨，为酒甚美，县帜甚高，然而不售。酒酸。怪其故，问其所知闾长者杨倩。倩曰：‘汝狗猛耶？’曰：‘狗猛则何故而不售？’曰：‘人畏焉！或令孺子怀钱，挈壶瓮而往酤，而狗迓而龁之，此酒所以酸而不售也。’”）另外，西汉扬雄《法言》里也曾讽刺过当时礼仪的繁缛，有因礼仪过多，待礼仪完了之后酒已变酸的故事。这两段古人的记述都说明那时的人们已经知道醋是由酒转变而来的。当时的酒所含的酒精都不多，易于酸败。酸败的实质主要是醋酸菌将酒精氧化变成醋的过程，这就是醋的起源。

大约2500年前，在我国即有文字记载五味，那就是酸、苦、甘、辛、咸。在古书上，对这五味的解释是“醯则酸也，酒则苦也，饴蜜则甘也，姜即辛也，盐即咸也。”其中的“醯”，就是醋。

据说是周朝留下的古代典籍《周礼》中，记述有“醯人”，说的是宫廷里掌管七种酱菜、五种酸味酱菜和其他酸味的食物的人（醯人：掌共五齐七菹凡醯物）。“五齐”是我国古代酿酒过程五个阶段的发酵现象，掌握好发酵过程是制酒官员酒正的任务。对“醯人”同样也要求熟悉制酒技术，如此才能做出醋来。“七菹”指的是韭、菁、茆、葵、芹、菭、笋等七种渍菜，其中大多是用盐及醋浸渍的，也有部分是自然发酵的乳酸发酵制品。因为醋酸发酵和乳酸发酵都与酸味有密切关系，故一并由“醯人”掌管。醋和与醋相关的食品在帝王日常饮食生活中的重要性，从“醯人”的官制可得以理解。当时规定奄2人、女醯20人、奚40人。其规模仅次于酒及浆。

孔子时代即有他的学生向人讨醋吃的记载。《论语·公冶长》中有“子曰：‘孰谓微生高直？或乞醯焉，乞诸其邻而与之。’”说的是孔子的学生微生高。这句话翻译成现代汉语，就是：“谁说微生高这个人直率？有人问他讨点醋，他没有（却）不直说，向邻居去要了给人家。”从这里我们可以知道，至少到战国时代，食醋已经是日常调味品了。而在更早期，醋是帝王贵族日常生活及丧礼不可缺少的东西，所以才设有“醯人”这样的官职。食醋起源于周朝以前，应该是肯定的。

那时把醋称作醯，还没有出现醋字，后来很长的时间内，虽然有了醋字，但不是指的食醋，而是用来形容酸味的文字。汉代《说文解字》对醯（盬）的解释是：“味酸，从粥酿制的酒而来（醯，酸也，作醯以粥以酒）。”唐代颜师古写过：“醯，酢也，一物二名也。”同是唐代的孔颖达在对《春秋左传正义》注释进行说明时也说过：“醯，酢也。”清代庄颁著《物原类考》也指出：“……周时已有醋，一名苦酒，周时称醯，汉始称醋。”以后的古籍中也都沿用下来了。可见从古到今，醯就是醋，山西人“老醯儿”的雅号，既说明山西的醋起源很早，也说明山西人对醋情有独钟。

“醯”字之后，在早期典籍中先后出现了“酢”“醋”，还有一个不太常用的“截”（zài，音在)。我国最早的文字甲骨文中，“酒”字常写作“酉”，这些表述醋的字都带有“酉”字的偏旁，说明古人是根据醋由酒产生而创造出的会意字。有人认为，同一种调味品在古书上出现这样多的名称，可能是在某一时期，用某个名称表达某种特定的醋产品，但是我们现在已经找不到当时的依据了，因而只能把这几个同义词所指的产品，都当作现代的食醋来对待。但是应该承认，从2500年前的孔子时代起，我国的醋主要是用粮食酿酒后再加工得到的。

醋还有个名称叫“苦酒”，就更说明醋是与酒有密切关系的酿造品。汉代以后的古籍中“苦酒”这一名词出现的频率不低。汉代刘熙《释名》书中“释饮食部”解释“苦酒”：“淳毒甚者，酢苦也。”后梁陶弘景《名医别录》中写道：“以有苦味，俗呼为苦酒。”《齐民要术》常引用原书已经失传的《食经》，其中则全部使用“苦酒”一词。如“大豆千岁苦酒法”“作小豆千岁苦酒法”“作小麦苦酒法”“水苦酒法”“卒成苦酒法”“乌梅苦酒法”“蜜苦酒法”“外国苦酒法”等。在唐代著作《黄帝九鼎神丹经诀·卷17》中“醋过百日谓之淳醯，三年以上，谓苦酒。”这里的苦酒是用在炼丹中的化学试剂，不是调味品。又指出：“投以药，即曰华池。古人称之，号之左味。”因此醋又被那些炼丹术士称为“华池左味”。

相传由孔子编定的中国最古老的皇室文集《尚书·说命篇》中，记载有：“若作酒醴，尔惟曲蘖；若作和羹，尔惟盐梅”，是说酿酒和制造甜味饮料，要用酒曲和谷芽，如要做美味的汤，就要用盐巴和梅子。周书《孔氏传》中有“酒醴须曲蘖以成，盐成梅醋，羹须成醋以和之”的注释。可以认为，由于梅子是天然水果，其中所含果酸作为酸味调味剂，比从酒变化而来的醋更容易得到，自然是更普通。河南新郑裴李岗遗址发现过梅核，安阳出土的商代铜鼎中也发现盛满碳化的梅核。实际上我国谷物酒的起源至迟应在仰韶文化时期，因此醋的出现不会推迟很多，但当时的酒是很贵重的奢侈品，不可能像梅子那样易得。梅子与食醋两者是同时存在的，醋是高级调味品，梅子是比较大众化的日用品。从文字记载的年代看，它们也没有明显的先后差异。西汉史游《急就篇》中有“芜荑盐豉醯酢酱”和“酸碱酢淡辨浊清”的文字，那时多数用“酢”字。《隋书·酷吏传》中有“宁饮三升酢，不见崔弘度”的字句；到南北朝时期，北魏贾思勰在《齐民要术》中全部用了“酢”字来表达食醋。在唐代《吴地志》中有“东里之醯”的故事，说的是某位老妇人酿的醋味道特别好。这些记载中的“醯”都是指食醋。特别提到醯，说明甚至到唐代，醋还是比较珍贵的调味品。

到宋代，陈彭年在工具书《广韵》中有“酢浆也，醋也”的词条。因此，到宋代“醋”字才有了和我们今天相同的意思。宋代生产力提高，经济繁荣，醋成了人们饮食生活中不可缺少之物，所以宋代吴自牧在《梦粱录·十六》中说：“盖人家每日不可阙者，柴米油盐酱醋茶。”这是把醋作为开门七件事之一的较早文字记录。说明此时醋已代替梅子作为普通百姓主要酸味调味品了。

三、划时代巨著《齐民要术》中“作酢法”是古代酿醋技术的总结

我国北魏时期贾思勰编著的著名农学巨著《齐民要术》中，总结了24

种酿醋方法。第71篇是酿醋方法的总结，标题就是“作酢法”，共记载了23种酿醋方法，系统而详细地总结了我国先民从上古至后魏时期的酿醋实践经验和科学技术成就，是一篇关于醋酸发酵的经典文献。也只有从中，我们才得以知悉1500年前，乃至更早的酿醋方法。还有一种方法记载在《齐民要术》论述水果种植的一章中，名为“桃醋法”。这种果醋的酿造方法与西方的相似，但不是我国酿醋方法的主流。

在《齐民要术》第71篇中记载的23种酿醋方法，每种都有其特点。所用的原料，有谷物（小米、高粱、糯米、大麦、淀粉及大豆、小豆、小麦）、酒、酒糟和蜂蜜。酿醋的发酵方法有半固体的醪和液体，并且有固体发酵的萌芽，如酒糟酢法。随着时间的推移，在其后的实践和发展中，酿醋原料全用谷物，发酵方式基本上改为固体发酵。这与西方以酒（葡萄酒或啤酒）为酿醋原料和液体发酵相比，具有非常鲜明的特色。包启安和周嘉华主编的《中国传统工艺全集·酿造》中，就《齐民要术》中的酿醋进行了较全面的阐述，现将其主要内容加以摘要介绍。

1.《齐民要术》中酿醋的制曲工艺

我国古代用粮食酿造食醋所用糖化剂，虽然也使用过谷芽或麦芽等植物来源的酶制剂，但绝大多数是使用以根霉为主的白色饼曲和以米曲霉为主的黄色曲两类。《齐民要术》中所说的笨曲、神曲是以根霉为主的曲，而麦䴸（黄衣）、黄蒸或该书所引《食经》所说的女曲，是以米曲霉为主的曲。其中“作大酢法”“秫米神酢作法”“烧饼作酢法”等三种酿造方法采用麦䴸（米曲霉），“秫米曲作酢法”用笨曲（根霉），“神酢法”则用的是黄蒸（米曲霉）。在酿醋中也提到用红曲，但不是主要糖化剂，而是作为辅助糖化剂使用的。

这些制曲技术源远流长，传至今日，已遍及东亚各国。欧美各国的糖化剂依旧以麦芽为主，与东方有明显差异。欧美使用霉菌作糖化剂始自1892年，德国人卡尔迈特（Calmette）收集我国大量酒药，分离出糖化力较强的根霉，将其应用于酒精工艺，号称淀粉糖化法，此后才开始利用微生物产生的酶来作糖化剂。

我国使用麦芽作糖化剂的历史也很悠久。上述“若作酒醴，尔惟曲糵”中的糵就是谷芽，说明当时也用谷芽酿酒。但是后来觉得用糵酿造的酒质量不高，便渐渐淘汰了。所以在明代宋应星的《天工开物》一书中说：“古来曲造酒，糵造醴，后世厌醴味薄，遂至失传，则糵法亦亡。”不过用麦芽制饴糖的技术却流传至今。《齐民要术》中所说的醴就是用麦芽作饴糖，当时称之为“饧”。我们在古代典籍中没有见到用麦芽作糖化剂生产食醋的记载，但今日我国还有风味很好的饴糖醋在生产。

麦䴷又称黄衣，俗名麦囮，是用蒸熟整粒小麦做的一种以米曲霉为主的散曲；黄蒸是以磨细的小麦粉和以水，蒸熟，以米曲霉为主的小块曲。而采用以根霉为主的曲酿醋的方法只有一种。

“衣”是古人对微生物繁殖后的菌体的总称。在《齐民要术》“动酒酢法”中所称“衣生”的衣，则是指醋酸菌的菌膜，“黄衣”的“衣”是曲霉繁殖后的菌体及所结孢子，“黄衣”则是根据其黄色而命名的。从现代微生物学讲，应是以米曲霉为主的曲子。

用粮食酿造食醋，从生物化学的角度分析，是淀粉糊化、糖化、酒精发酵及醋酸发酵的工艺。一般来说，曲的作用是淀粉糖化及酒精发酵。笨曲（体型较大）中的根霉的糖化力很强，因此《齐民要术》中的笨曲，主要是用于酿酒，直到现代，根霉在我国小曲酒酿造中依旧发挥主要作用。那为什么制醋却多用麦䴷而少用笨曲？这是由于麦䴷中多含米曲霉，这类霉菌除具有较强的糖化力外，其蛋白酶的活性也很强，用于制醋可将原料中的蛋白质水解，生成氨基酸及肽类，增加食醋的风味。这足以证明早在1400多年前，我国先民对各种曲中微生物的生理特性、代谢产物已有相当感性的认识，但他们并不知道这是微生物的活动，只是凭经验加以应用。

2.《齐民要术》中有关食醋的发酵技术

根据食醋发酵原理可分为三种主要形式的技术，即以粮食为原料，经过糖化，酒精发酵及醋酸发酵的复式发酵法；以酒或含酒物为原料，以酒精氧化为主的醋酸发酵法；以糖类为原料，进行酒精发酵和醋酸发酵的技术。现分述如下：

（1）**复式发酵法** 这是我国酿造工业的独特工艺，不仅流传至今日，而且传播至东亚一些国家和地区。例如日本的米醋就是采用糖化、酒精、醋酸发酵同时进行的复式发酵法。产品质量很好。这种工艺可分为固态发酵法及液态发酵法两种。从古籍可以看出液态发酵法较固态发酵法更为普遍。《齐民要术》中关于食醋酿造的记载几乎全部是液态发酵法；元代佚名《居家必用事类全集》中的10条中就有7条是液态发酵法。

因此，液态发酵法是我国传统酿造技术的独特工艺。古籍中的液态发酵工艺从糖化到醋酸发酵整个过程都是在液态下进行的。例如《齐民要术》中的“大麦酢法”“作大酢法”“秫米神酢法”“秫米酢法”等都是边糖化边酒精发酵，随着酒精发酵的旺盛进行到后期，在醋酸菌等作用下，醋酸发酵也开始进行，这样就不会存在发酵过程中糖度及酒精浓度过大的问题，这就是复式发酵的优点。但是，我们必须注意到以下事实：黄衣、黄蒸或笨曲等传统制曲中都有酵母菌繁殖，它们都是来自曲室空气和制曲时覆盖物或器具，也会从制醪发酵过程的空气或容器混入发酵醪内，构成了酒精发酵的动力。至于糖化，当然要靠曲中霉菌的糖化酶系的作用，制醪后这两种作用同步进行，很自然地形成了糖化和酒化同时进行的复式发酵。不久从制醋场所的空气中或容器内存在的醋酸菌，进入酒精发酵醪内慢慢繁殖起来，逐步地将酒精氧化成醋酸，开始了醋酸发酵，于是又形成了糖化、酒化、醋化同时进行的三方发酵，并且醋酸发酵势头逐渐加大，最终成为主导而结束食醋生产过程。

然而糖化、酒精发酵及醋酸发酵的最适温度并不是完全一致。一般糖化最适温度应为50～60℃，酒精发酵最适温度却是28～30℃，而醋酸发酵最适温度一般是30～35℃，为了照顾全局从温度这一角度来讲，复式发酵采取30℃左右的温度，延长酒精发酵时间，能以最小的容量获得浓度最大的产物。

（2）**酒的氧化制醋法** 在《齐民要术》中的“动酒酢法”就是最早记录的用酒氧化制醋的工艺。“春酒压讫而动不中饮者，皆可作醋。大率酒一斗，用水三斗，合瓮盛，置日中曝之。雨则盆盖之，勿令水入；晴还去盆。七日后当臭，衣生，勿得怪也。但停置勿移动、挠搅之。数十日，醋成，衣沉，反更香美。日久弥佳。”这里所说的“衣”，就是醋酸菌繁殖旺盛时期所产生的菌膜，因此作者指出不得搅动，令其自然生长数十日后，醋酸菌老化，失去产酸能力，自然沉下，不再生成醋酸，醋便成熟。这些记载说明在1400多年前我国先民虽然并不知道引起醋酸发酵的细菌的存在，但他们认识到“衣”的作用，虽然他们不知道醋酸菌，即一类具有氧化酒精生成醋酸性能的细菌，但已经知道它们会生长和衰老。用当代微生物学的知识来分析，这是因为变酸的酒放在太阳下晒，空气中醋酸菌便可侵入发酵液中，生长繁殖。因为醋酸菌是好氧性细菌，生长需要丰富的氧气，所以到7天后才在发酵液的表面形成菌膜，即“衣”，并挥发出臭味。此时不能破坏菌膜，影响醋酸的发酵。数十天后醋酸发酵成熟，醋酸菌衰老，“衣”沉到底部，醋酸发酵结束。远在中古时代，贾思勰能注意到这些现象与醋酸形成的关联，把醋的形成和生长出来的衣联系起来，注意到醋酸菌发育的变化和醋酸发酵之间的相关性，并已朦胧地指出是某种有生命的因素造成了醋酸发酵。直到19世纪，欧洲的学术界才为醋酸发酵是生物过程还是化学过程争论不休，争论醋酸菌形成的菌膜是否是生命体。1863年，法国科学家巴斯德才用实验证明是醋酸菌引起了醋酸发酵，产生了醋酸。

但是，《齐民要术》中“大麦酢法”还有另一记录：“……三日便发，发时数搅，不搅则生白醭，生白醭则不好……”“神酢法”中又载有：“经二三日其上有白醭浮，接去之……”这里所说的“白醭”当是产膜酵母菌，不同于上述的“衣”。一经产生产膜酵母菌，必然消耗醋酸及含氮成分，同时由于菌体的自溶产生恶臭，因而《齐民要术》说“生白醭则不好”，“其上有白醭浮，接去之”。因为产膜酵母是好气性菌，如无空气则不会繁殖。作者虽然不知道究竟是何种原因，即不同微生物有不同作用，但他提出了“发时数搅，不搅则生白醭”的预防方法，也提出了“以棘子彻底搅之”的补救办法。因为彻底搅拌后，将产膜酵母菌搅入醋醪内，使其处于厌氧状态，便不会生长了。这说明在写作《齐民要术》的年代，我国先民根据长期实践和科学观察，已经认识到“衣”和“白醭”是生理特性截然不同的两类微生物，并对其做出不同的处理办法。在“秫米神酢法”中有“一七日，一搅，二七日，一搅，三七日，一搅”；在“秫米酢法”中又有“七日间，一日一度搅之，七日以外，十日一搅，三十日止”。这种操作法是为了供给好气性醋酸菌生长产醋所必要的氧和调节品温。这些1500年前的经验记录，直到今天也是传统酿醋操作中不可忽视的重要举措。

（3）**糖质原料酒精发酵及醋酸发酵制醋工艺**　《齐民要术》中以糖为原料的制醋工艺，有“蜜苦酒法”“外国苦酒法”以及“桃醋法”，这些方法是以蜜或桃中所含糖分为原料，利用空气及容器中的酵母及醋酸菌，进行酒精发酵及醋酸发酵来酿醋的。

3.《齐民要术》中不同原料的制醋工艺

《齐民要术》记载的制醋原料非常多样。有古老的黍米、秫米、小麦，也有大米、大麦、粟米、面粉。还转载了《食经》中提到的大豆、小豆等，使用的辅料更有麦麸、粟糠、酒糟、败酒、蜂蜜、乌梅、桃等农副产品。现按主要原料稍加细说。

（1）谷类

古籍中食醋酿造所用谷类原料以粳米、秫米（糯米）及粟米为最多。《齐民要术》中以谷类为原料的食醋生产的例子就有八项之多。其中以粟米为原料的，有“作大酢法”中的三条可为其代表。“秫米酢法”及“秫米神酢法”是以糯米为原料的典型酿造技术。这些都是糖化、酒精发酵、醋酸发酵同时进行的液态复式发酵法，通过这几个例子就可以看到当时液态复式发酵制醋工艺的概貌，同时可以看出用曲种类、用曲量、制曲操作条件等的不同对食醋产率的影响。

《齐民要术》中以粟米为原料酿醋的有三种“作大酢法”及其他几种方法中，特别指出麦䴬不要扬簸，从当代微生物学知识来理解，这是因为如果扬簸，就容易使培养在麦子上的米曲霉或根霉的孢子散失，使用时这些分泌水解酶的霉菌的生长就会变慢，影响对粮食的水解效果，而孢子在酿醋过程并不会影响食醋风味。

三种“作大酢法”在原料配比上，麦䴬与粟米的比例有1：3：3和1：9：9两种，不过醋的产量并不高，因为“例清少淀多”。但是“秫米神酢法”中麦䴷与秫米的比例同样也是1：3，却“十石瓮不过五斗淀”，醋的得率高得多。为什么同用一种曲（麦䴷），比例相同，操作也没有大差别，醋的得率相差这样大呢？这是因为原料不同，秫米的淀粉易于为糖化酶作用，糖化效果较好。所以作者才会有“经用粳、秫米为第一，黍米亦佳”的结论。当时已发现大米及秫米为制醋的良好原料，因此以后用粟米作原料酿醋的就比较少了。“秫米酢法”是用笨曲，即以根霉为主要微生物的曲，用曲量是原料秫米的1/10，即秫米一石，笨曲一斗，结果也很好：“取十石瓮，不过五六斗糟耳”。这是因为秫米的淀粉多为支链淀粉，易于被根霉糖化酶作用。再如“大麦酢法”以大麦为原料，虽然产品“香美醇酽”，但一石大麦，要用麦䴷也是一石，即粮食和曲的比例是1:1。应该指出的是，“秫米酢法”中指出“入五月则多收粟米饭醋浆，以拟和酿，不用水也。浆以极醋为佳。”还提出了用粟米饭制成很酸的“醋浆”（此处的“醋”字应作酸解）加进酿醋原料中提高醋质量的工艺。粟米饭在5月天热时很容易被乳酸菌作用而变酸，用乳酸菌为主的乳酸菌母液增强醋醪中的酸度，是现代人工接种方法的雏形。因为这种做法既接种了乳酸菌，又调节了发酵醪的pH，使之适合于酵母的繁殖，并利用乳酸菌的抑菌作用，保证酒精发酵的进行，这是“以酸抑酸”技术的应用。中国传统的醋中，乳酸的含量都不低，使食醋中醋酸的刺激性得到缓和，口感更绵甜。

“秫米酢法”的操作中，明确指出“淘不用多遍”，只要求淘洗两遍，这是为了保留秫米水溶性营养成分，不致因多淘而造成营养物质的损失，而且两遍淘米水要保留，用来浸初蒸米。还要求“令饮泔汁尽”，这样又把泔水中的营养成分吸收净尽，增大饭中水分，防止水溶性营养成分的损失，并进行再馏，使饭软化，这对发酵微生物的增殖及酶作用的发挥极为有利。这种方法应该是浓醪发酵，每天搅拌一次，7日后每10天搅一次，至30天即可停止搅拌。还要常常汲冷水浇瓮外，以消除发酵所产生的热量。所有这些都符合现代发酵的控制原理，也值得我们从中吸取其精华。秫米醋法用粟米饭酿醋的工艺产出的醋酸可以保存数年（“接取清，则瓮储之，得停数年也”），说明酿出的食醋的酸度应该超过6度（以醋酸计的含酸量达到6%），否则不可能保存数年而不坏。

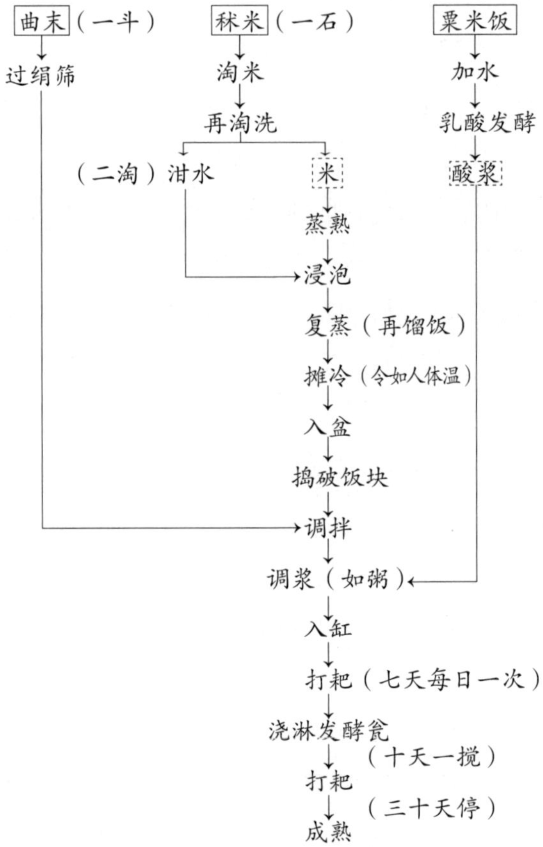

图3-1　“秫米酢法”的生产工艺流程

《齐民要术》中的“大麦酢法”是以大麦为原料生产食醋的最早记载。在这种方法的叙述中，有个“造”字，相当于今日的麦粒精白过程，即将大麦的硬外皮、胚芽或麸层去掉。精白程度越大，淀粉含量越高，蛋白质、脂肪、灰分越少。文中所说“大麦细造一石不用作米则利严，是以用造”的含义是大麦要适度精白，不用精白的米则“利严”，就是说发酵非常厉害，温度不易控制，其原因是精白不够则残留胚芽及麸层、蛋白质、灰分、生长素等有利于微生物发酵作用的发挥，其结果是发酵速度快而温度难以控制，所以说“是以用造”，就是说要用适当加以精白的大麦。按后来唐代韩鄂在《四时纂要》中的说明，所谓“一糙”，是“取一半完人（仁），一半带皮便止”。另外，该方法还提出遇到污染产膜酵母菌而出现“白醭”时，应如何处理，即用酸枣枝条伸到瓮底去搅动，将这种污染物打散并增加通气。

（2）麦麸

麦麸，尤其是古代的麦麸，由于加工技术粗放而含有较多的淀粉，在酿造过程中除产生大量糖分外，还含较多五碳糖类，由于美拉德反应，与氨基酸结合会生成一些香气成分，赋予产品优良色泽及特殊香味。因此在《齐民要术》中记载的以麦麸为原料酿制食醋的工艺，为后世所沿用至今。麦麸化学组成成分非常适合霉菌生长，到了宋代末期和元代已用麦麸制成米曲霉曲生产麸醋，至今四川保宁醋是享有盛誉的传统麸醋。

《齐民要术》中，“神酢法”是使用麦麸为原料的制醋工艺。这种工艺的特点是麦麸不用于制曲，而是以黄蒸为糖化发酵剂。书中写道：“黄蒸一斛，熟蒸麸三斛：几二物，温温暖，便和之。水多少，要使相淹渍，水多则酢薄不好。”这种方法中，水加得不会多，因为水加多了，曲中的酶被过度稀释，酶作用力降低，麦麸中所含淀粉本来就不会太高，也不宜多加水使糖浓度过低。因此这种发酵醪液浓度较高，淀粉能够被迅速糖化，酵母增殖起来，开始酒精发酵，经过3天进行压榨，将澄清液放入大瓮，进入以醋酸发酵为主的发酵阶段。发酵非常旺盛，产生大量热能，使瓮发热，要浇冷水来降温，因此书中说：“经二三日，瓮热，必须以冷水浇；不尔，酢坏。”瓮内之所以发热，是由于醋酸发酵进行得非常旺盛，这与黄蒸用量较大有关，因为文中说：“若无黄蒸及麸者，用麦䴵一石，粟米饭三斛合和之。”

由此用料的比例也可窥知用曲量之大，麸醋的用曲量大是其特点。

（3）面粉

《齐民要术》中的“烧饼作酢法”是以面粉和成软剂，制成烧饼，作为淀粉原料分批投入麦䴷的制醋工艺。在这种工艺中，强调了分批投料（“经宿看饼消尽，更作烧饼投。凡四五度投，当味美沸定，便止”）。分批投料可以避免糖浓度过高而抑制酵母菌生长的作用。当麦䴷投入水中后，曲中的酵母菌进入溶液内开始繁殖，而投入的面饼淀粉也被米曲霉的糖化酶分解成发酵糖。第二天所投的面饼即被消化，说明糖化及酒精发酵同时进行，于是再投入面饼四五次，当醪味浓而美，不再有酒精发酵现象，即文中所说的“沸定”时，就要停止投面饼，进行最后的醋酸发酵。

上述的发酵过程可以说明糖化及酒精发酵有序而顺利地进行，每次投入面饼后就提供给酵母菌生长所需的糖分，保持酵母菌的持续增殖，又供给酒精发酵所需的糖分，而且不会发生高糖对酵母菌的抑制现象，同时保持了一定数量的酵母菌和一定浓度的酒精，这对防止杂菌的污染有利。另外每次投面饼后都可以使发酵醪的品温下降，保持了适当的发酵温度，使发酵很好地进行。

（4）酒糟

《齐民要术》中的“作糟糠酢法”，是很有技术特征的工艺。首先，要用麦秸给酿造容器保温，原料用“酒糟、粟糠各半”，粟糠是为使发酵醪疏松通气，对原料粟糠的质量要求，也作了规定：“粗糠不任用，细则泥，唯中间收者佳”，以粗细适当者为好。制醅时酒糟及粟糠“必令均调，勿令有块”。这样都是有利于醋酸菌的氧化作用。其次，这种工艺是固态的“回浇发酵法”，先在瓮中放一个用荆条或竹子编制的长圆形笼子，在笼子外放酒糟和糠的混匀物。然后绕着笼子外边浇冷水，待渗进笼子里面的水达到一半高度时盖住瓮口。每日用碗舀里面的液体浇笼外醋醅四五次，可以供给醋酸菌以氧气，以促进酒精氧化成醋，同时也取得降低醋醅温度的效果，劳动强度也较小。这个工艺可以认为是后来淋醋工艺的开始，而且指出要多次浇淋。这种浇淋制醋法较人工翻醅促进酒精氧化及降温有一定的优越性。由于"三日后糟熟，发香气"，说明醋酸发酵进行得快且激烈，如不采取浇淋的工艺，势必温度不断上升，最后导致"烧醅"。于1400多年前就巧妙地采取这种浇淋醋液方法，解决了固态醋酸发酵需氧及降温的难题。其三，巧妙地解决了固态发酵固液分离的问题。"夏七日，冬二七日，尝酢极甜美，无糟糠气，便熟矣。犹小苦者，是未熟，更浇如初。候好熟，乃挹取篘中醇浓者，别器盛。"浇完质量浓醇的头淋醋之后的醋醅仍含有大量食醋，于是书中写道："更汲冷水浇淋，味薄乃止。"并嘱说："淋法，令日即了"，以防变质。采取这样的工艺成熟较快，夏七日，冬二七日，尝醋极甜美。欲得成熟优质之产品，则"其初挹淳浓者，夏得二十日，冬得六十日"，这是液态陈酿。20世纪70年代开始我国利用现代的科学技术，采取用循环泵浇淋醋液，出现了所谓"浇淋醋"操作法，应是受到我们祖先经验的启示。

利用黄酒糟制醋的工艺，一般是酒糟与谷糠、砻糠拌和进行固态发酵。扬名中外的恒顺镇江香醋，以前曾用黄酒糟及砻糠为原料，加入成熟优质醋醅进行固态发酵制成。日本的粕酢是利用清酒糟进行液态发酵制成的。

（5）酒

根据酒变酸的现象，创造出主动用酒酿醋的工艺，在《齐民要术》中有"回酒酢法"和"动酒酢法"两种。这是利用酿酒发酵进行得不正常而酸败的酒醪来酿醋。由于发酵不正常，糖化不完全，可能还残存淀粉，因而在书中还规定了"大率五石米酒醅，更著曲末一斗，麦䴬一斗"，以补充糖化力及酵母菌，同时由于酸败，酸度上升，这对淀粉酶作用不利，因而加"井花水一石，粟米饭两石"，以降低酸度，补充发酵微生物繁殖所需营养源。发酵的要领是将粟米饭"撣令冷如人体，投之，耙搅，绵幕瓮口。每日再度搅之"。从这段记载看，繁殖的发酵微生物醋酸菌是一般强氧化型醋酸菌，产酸需要大量氧气，于是需要每天打耙。"春夏七日熟，秋冬稍迟，皆美香，澄清后一月，接取，别器贮之。"另一种方法："大率酒两石，麦䴬一斗，粟米饭六斗，小暖投之，杷搅，绵幕瓮口，二七日熟，美酽殊常矣。"

四、《齐民要术》出版后我国历代有关酿醋技术的发展

在北魏之后，我们在唐、宋至明清各代遗留的某些文献典籍中看到了一些有关醋的文字记载。现据其作简要说明。这些典籍的部分有关内容附录在书后（见附录1），读者可对照研评。

1. 唐代制醋工艺的进步

唐代的酿醋技术受《齐民要术》所介绍的方法影响很大，从唐代韩鄂所著《四时纂要》中所记载的酿醋方法看，在此后的几百年中技术是有所进步的。

《四时纂要》中的制醋用曲基本上继承了《齐民要术》中被称作黄衣（或称“麦䴬”）的米曲霉散曲和根霉饼曲，但制曲原料方面开发出了新品种——糙米、大麦。即用糙米和大麦分别制成米曲霉散曲。糙米含大量无机成分，胚芽所含成分更适合于微生物的生长及发酵。因此制曲时产热比较集中，且升温较高，制曲较难，制曲管理必须细致。使用糙米可以说是制曲技术上的进步。在该书中，醋多用糙米为原料，如“米醋法”“暴醋法”“麦醋”“暴麦醋”的原料处理方法均不同于《齐民要术》，糙米比精米的营养成分丰富，这些原料采取了先炒后蒸的方法，炒米会使组织蓬松，加强了淀粉的糊化，可以增加醋的风味和色泽。书中的“米醋法”使用了炒熟糙米，经过润水、蒸熟，制成米曲霉散曲，所用饼曲也是用大米焙炒、磨细经踩踏成饼。“麦醋”是用舂过的大麦，润水、蒸熟，制成大麦米曲霉散曲。至于“醋泉”酿醋法虽与《齐民要术》一样是以面粉为原料，但制醪及投饭法却截然不同，《齐民要术》是五投面饼，而“醋泉法”却是面饼、曲末分层一次投入法。现将几种主要的方法加以说明：

（1）**米醋法**　在这种工艺中，制曲及酒精发酵的原料都经过焙炒，发酵用了粉碎后加苍耳汁踏成的饼曲，这种曲类似今天我国南方的小曲，应该是以根霉为主，同时还使用了以米曲霉为主的散曲，这样，既利用了根霉在糖化力强方面的优势，又发挥了米曲霉蛋白分解力强的优势。这种

工艺用曲量是每斗米（约12斤）用混合曲2斤，即曲的用量与原料用量为1:6，不到20%，表明曲的酶活性有所提高。这种工艺可以用以下流程图表示：

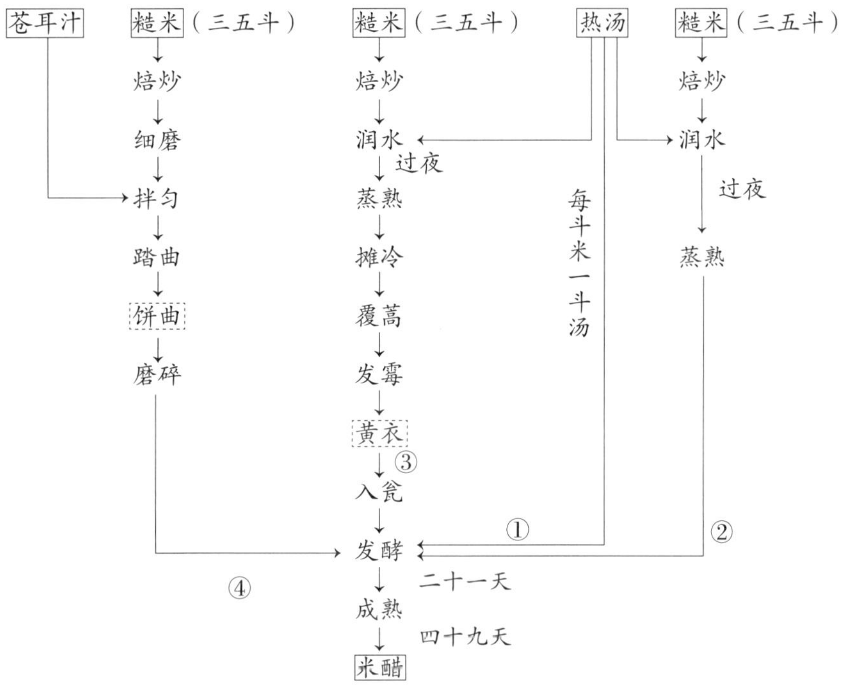

图3-2 《四时纂要》中“米醋法”的生产工艺流程

（2）**暴米醋** 这里所谓的“暴”，是指操作较简单、酿造周期较短。这种工艺也以糙米为原料，经焙炒，用热汤润软后蒸熟，制醅，用曲为根霉饼曲，粉碎后使用。其工艺流程可用下图表示：

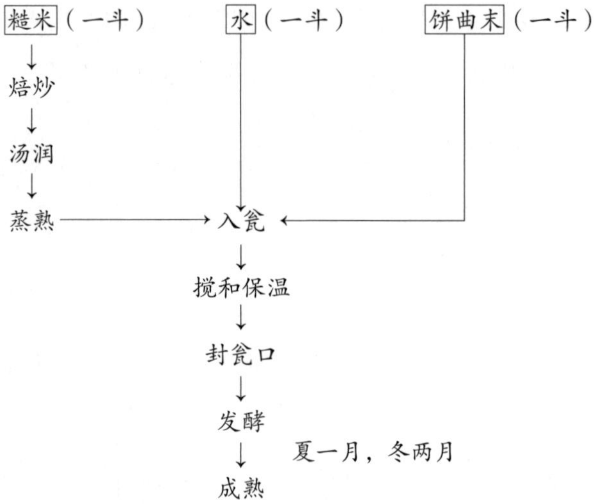

图3-3 《四时纂要》中“暴米醋”的生产工艺流程

（3）**麦醋** 原料为大麦，加工不细，有一半为完整麦仁，一半尚带外皮。蒸烂后一部分制成以米曲霉为主的黄衣；另一部分炒黄，以水润透后蒸烂，摊冷与黄衣拌匀入瓮密封发酵，通过放在瓮中的竹制酒笼，渗取醋液。取头醋后还可以补加水淋取二醋。其工艺流程用下图表示：

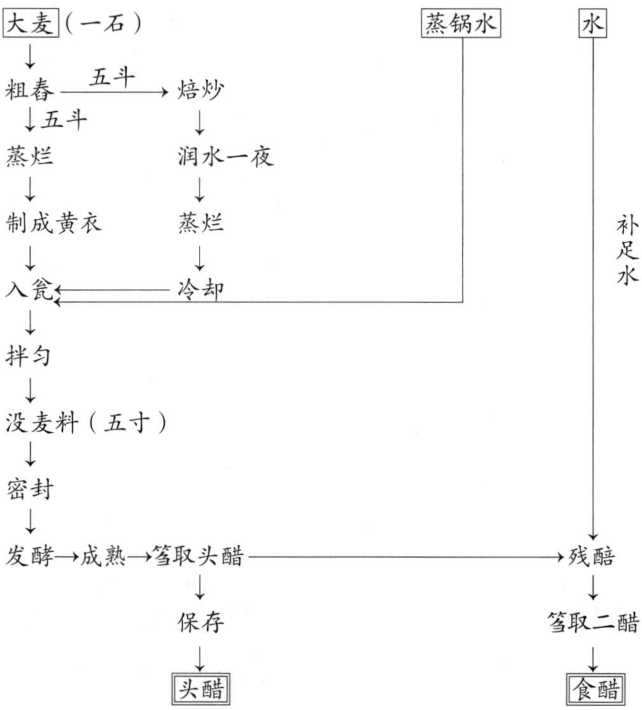

图3-4 《四时纂要》中“麦醋”的生产工艺流程

（4）**醋泉**　这种酿醋方法以面粉为原料在夏天制作。其工艺流程可以这样表示：

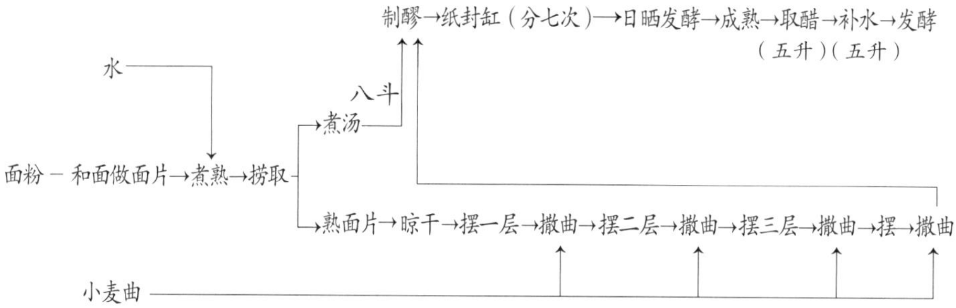

图3-5　“醋泉”的生产工艺流程

这种方法比《齐民要术》的“烧饼作酢法”有进步，是在分多次加入面粉原料的同时也加入曲，由于曲和原料同时分批投入，便不易发生糖化作用使糖浓度过高而抑制酵母菌生长的情况，使糖化和酒精发酵更顺利；同时又能维持发酵过程中有较充分的有较强酶活性的新鲜微生物群体，较易维持正常发酵所需的酸度和酒精含量。这对于天然发酵过程中维持有效微生物的数量，避免杂菌污染也有好处。这无疑是古代酿制技术对于控制发酵过程的重要贡献。

2. 宋代的制醋工艺

流传于今日的宋代酿造专著，除有关酿酒外很少。在宋末陈元靓所编的《事林广记》中所载酿造方法，可认为代表了宋代的技术水平，其中的记载和元代作者佚名的《居家必用事类全集》，可以窥见当时的制醋工艺。

宋代酿酒用曲几乎全部改用生料，而制醋用曲的原料处理依然采用常用的蒸熟法，说明熟料适合于米曲霉的生长和产酶。《事林广记》中的“麦黄醋法”就是将原料小麦全部蒸熟制成米曲霉散曲，进行浓醪复式发酵，是迄今为止独一无二的全曲制醪发酵制醋工艺。另外，宋代使用白曲酿酒的工艺颇多，白曲主要是使用生白面制成的一种以根霉为优势菌的曲种。如《事林广记》中的“东阳曲酒方”，是由生白面和五叶等植物浸汁踏成的小片制成的曲种，除其中所繁殖的根霉具有强大的糖化力和发酵力外，踏曲时所加植物浸汁也可以促进酵母生长。“饧稀醋法”和“造糟醋法”就是利用这种曲具有的强大的糖化力和发酵力，来达到多产的目的。前者是以饴糖为原料制成的糖稀醋，后者是以酒糟为原料经过全固态发酵法制成的酒糟醋，都是以前文献中所没有的。

从这些制醋工艺的记载，不难看出宋代的制曲技术在进步，曲种在增加，酿醋工艺也较前代成熟得多。现选出几种宋代文献中的酿醋方法加以说明。

（1）**麦黄醋法**　“麦黄醋法”是以小麦为原料，全部蒸熟制成米曲霉曲后，进行复式发酵的制醋工艺。这种工艺的特点是用蒸熟小麦按当时常规制曲方法制成以米曲霉为主的散曲，小麦全部制成曲进行糖化发酵。经过40天发酵熟成，其产品风味较使用部分曲的要浓郁而有特色。工艺流程可用下图表示：

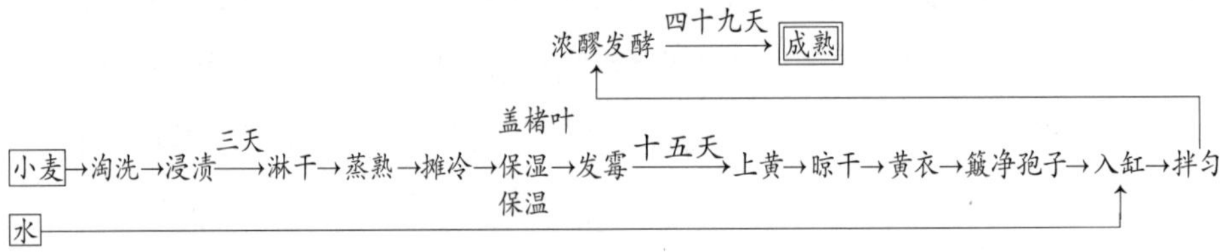

图3-6　《事林广记》中“麦黄醋法”的生产工艺流程

（2）**饧稀醋法**　这是史籍中见到的最早叙述用糖稀（饴糖）制醋的工艺，记述较为完整。因用水稀释糖稀，属稀醪发酵。添加少量白曲末可能是《事林广记》中所记“东阳酒曲”一类白曲。添加这类白曲，可以使饴糖中未完全水解的多糖或寡糖进一步糖化为发酵单糖，同时发挥其发酵力，促进酒精发酵。所繁殖的醋酸菌当是产膜性强的醋酸菌，即会形成“白膜”的醋酸菌，因此不能搅动，进行静置表面发酵。据作者所知，1957年北京龙门醋厂老厂长刘传刚先生曾经用饴糖酿造过醋，过程与此类似，酸度可以达到5～6度，味道甜酸，适合作为凉拌醋。其生产工艺流程如图：

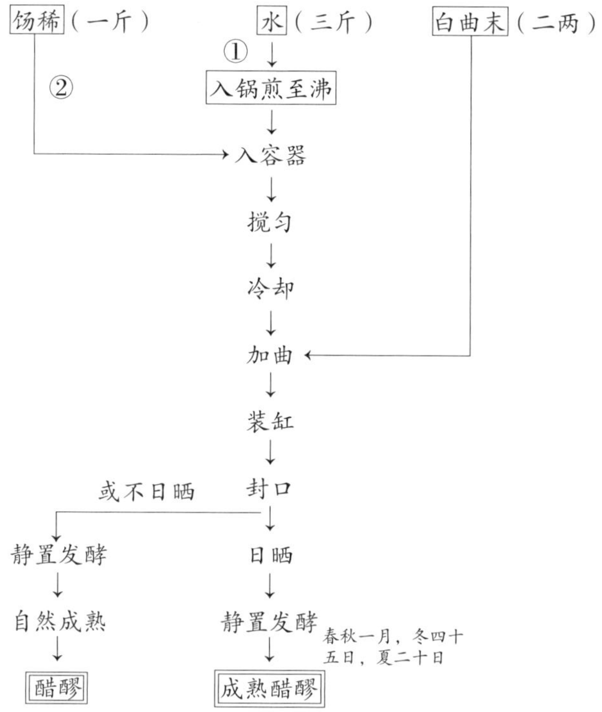

图3-7 “饧稀醋法”的生产工艺流程

（3）**造糟醋法** 宋代，尤其是南宋时期，江浙一带盛产黄酒，副产品酒糟成为食醋的重要原料是可以想象的。《事林广记》中所载此法可认为类似今天的固态酿醋法。其工艺流程如图：

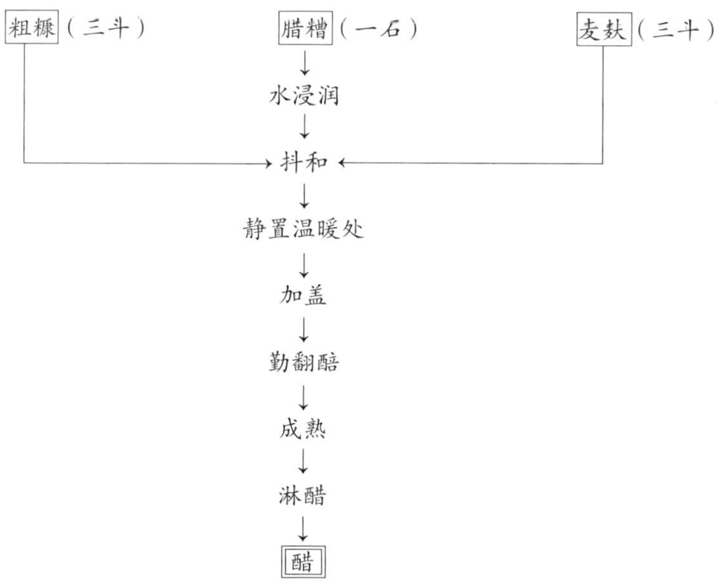

图3-8 《事林广记》中“造糟醋法”的生产工艺流程

（4）**败酒作醋法** 宋温革著《琐碎录》中，有一段败酒作醋法："但一斗酒以一斗水合和，瓮盛，置日中曝之。雨则盖，待衣生，勿搅，待衣沉则香美成醋。"从其描述可认为，这是一种以酒为原料氧化成醋的白醋生产法。

3. 元代的制醋工艺

元代的制醋技术通过佚名氏《居家必用事类全集》、鲁明善《农桑衣食撮要》及韩奕《易牙遗意》的记载，可以得到一个概貌。

元代的制醋工艺基本上已形成了用什么谷物制醋就用什么谷物制米曲霉曲的规律，例如《居家必用事类全集》中的"造三黄醋方""造大麦醋法"，《农桑衣食撮要》的"麦醋"（实际是大麦醋）及"作老米醋"等的制曲，分别是用大米及大麦制成米曲霉散曲。此时似乎都使用单一米曲霉散曲而不用饼曲了。更重要的是人们已体会到利用米曲霉所具有的高活性蛋白酶系的优越性。因为此时对醋的质量要求，已经不单纯追求味酸，还要求有鲜味且味道醇厚，即要求含较多氨基酸。

不仅如此，此时还能根据消费者的不同嗜好，生产出不同风味的食醋。《农桑衣食撮要》中的"作老米醋"是以米曲霉为主制备红曲醋的一例，同时还记述了在酿醋原料中加入莲花的醋酿造法。《居家必用事类全集》中记载的"造麸醋法"，是我国最早生产麸曲进行液态发酵制醋的工艺，还记载了固态发酵法的"造糠醋法"；14世纪初韩奕所编的《易牙遗意》一书中，记载了宋代之后使用白曲生产大米醋。从已有资料看，元代食醋的酿造工艺，与当代的传统酿醋工艺已经相当接近，即当代传统工艺基本上是元代技术的传承。从明末戴义编撰的《养余月令》中有关酿醋的记载基本上是转载元代《居家必用事类全集》《农桑衣食撮要》来看，也能说明这种观点。现就元代主要书籍中所载的典型制醋工艺介绍如下：

（1）《居家必用事类全集》中的制醋法

元代《居家必用事类全集》中收集了不少制醋方法。除收录了宋代《事林广记》中所载"诸醋方"外，还增加了数条。现简单介绍于下：

造三黄醋方 这是用大米为原料酿米醋，即以大米制成米曲霉散曲，再以蒸米进行稀醪复式发酵，经糖化、酒精发酵、醋酸发酵而成。本法使用米曲说明我国古代并非单纯使用小麦为原料制备米曲霉散曲，同样使用大米制备，晾干后收存作糖化剂及发酵剂。其工艺流程是：

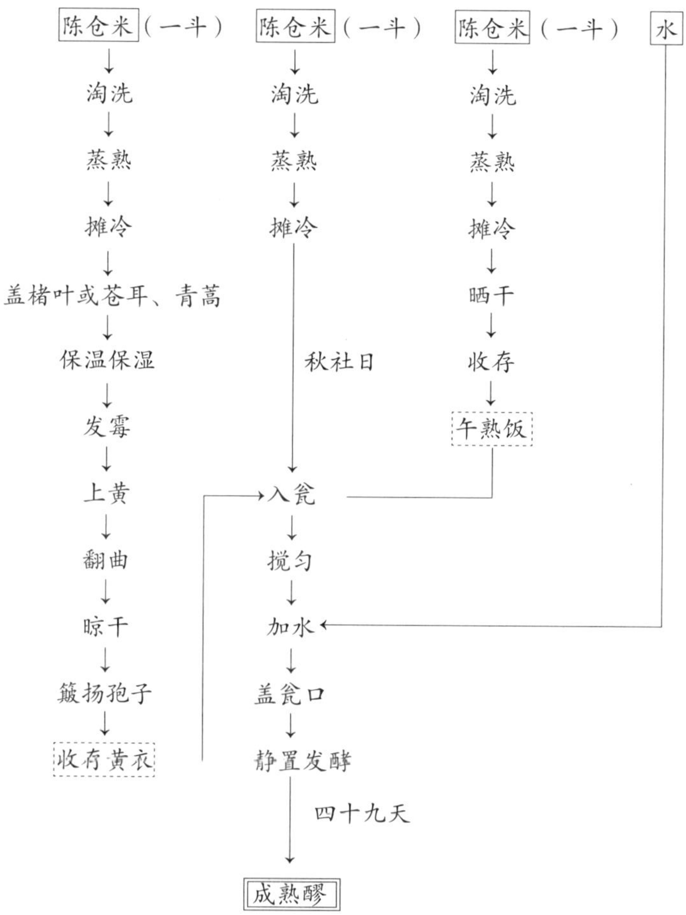

图3-9 《居家必用事类全集》中“造三黄醋方”的生产工艺流程

造大麦醋法 这种方法中，将大麦仁炒至黄色，令其产生焦香成分，使醋具有焦香气味；使炒麦组织蓬松，便于吸水和分解，另外使用生面粉拌和炊熟的大麦进行制曲，可以保证制曲时水分适当，提高成曲质量。其工艺流程是：

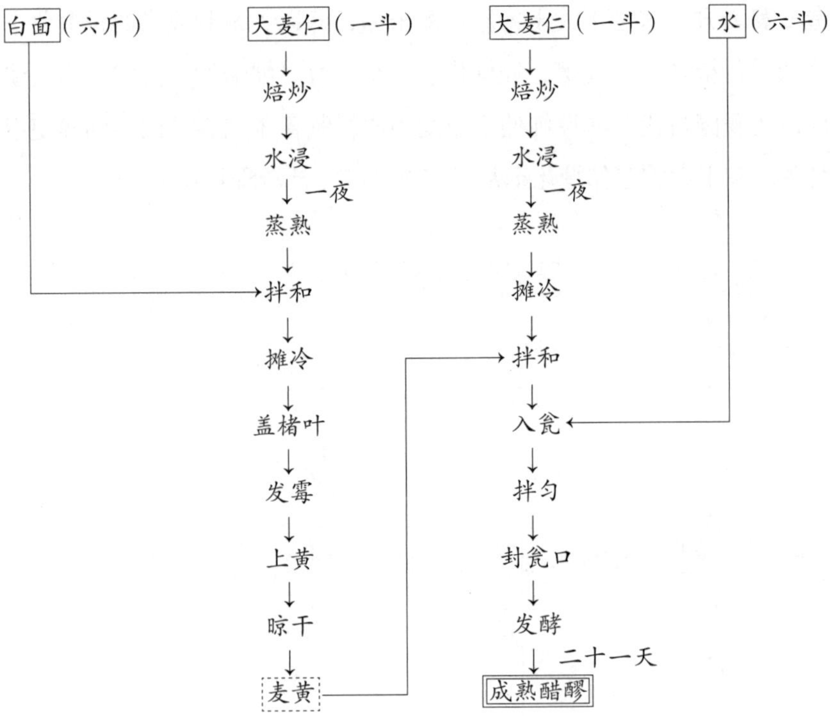

图3-10　《居家必用事类全集》中“造大麦醋法”的生产工艺流程

造麸醋法　这是用麦麸制曲的最初记载，后世直到今天麸皮也是多种食品酿造中制曲的必备之物。麦麸中的碳源和氮源的比例，非常适合于微生物尤其是霉菌的生长和增殖，所含微量无机成分也较全面，因此成为培养霉菌的良好培养基。在数百年前的元代，人们就已经洞察这些优点，并且进行了米曲霉麸曲的生产。1933年孙学悟和方心芳等成功试验了用麦麸制曲代替小麦制大曲酿造白酒，不过直到1950年以后才在生产中大量应用。

这种酿造工艺中，制醪发酵部分工艺的特点在于使用大米和麦麸进行液态发酵，不同于今日四川麸醋的固态发酵。因为麦麸的五碳糖产生鲜艳红棕色，采用麦麸与大米混合蒸熟进行发酵，使成品醋色泽鲜艳，增加浓郁风味，是本工艺的另一特点。添加麸曲于头淋酒醋糟中，继续进行糖化、酒精及醋酸发酵，制备二淋醋，可提高产醋率；在头淋醋内添焙炒小麦会增加醋的风味及色泽，也是后人时常采取的方法。其制醪发酵工艺录之于下：

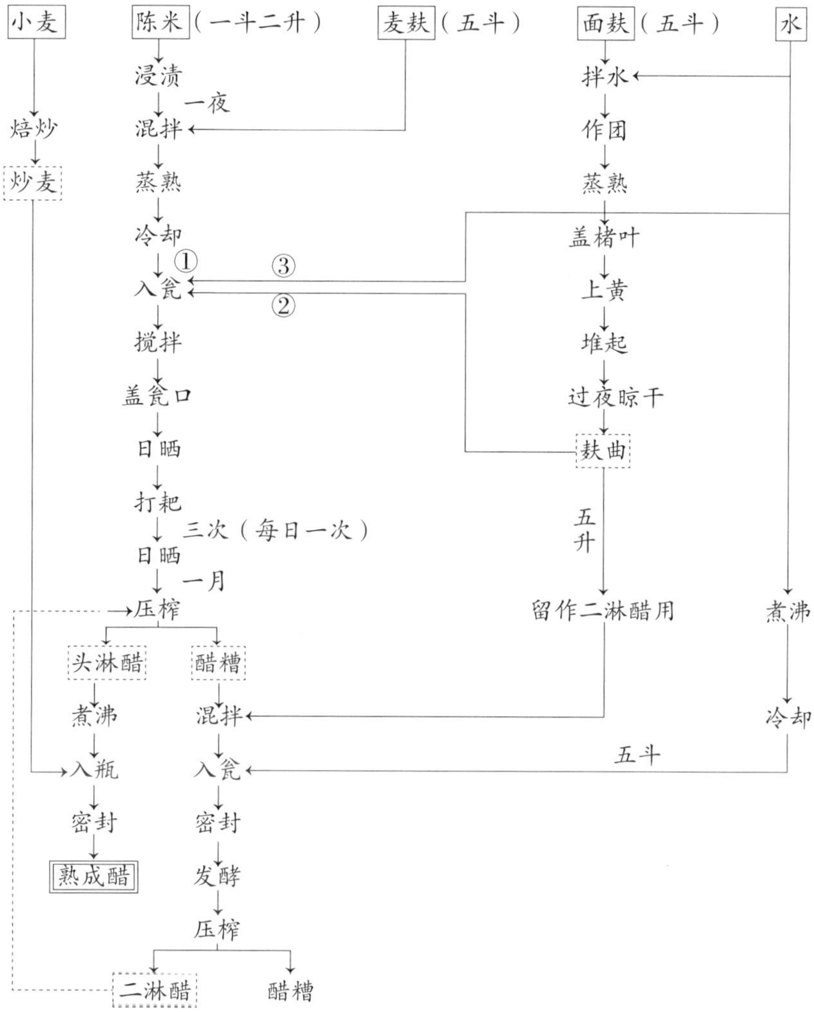

图3-11　《居家必用事类全集》中“造麸醋法”的生产工艺流程

造糠醋法　本法是以黄酒糟为原料的固态发酵法，有别于上述的液态发酵法。“造糠醋法”以酒糟为主料，这种酒糟应该是黄酒糟，即黄酒酒醪经过压榨后的糟粕，由于当时压榨效率欠高，糟粕中必然含有大量酒及糠等成分，还含有多种微生物——主要是酵母菌。因此，可以借酵母菌、野生醋酸菌等微生物的作用来制醋，直到今天这种方法还在沿用，当然工艺更进步了。当时凭经验，人们已熟知酿醋过程中需要通气，并产生大量热能，所以掺稻糠，使醋醅松散，以供给醋酸菌繁殖代谢产醋所需的氧，并且有助于散热。因此在酿造过程中要经常检查品温，即用人体体温作为对照来判断温度高低，为防品温过高，烧醅而影响醋的品质和产量，就采用了倒缸的方法来降温，这是今天传统酿醋过程中一道必须的过程。如果品温久久未能上升，则采用加盖保温的措施，促进醋酸发酵的进行。在这种方法中，还谈到淋醋的方法，几乎与现行淋醋方法相同。其工艺过程如下：

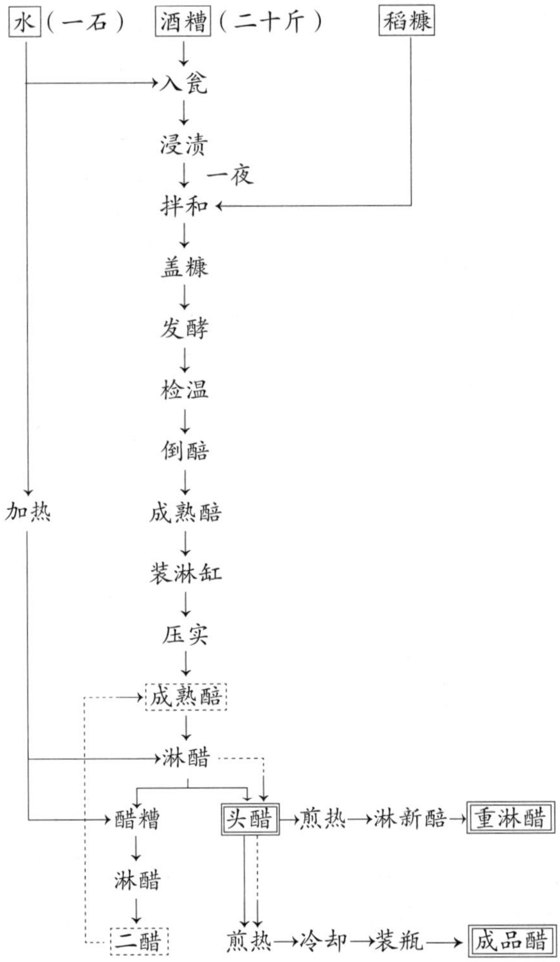

图3-12 《农桑衣食撮要》中“作老米醋”的生产工艺流程

（2）《农桑衣食撮要》中的制醋法

作老米醋 本工艺是用糯米全部制成米曲霉散曲。自古以来用糯米制曲的例子不多，因为糯米几乎全部是支链淀粉，微生物繁殖所需营养不全，因此本工艺采取了在全部制曲工艺制醪时添加红曲，这是本工艺的特点。红曲一般具有一定的糖化力及发酵力，有助于糖化及酒精发酵，实际糖化还是依靠糯米的米曲霉曲。同时由于红曲色素，初期成醋会成鲜艳红色，但由于光线的照射及氧化作用会逐渐褪色，形成美丽的琥珀色。所以可以说本工艺是一种红曲醋的生产方法。其工艺流程如下：

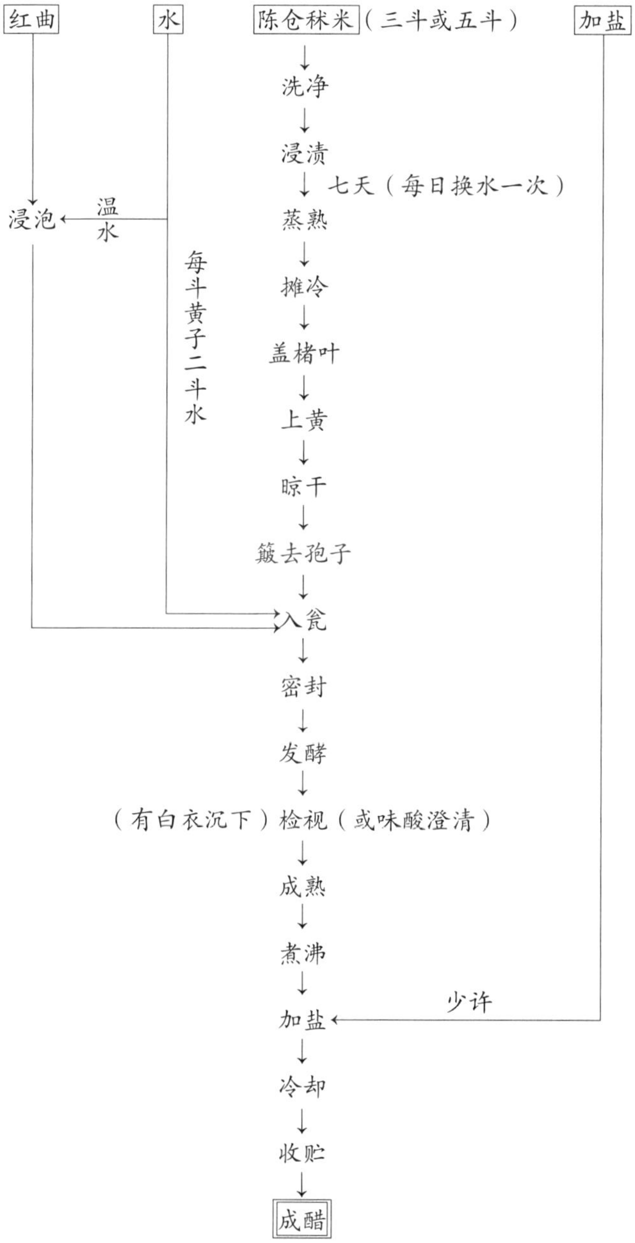

图3-13　《农桑衣食撮要》中“作老米醋”的生产工艺流程

（3）《易牙遗意》中的制醋法

《易牙遗意》中有三则制醋法：其一是用当时流行的白曲和米饭酿成的浓醪发酵醋。其二是现在南方素负盛名玫瑰醋的先祖，它的特点是米饭并不制成曲，而是放入缸中令其自然生霉，自然糖化、酒精发酵、自然醋酸发酵而成。该醋呈较鲜艳的红色，因此判定会有红曲霉参与其中，味道良好。其三是用大米和麦麸制成米曲霉散曲和米饭酿成的米醋。在这些方法中，有的用曲是蒸熟大米和生麦麸混合制成的米曲霉散曲。因为麦麸未蒸，其中所含淀粉酶未被破坏，对蒸熟大米淀粉会起到糖化作用，增强了糖化力，同时麦麸中所含的碳元素与氮元素的含量比，即C／N适合于制曲，又含有制曲微生物增殖所需微量元素，是制曲良好基质，所以制成的米曲霉酶活性强大。另外，麦麸与大米混合构成通气性良好的疏松物理状态，有利于米曲霉增殖和产酶，使之成为优质曲，是很好的制曲方案。

4.清代制醋工艺

在明清时期食经中，《多能鄙事》（1370年）中有酿醋法14种，《宋氏尊生》（1504年）中有21种，《食宪鸿秘》（1680年）中有5种，《养小录》（1698年）中有3种，《醒园录》（1750年）中有4种，《调鼎集》（约1760—1860年）中有18种。这些方法并无新奇之处，在很大程度上是抄袭前人书籍而来的，而那些汇编也是以《齐民要术》为基础的。没有一个作者或编者想到要改进酿醋方法或者了解酿醋过程的变化本质与现象。

《醒园录》是清代乾隆时期李化楠的著作。其中几种酿醋方法的记叙有其特色，反映了清代酿醋技术的进步。在清代章穆《调疾饮食辨》一书中，作者主要谈到食醋的保健和医疗作用，但他在文中有一句提到醋“作法有蒸熟者，有用生米者”，说明当时已经有用不经蒸煮的粮食作原料酿醋的工艺。这个记载并非来自记叙酿造技术的书籍，但亦是一个历史依据。

据当时在北京宣武醋厂（今龙门醋厂）任酿造师的刘传刚先生介绍，1972年冬已成功采用大米生料大池酿醋，发酵周期近40天，酸度达到6度以上，味道也不错。生料酿醋可以节约能源，有利环保，现在已经在全国采用。

《醒园录》中的“极酸醋法”的发酵技术别具匠心。其特点是用白曲及红曲来糖化粽子的糯米淀粉，培养酵母菌，制成酒母，而后陆续加乌糖及烧酒进行连续醋酸发酵。在这一工艺中，连续加入乌糖和烧酒液，可促进酵母菌生长和酒精发酵，而加入烧酒使酒精含量增加，氧化后醋的含量也会提高，同时因为是连续投料，不至于造成糖浓度或酒精浓度在发酵醪中过高。这实际上是现代以酒精为原料连续生产醋的工艺的雏形，其历史意义很值得肯定。

五、外国关于醋的历史的记载

全世界任何地方，只要有酒，就应该有醋。的确，在英语中，醋称vinegar，其词源来自法语的vin（酒）aigre（酸），也足以说明外国人也和我们一样，早就明白醋是酒变酸而成的。中国的醋有数千年的历史，外国也一样。5000年前的巴比伦、古埃及等地便会酿造啤酒，史书记载在公元前2000年至3000年时，那里有40%的粮食是用来酿酒的，所以古埃及人自然会把它们进一步发酵成醋，并受到希腊和罗马人的喜好。巴比伦生产过不同类型的醋，考古或古代著作中，出现过用枣椰和葡萄制成的醋，被称为古老西方经典的《圣经》中，葡萄酒和醋被多次提到，例如《新约全书·约翰福音·第十九章》（完成于公元1世纪）中也有这样一段话："有个器皿盛满了醋，放在那里，他们就拿海绒蘸满了醋，绑在牛膝草上，送到他口。耶稣尝了那醋，就说：'成了'，便低下头，将灵魂交付神了。"在记录了公元前5世纪到公元5世纪口述故事的《犹太法典》中，也有大量的葡萄酒和啤酒变成醋的记述。相传古埃及女王曾经饮用过融化了珍珠的醋。

醋和酿造方法可能是从中东或中国传播到其他国家。从语源学看，英国的醋和酒是来自法国，可能是公元前2000年活动在中欧的凯尔特人沿着法国的大西洋海岸把它传到了英国。

关于西方醋的历史和发展，读者如有兴趣，可以参考1976年的英文文献：Conner,H.A. & Allgeier，R.J.（1976）：Vinegar：its history and development.Advances in Applied Microbiology，20，81-133.

再谈我们的近邻日本。日本的古代史籍有“从秦渡来人制酒献上”的记载，说明早在我国秦代，即公元前3世纪，渡海到日本的中国人便把酒带到了日本。根据源顺的《倭名抄》（8世纪到12世纪日本平安朝中期的汉和词典）把酢字写成醋字，俗称苦酒，别名叫唐酒。说明是唐代日本派遣的遣唐使或留学僧侣带到日本的，公元630年第一批遣唐使即来到中国，因此在7世纪应传到日本。《大宝律令》（公元701年）记载道：“造酒司一人，掌管酿酒或醴或醋”，也证明是7世纪传到日本。公元927年醍醐天皇延喜年间编写的百科全书《延喜式》第40卷造酒司一章中记有制作米醋方法：“欲制作醋一石（180升）须用米六斗九升（124.2升），米曲四斗一升（61.5千克），水一石二斗（216升），六月下料，每十天酿造，如此四次可成”。据称这是日本最早的酿醋方法记录。日本至今在鹿儿岛还保留类似制醋方法。有些现代日本酿造学家在著作中也曾说醋是唐代高僧鉴真和尚从我国带去的。

醋的历史很漫长，里面的故事很多，这些历史让我们在品尝醋的美味时，接受着数千年文明的熏陶。

肆

醋的种类

在人类数千年的文明史中，不同地域和不同时代出现过难以估算的食醋品种。这些花样纷繁的食醋，主要由于原料和酿造工艺的不同而具有不同的特征。本书不可能将所有的食醋品种一一介绍，只能做一个概括的说明。

酿醋原料主要是两类，即粮食和其他植物的果实（主要是水果）；工艺也基本上是两类，即用曲和不用曲。但是，这些醋的制成，都离不开微生物。中国和一些东亚国家的食醋主要是用粮食和曲通过复式发酵酿造的；西方国家则多半用各种植物果实作原料，利用酵母菌及醋酸菌酿造。正因为有这种差异，我国的传统酿造方法目前还离现代化很远，而西方的许多酿醋方法则处在不断现代化的进程中。当然还有所谓配制白醋的食醋，按我国的国家标准，必须采用食品级的冰醋酸，而且其中酿造的醋含量不得少于50%。

概括而言，可以把食醋分成两大类，即粮食醋和水果醋。通俗些说，就是中国醋和西方醋。

一、中国醋

中国醋的种类五花八门，从特征分，可以用四大名醋为代表来介绍。我国传统的酿造食醋，基本上都是从这4个类型变化和衍生而来的，至于各种商品名称和为适合不同需要而出现的品种，就绝不是本书这小小的篇幅所能容纳的了。本书编著者无意褒此而贬彼，一切都取决于消费者。

中国的四大名醋，说法有些不同，本书编著者以为，无论从酿造工艺的特色、产品的质量还是市场欢迎度来说，镇江香醋、山西老陈醋、保宁醋和永春红曲醋，应该是中国各类食醋的代表。本书着重对山西老陈醋进行较全面的论述，附带介绍某些山西的地方名醋。其他几种名醋，仅在此简单介绍。

镇江香醋

镇江香醋是以糯米等为主要原料，采用传统的黄酒生产工艺进行酒精发酵，即采用以根霉为主要糖化菌的小曲（酒药）通过低温糖化、液态酒精发酵连续交替进行的复式发酵和固态醋酸发酵的工艺。醋醅经过陈酿后，淋出的醋液加入炒米色和少量白糖，澄清后煮沸，趁热装入储存容器密封保存。一级醋的总酸含量在6%以上。镇江香醋具有“酸而不涩，香而微甜，色浓味鲜，愈存愈醇”等特色，目前生产此产品的最大企业为江苏恒顺醋业股份有限公司，也是目前唯一的醋业上市公司，年利润超过10亿。对食醋的科学研究和有关生产企业对逐步实现生产工艺现代化的愿望，在镇江香醋中表现得较为突出，这和企业经营者的胆识与企业的实力较为雄厚不无关系。

图4-1　镇江香醋

山西醋和老陈醋

本书的重点即全面论述山西老陈醋，后面还将详述，此处只一笔带过。山西老陈醋是以大麦、豌豆制曲，以高粱为主要原料，采用与传统大曲白酒类似的生产工艺进行酒精发酵，即采用以曲霉为主要糖化菌的大曲（清茬、红心和后火等块曲）通过糖化与酒精发酵连续交替进行的复式发酵后，采用固态醋酸发酵获得醋醅，然后经过熏醅，从醋醅淋出的醋，再经过日晒和长期储存。其突出的特点是熏醅和日晒，因此酸度甚至可以超过10%，而且不挥发酸的含量特别高。

图4-2　山西老陈醋

山西是我国著名的食醋生产大省，除老陈醋外，还有繁多品种，从类型说，有陈醋、普醋、双醋、特醋等；从生产工艺分，有熏醋、黄醋、回流醋、封缸醋、淋醋等；从所用主要原料分，有高粱醋、玉米醋、小米醋、柿子醋、果醋、酒糟醋、粉渣醋、红薯醋等；从所用曲的类别分，有大曲醋、快曲醋、自然发酵醋等等。刘集贤、万良适曾介绍过一些山西的地方名醋，还有20世纪80年代前的某些新产品。后者是吸取优秀传统，尽量采纳新技术革新酿醋技术的创举，故特加简单介绍，这些产品的当前情况有待了解。

闻喜小米封缸醋

晋南闻喜、新绛一带多食米醋，即以小米为原料，以大麦芽为糖化剂，以大曲为发酵剂生产之醋。每年春季制作，封缸贮存，麦收以后出售至第二年春季，是为“小米封缸醋”。后来，为了节省小米，也有以高粱、玉米为原料的，是为“高粱封醋”“玉米封醋”。这种醋工艺简单，不用谷糠等辅料，不熏醅，可以长期贮存，是另一流派的山西醋。

河津家酿柿子醋

晋南河津，万荣、新绛、闻喜、运城一带盛产柿子，许多当地居民都会自酿柿子醋，供常年食用。方法是每年霜降前后柿子成熟后，将熟透或碰破的柿子放在缸里盖严，在屋里室温自然发酵，冬天加进一些干净的雪，放到次年二、三月时再加入少量（不加也行），每隔十来天搅拌一次使成糊状，到麦收时拌进干净的切成两三寸长的麦草，搁置一天后移入淋缸，加清水浸泡3~4小时，过淋。一般要加三次清水过淋三次，头淋醋最好。每斤柿子可出3斤醋，一般含醋酸量在3%以上，色浅黄，味尖酸清香，适于作面条的调料。

祁县高粱醋

祁县以高粱为原料生产食醋的历史，相传已有300余年。新中国成立后，在祁县南长街成立了专门生产食醋的祁县曲醋厂，以生产“大曲高粱熏醋”而著称。1961年曲醋厂与酒厂合并，在祁县酒厂内专设制醋车间，同年经技术革新，将大曲改为快曲，专门生产“快曲高粱熏醋”。其含酸量在4%左右，色棕红，绵酸可口，物美价廉，深受群众欢迎。快曲高粱熏醋的酿造特点一是以纯种培养的曲霉菌制作的快曲为糖化剂，以纯种培养的酵母菌为发酵剂，因而高粱淀粉糖化发酵比较完全，出品率高，每百斤高粱可出600斤食醋；二是完全仿效山西老陈醋的生产工艺，所不同的是淋出醋以后不经“伏晒抽水”和陈酿，即行销售。为了赋予食醋以较深的颜色和焦香味，熏醋时间较长，老陈醋的熏醅时间是4天，而这种醋的熏醅时间长达 7～8 天。

忻县红粮皮醋

1973年忻县以粮食加工的副产品红粮皮、麦麸、谷糠为原料，生产出了质量比较好的食醋，称“红粮皮醋”。其生产工艺过程类似老陈醋，原料蒸熟后用水浸泡过的快曲、酵母菌进行糖化和酒精发酵，7天后进行4天醋酸发酵，醋醅用温火熏7天后过淋。每百斤红粮皮可产食醋三百斤，含酸量在5%左右，色呈粽褐色，味清香绵酸，很受群众欢迎。

清徐回流醋

1977年4月，清徐老陈醋厂曾创制过回流醋。他们采用黑曲霉纯培养制成快曲作为糖化剂，用卡氏罐培养酵母菌作为酒精发酵剂，以高粱为原料，在酸槽中进行通气醋酸发酵，发酵结束后再用温火熏醋醅，淋制出醋，名为回流醋。每百斤高粱可出成品600斤左右，含酸量在4%左右，色棕红，味清香兼有焦香，干净卫生。在当年该新产品的问世被认为是制醋工业的一项重大技术革新成果。

大同味醋

大同味醋以高粱为主料，以麸皮制快曲，以小米为制酵母糖液的原料，以麸皮、谷糠为醋酸发酵的辅料。用纯种曲霉和酵母进行糖化和酒精发酵，用天然醋酸菌为醋酸发酵的菌种。成熟的醋醅要有一半经过熏醅，然后淋醋。每百斤高粱可产含酸量在5%以上的特醋550斤，醋色棕红，味酸甜清香柔和。

保宁醋

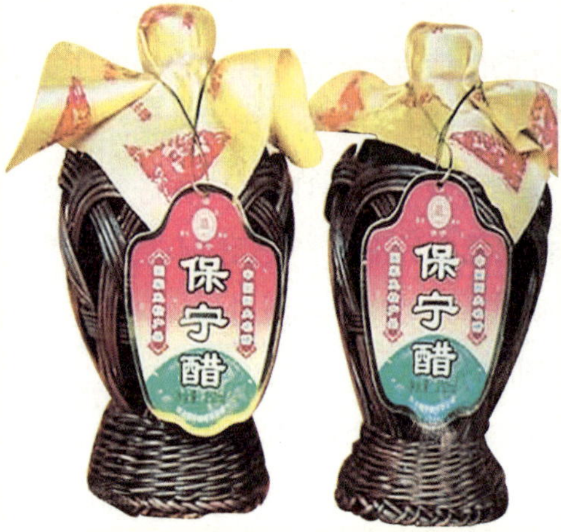

图4-3　保宁醋

四川阆中市的政治、经济、文化和交通中心保宁镇，以名醋保宁醋闻名天下。保宁醋的历史可以追溯到明末清初，据说发明者是索义迁。这种醋以麸皮为主要原料，糖化时主要靠麦麸中的淀粉酶，采用加了辣蓼等植物制成的药曲培养酵母菌作为酒精发酵剂，醋酸发酵则通过固态形式，完成醋酸发酵后的醋醅再在陈酿桶里陈酿，经过长达一年后，进行淋醋，淋出的醋经勾兑、煮沸装坛装瓶出售。由于保宁醋中含有来自药曲中的香辛料，其风味独特，优质品的酸度可达7%，含有较多不挥发酸，其色泽深褐发黑。保宁醋被称为中国四大名醋之一。目前四川不少酿醋企业用麦麸酿醋，改良了保宁醋传统工艺的缺点，产率大幅提高。

永春红曲醋

永春红曲醋又称永春老醋，原产福建永春县。这种醋采用糯米、晚稻、芝麻和白糖等为原料，用我国的特产红曲进行液态糖化、酒精发酵和醋酸发酵。其陈酿的工艺很特别，须经过周期达3年的陈酿，才得到成品，其酸度可达7%，并在成品中加入2%的白糖。红曲醋在我

图4-4　永春红曲醋

国南方，特别是闵浙等地有很广阔的市场。目前产品远销50多个国家和地区，驰名中外。

以上四大名醋是我国食醋酿造的基本类型，各地和各家酿醋企业会根据具体条件，因时因地制宜生产出各种品牌的食醋。

除了大量以谷物为原料酿造的食醋外，也有些用其他植物果实酿造的食醋，其历史也可以上溯到公元6世纪，《齐民要术》中即有“桃醋法”的记载。不过在中国，因为一般水果醋并非调味品而是酸性饮料，消费群体尚不广大，因此直至今天也只在食品市场上占有极少的份额。以下举几种水果醋为例。

柿子醋　我国河南、河北和陕西等地生产柿子，民间用柿子酿醋的传统绵延了上千年，当前市场上可以看到个别柿子醋产品。据说河南陕县曾出产过“贡品贾氏柿子醋”，用来孝敬宋代的皇帝。

苹果醋　自20世纪末我国出现商品苹果醋以来，生产厂家不少，但似乎还没有形成以生产水果醋为主的大型企业。这种苹果醋，并不是厨房里的调味品，而是指以苹果汁经发酵而成的苹果原醋、再兑以苹果汁等原料而成的饮品。

红枣醋　用红枣或红枣汁为原料，在传统酿造工艺的基础上经现代生物工程技术两次微生物发酵酿制而成的醋。它不仅能美容养颜，解酒护肝，而且对预防心脏病、中风有特效，具有肯定的防癌作用，还能提高人体免疫力。

二、日本醋

据2008年日本农林水产省公布的食醋标准，日本的酿造醋包括以下几种类型：

1. 用谷类或谷类加工后形成的酒类、植物果实（果汁和果酒等）、蔬菜（菜汁等加工品），以及其他农产品为原料发酵成酒精，有时亦加入砂糖等，进行醋酸发酵获得的液体调味品，不得使用冰醋酸或醋酸等化学品。

2. 使用酒精或由谷类糖化后的原料，加入水果、蔬菜等农产品进行醋酸发酵获得的液体调味料。也不得使用冰醋酸或醋酸。

3. 由第1、2两种混合的产品。

4. 以上述1至3的产品为基础（不能用冰醋酸和醋酸）加入其他调味剂、食盐，但不能添加香辛料的产品，其中不挥发酸、总糖和总氮含量分别为1.0%、10.0%和0.2%。

图4-5　日本米醋

酿造醋又分谷物醋、米醋、（米）黑醋、苹果醋和葡萄醋等。

谷物醋是指使用了一至两种谷物酿成的醋，每升这种醋中谷物的用量应在40克以上；米醋是指每升醋中，大米的用量在40克以上；而（米）黑醋是用大米作原料（未精白），还加入小麦、大麦，每升醋中上述原料应在180克以上，发酵和陈酿后呈褐色或黑褐色。水果醋中的代表是苹果醋和葡萄醋，在每升醋中果汁的用量应在300克以上。

此外，日本的国家标准还对食醋中的添加剂有了严格的规定。规定允许使用的调味剂只有L-门冬氨酸钠、5’肌苷酸二钠盐、5’-鸟苷酸二钠盐、L-谷氨酸钠和琥珀酸钠等5种，而且每种产品中添加的种类不得超过3种；日本国标中规定的增加酸味的添加剂只有柠檬酸、DL-酒石酸（仅限葡萄醋）、乳酸3种，而且每种产品最多只能添加2种；至于增色剂，则只有焦糖III一种可以使用，而且在水果醋中不可用。

用以上的食醋为基础，可以配制成无数的调和醋，以适应不同消费者的不同食物的口味。据日本朝仓书店1990年出版的《醋的科学》（著者饴山宝和大塚滋）一书的介绍，就有以下多种，为供读者参考此处稍加详细介绍。

甜醋　醋100毫升，水100毫升，白糖45克，盐少许，加花椒、生姜、芜菁、藕、萝卜、野薤等用此醋泡。

二杯醋　醋100毫升，浓口酱油100毫升，用海带、木鱼汤150毫升，腌螃蟹、墨斗鱼、牡蛎等，渍烤鱼。

三杯醋　醋100毫升，浓口酱油30毫升，白糖25克，用海带、木鱼汤150毫升，处理海鲜与上同。

土佐醋　醋200毫升，浓口酱油60毫升，白糖20克，料酒30毫升，用海带、木鱼汤100毫升，盐少许，木鱼5克。除木鱼外煮沸，煮沸前加入木鱼，用布过滤冷凉。

橘汁醋　橘汁200毫升，醋150毫升，浓口酱油200毫升，溜酱油30毫升，煮沸料酒50毫升，海带10克，木鱼10克。将材料混合，泡一天后过滤装瓶，在冷处放二三个月，与橘汁调和，作火锅调料，吃生鱼片。

山榆醋　醋中加山榆菜末。

梅干醋　梅子干肉150克，料酒100毫升，白糖1小勺，淡口酱油5毫升、混合放置一至2周，食用前加海带木鱼汤，作海鲜调料。

吉野醋　上述二杯、三杯、土佐、甜醋等加淀粉1/3量，淀粉在快煮沸时加入，立即冷却，涂在腌菜或寿司上，浇上光醋。

蛋黄醋　蛋黄3个，醋15毫升，料酒15毫升，白糖10克，淡口酱油5毫升，海带和木鱼汤45毫升，用于吃虾、螃蟹和贝类。

芝麻醋　白芝麻一大汤匙，白糖一小匙，料酒5毫升，淡口酱油10毫升，海带木鱼汤30毫升。把炒熟的芝麻磨碎，调和上述材料，用于吃鱼片。

南蛮醋　醋200毫升，白糖30克，料酒30毫升，淡口酱油15毫升，海带木鱼汤150毫升，朝天椒2只，青葱一根。混合，切成3~4公分的油炒葱和去籽的朝天椒。用于蘸炸小鱼和鸡肉。

芥末醋　二杯或三杯醋加芥末泥。

柚香醋　二杯或三杯醋、甜醋等加碎柚子皮。

蓼醋　二杯或三杯醋200毫升，蓼叶2束，饭1勺，水少许，蓼叶切碎，加饭和水磨碎成糊状，用前用醋稀释，加盐烤香鱼。

树芽醋　加树芽磨碎，再加菠菜汁少许。

海胆醋　鲜海胆60克，土佐醋200毫升，蛋黄2个，加柠檬或酸橘汁，过滤。

肝醋 鱼肝80克，二杯三杯醋200毫升。先用少许盐腌鱼肝，煮后过滤，与醋调和。

此外日本还有薏米仁醋、木瓜芦荟醋、干梅子醋、咸梅醋、大麦黑醋、酸栗醋、柿子醋、大豆黑醋、荞麦醋、紫苏醋、生醋、桃醋、椰枣醋、沐浴用醋、蜂蜜醋、西红柿醋、加醋乳酸饮料、黑糖醋、生药醋、米醋片、蛋白醋、五谷醋、白蛋白醋、糙米醋、胚芽薏米醋、生物醋、海带醋、松叶醋、大豆醋、番石榴醋、柠檬酸醋、中国醋、哈普醋、小麦胚芽醋、越橘醋、酒醋、茵陈醋、草莓醋等等，本书编著者十几年前在东京超市中，曾见到货架上食醋商品的品种就有数十种之多。

三、洋醋

本书把中国采用传统酿造方法用粮食酿造的食醋之外的其他西方醋，也称洋醋，犹如洋酒一词早已被人们熟悉。一般来说，非洲和澳洲的食醋也应该归在洋酒之列。在古代，中亚的巴比伦、阿塞尔，埃及就发现酒可以制造醋，后来在希腊和罗马将葡萄酒醋稀释后作为提神的饮料。在欧洲中世纪早期，醋只是在一般家庭中制造。到14世纪末期，在法国中部名城奥尔良（Orléan）即出现了制醋的作坊，他们可能是受到葡萄酒变酸时液体表层出现皮膜的启示，用啤酒和葡萄酒的原汁通过缓慢的表面发酵制造食醋，这就是最初的奥尔良（Orléan）法。后来证明那种皮膜中含有活的生物体，1864年巴斯德科学地证实了那些生物体是醋酸细菌，1879年Hansen发现了醋酸菌，并得到了纯培养后，便发展出了许多种用酒或酒精制醋的现代工艺。在这些表面发酵（填充）工艺中，将微生物接种在填充物上（例如特殊木料的刨花）使其生长繁殖，然后向填充物上循环流加含酒精的液体，通过附着在填充物上的醋酸菌的氧化作用，将其变成醋酸。直到20世纪末，在欧共体生产的各种醋中，酒精醋，即用酒或酒精通过醋酸菌氧化产生的醋的生产量仍占63.0%，葡萄醋占27.1%，麦芽醋占6.8%，其他占3.1%。在英国的酒醋或美国的白醋，都是用纯酒精制造的，其醋酸含量可高达13%～15%。在英国只允许用发酵醪蒸馏的乙醇生产酒醋，在美国则可以用来自石油的产品。

西方酿醋，和西方酿酒不是采用酒曲一样，基本上不采用霉菌，主要是利用酵母菌和醋酸菌。西方酿醋同样采用粮食和植物果实，不过水果醋更常见。但即使用粮食作原料，粮食中的淀粉也主要是借助麦芽中的淀粉酶来糖化。用水果作原料，则可以直接利用水果中所含的可发酵糖类，无须糖化过程。西方酿醋的原料，根据部分文献统计，计有苹果、香蕉、香蕉皮、腰果、梨、可可汁、椰子汁、咖啡肉、葡萄、枣、蜂蜜、木菠萝、杧果、枫树产品、柿子、猕猴桃、橘汁、棕榈和棕榈汁、橙子、桃、菠萝、仙人掌果、李子、甘蔗、甘薯、酸角（罗望子）、西瓜、番茄等多种水果，也有用茶、牛奶和乳清酿醋的记载，当然，还有许多用酒精和糖蜜酿醋的事例。

下面简单介绍几种著名洋醋。

意大利香醋

在意大利作为食品调味剂的醋，最有名的可能是巴塞米醋（Aceto Balsamico），这种醋出产地在意大利北部热那亚附近的摩德纳（Modena，已故著名男高音歌唱家帕瓦罗蒂的故乡）和雷焦艾米利亚（Reggio Emilia）。这种名醋在21世纪已经列入了欧盟专门保护的传统物产品名录。市场上将这种产品命名为摩德纳香脂醋，顶级产品每100毫升价格可达到数百美元。据说这种产品早在中世纪时就开始生产，是用特殊品种的葡糖榨汁后经过特殊工艺酿造，又经过多年陈酿而成的。在沙拉中滴上几滴这种醋，便使菜肴芳香扑鼻。

图4-6　意大利名醋

英国麦芽醋

这是西方谷物醋的代表，其工艺的前一部分与啤酒酿造过程相同，即用大麦发芽，并借助于大麦发芽后产生的糖化酶，将大

图4-7　英国麦芽醋

麦、小麦、裸麦、玉米等谷物糖化。然后再添加酵母菌进行酒精发酵，待酒精发酵结束后，通过醋酸菌的作用而酿成醋。可以推想，这种醋的出现，是人们发现啤酒保存不好变酸的启示，所以在英文中有酸啤酒（alegar）这个名词，指的就是麦芽醋，因此麦芽醋的出现应该和啤酒一样古老。

图4-8　西班牙雪利醋

西班牙雪利醋

在西班牙西南滨海，由赫雷斯德拉弗龙特拉、桑卢卡尔-德巴拉梅达、加的斯和形成的三角地区盛产雪利酒，它是由特定品种酿造出来的干性白葡萄酒。这个地区因此被称为“雪利三角”。用雪利酒经醋酸菌氧化生成的醋，便是雪利醋。这种醋的酿造是在美国橡木桶中完成的，按标准要求应至少在桶中陈酿半年，酸度必须达到7度。

图4-9　奥地利苹果醋

奥地利苹果醋

用苹果或苹果汁为原料而生产的醋，呈淡琥珀色，主要的酸味成分是乙酸和苹果酸。在西方是沙拉酱、腌泡菜、酸辣酱等的必要成分，也用于食品防腐。在还没有消毒的原醋中，经常能在这种醋里看到含有网状的由酵母菌和醋酸菌形成的菌体悬浮物。此醋的发酵容器也是在橡木桶里进行的，发酵期一般为5年。发酵结束后，一般还要加入苹果汁和蜂蜜用来调整其品味。

伍

老陈醋的成分

由高粱等原料采用大曲糖化发酵等传统工艺酿造的山西老陈醋，与一般食醋，特别是与现代化生产的白醋、果醋等，在风味上大不相同。其本质原因，是它的化学成分比任何其他的食醋复杂很多。到目前为止，我们对老陈醋中含有的许多化学成分知道得很不完全。其原因，一是还没有对老陈醋成分进行过系统研究，二是老陈醋的酿造工艺很难规范，因而每个批次产品的化学成分并不完全一致，特别是多种化学成分的含量常常发生很大的差异，对产生这种现象的原因更很少探讨。因此，本章所列举的一些数据，是比较片面的。在对老陈醋成分有比较全面准确的了解以前，想要较清楚地阐明老陈醋发酵过程中的物质变化细节，要从老陈醋化学成分方面客观准确地解释老陈醋的医疗保健作用，只能是隔靴抓痒，言不及义。而没有这些基础性研究工作，老陈醋的现代化生产也只能是空想。

历史上第一篇对山西老陈醋进行较全面化学分析的报告，其作者是后来成为著名工业微生物学家的方心芳（1907—1992）。1934年初他在山西太原、介休和清源（今清徐）等地的多家酿醋作坊进行过专业性调查，在5家作坊采集了陈放时间从数日到40年的多份老陈醋样品，分析了其中的醋酸（按当时的情况推断，应该是按醋酸计量的全部有机酸）、酒精、食盐和灰分，测定了它们的比重，还证明其中不含有无机酸（黄海化学工业研究社调查研究报告第11号《山西醋》，方心芳著，1934年6月，见附录4）。

一、老陈醋的一般化学分析结果

为了解山西老陈醋的成分，先对其一般的化学分析结果做简单介绍。

食醋的常规成分分析项目，一般包括总酸、不挥发酸、酒精、总糖、还原糖、总氮、氨基氮、可溶性无盐固形物、灰分等。由于酿造方法不同，这些成分的含量相差甚大。为了表示食醋的物理化学性状，还要测定它们的比重和pH值。一般来说，用我国传统固态发酵方法酿造的食醋，其还原糖和总糖、总含氮量和固形物的含量都很高。例如，几年前本书编著者从山西某研究机构获得过一份山西5年陈老陈醋的分析结果。我们把这个结果称为“当代老陈醋”。将这一结果与1934年方心芳对太原益源庆醋坊出品的5年陈老陈醋（姑且称为旧法醋）的项目不多的分析结果放在一起来看看。

表 5-1 当代醋与旧法醋成分之比较

	总酸	不挥发酸	总酯	氨态氮	还原糖	食盐	可溶性无盐固形物	色度	波美度（比重）
（g/100ml）									
当代醋	6.79	2.311	2.149	0.306	3.125	0.444	11.238	1.021	8.3（1.062）
旧法醋	7.68					3.72			1.121

由表5-1可以看出，当代醋与旧法醋相比较，总酸的含量，前者较后者减少了12%，而食盐含量只有后者的12%。尽管这两个样品的分析数据都不具备统计学意义，但从这难得的数据中，我们可以隐约看到80年来老陈醋酿造工艺的变化。我们推测，80年前的老陈醋可能是经过“冬捞冰、夏日晒”的，因此总酸含量接近8%；而食盐含量的差异，则是终止醋酸发酵时加入的食盐大幅度减少，即从按原料计加入18%减少到5%以下造成的；至于比重的差异，显然与食盐含量有密切关系。现代工艺较之80年前的工艺孰优孰劣，今天已经不可能进行实验性对比，很难判断，但照常理说，随着时代的发展，理应不断进步。

赵玉梅在网页（http://max.book118.com/html/2014/0406/7344291.shtm）上发表的山西大学2013届硕士论文《基于川芎嗪的山西老陈醋质量分析与评估研究》，报告了作者对市售的9个品牌14个品种的老陈醋的分析结果。这是本书编著者目前所能收集到的最新和最完整的数据，特抄录在表5-2中，本书将以此为依据，做一些分析。

由于此结果未具体指明每个样品的品牌与品种，故无法判断某具体市售品之优劣，但从此分析结果可见，2013年前市售的山西老陈醋中的常规成分的分析结果相差甚大，氨态氮之含量甚至可以有十倍之差，有的品种波美度之低，令人惊奇。足见老陈醋国家标准的认真执行十分必要。

表 5-2 市售老陈醋的常规成分分析结果

样品编号	总酸	不挥发酸	总脂	氨态氮	还原糖	食盐	可溶性无氮固形物	色度	波美度
1	4.51	1.06	1.86	0.16	2.11	1.33	6.50	0.74	5.20
2	4.45	0.77	1.39	0.11	1.45	0.93	4.52	0.67	3.50
3	4.77	1.15	1.84	0.14	2.01	1.15	7.62	0.63	5.60
4	4.83	1.26	2.58	0.09	1.40	0.93	7.62	0.70	5.90
5	5.62	1.67	2.34	0.23	4.06	1.07	13.25	1.41	9.50
6	6.23	2.15	2.55	0.18	2.71	1.37	9.33	0.88	7.30
7	4.97	1.17	2.38	0.16	3.41	1.90	8.66	1.09	7.20
8	5.97	1.90	2.92	0.21	3.59	1.56	11.50	1.38	8.70
9	6.79	2.31	2.15	0.32	3.13	0.44	11.24	1.02	8.30
10	6.41	2.51	2.89	0.57	2.20	0.74	11.05	0.99	8.20
11	4.38	0.67	1.15	0.05	0.82	0.59	9.85	0.74	2.80
12	4.75	1.13	1.55	0.14	1.00	1.93	6.08	0.92	5.10
13	4.69	1.22	1.60	0.18	0.92	2.44	7.37	1.63	6.20
14	3.97	0.88	1.92	0.05	0.71	1.33	9.37	0.49	3.70

二、老陈醋陈放过程中化学物质的变化

老陈醋按常例要储存一年以上方可出售，而以储存时间更长的产品为优质品。储存过程中老陈醋各种成分的变化，可从某醋厂陈放不同年代的老陈醋样品中各类化学物质的分析结果略知一二，见表5-3。

表 5-3　陈放不同年代老陈醋样品中各类挥发性化学物质的含量（μg/100mL）

项目 / 陈放年代	5 年	4 年	3 年	2 年	1 年	当年
总烃	15.65±12.47	6.70±0.99	9.09±1.65	5.32±3.77	4.84±0.00	5.50±3.47
总醇	18.84±12.05	14.47±10.66	15.30±1.00	10.96±8.58	1.94±0.00	11.05±7.80
总醛	6.66±0.41	3.43±1.18	2.69±0.52	3.49±1.91	2.36±0.00	4.28±2.44
总酯	40.21±27.43	21.20±6.49	19.36±4.97	12.05±8.56	6.91±0.00	12.84±6.46
总酮	22.93±4.32	13.96±2.67	9.01±5.89	8.20±2.87	5.09±0.00	8.04±3.49
总酚	3.84±3.82	8.68±3.54	1.07±0.86	0.38±0.07	–	0.22±0.00
总杂环类	100.41±2.63	70.56±14.14	58.55±17.08	39.80±15.37	21.20±0	34.11±9.56
其他	2.00±0	2.20±2.74	0.93±0.81	0.50±0.08	1.96±0	0.33±0

*：将总酸调整为 4.00g/100mL 下的各类物质的绝对含量。

由以上结果可见，随着陈放时间延长，老陈醋中的烃类、醇类、酯类、酮类、杂环类和酚类化合物都呈增加趋势，只有醛类化合物基本处于同一水平，醛类在陈放过程中，除挥发掉一部分，还会被氧化成酸类或还原为醇类，是一种不稳定的化合物。

近年来，随着分析手段的进展和国内相应设备的齐备，对山西老陈醋的挥发性成分进行了较深入的分析。

苗志伟等曾对陈酿5年和8年的两种山西老陈醋中挥发性成分进行过分析（《食品科学》2010年24期），在5年陈酿期的样品中共鉴别了25种挥发性成分，即5 种酸类、2 种酮类、5 种酯类、9 种杂环类化合物、2 种醇类、1 种酚类和醋酸酐；在8年陈酿期山西老陈醋中共鉴定出29种物质即包括5 种酸类、4 种酮类、5 种酯类、1 0 种杂环类化合物、2 种醇类、2 种酚类和醋酸酐。两种醋中均检测到且含量较高的物质是乙酸、糠醛、3-羟基-2-丁酮、丁二酮、四甲基吡嗪、3-甲基丁酸和2-甲基丙酸等。而乙酸糠酯、2，3-戊二酮、3-甲基-2，4-戊二酮和邻甲氧基苯酚等四种物质只在8年老陈醋中检出。白津榕【《山西农业大学学报（自然科学版）》2013年03期】用代谢组学法分析了4种品牌山西老陈醋的挥发性成分，发现山西陈醋中所含挥发性成分的种类和含量有较大的差异，有的5年陈酿后还含有乙醇和丙酮，有的含有乙酸乙酯、邻苯二甲酸二丁酯和醋酸酐等。这种差异的出现，应该认为主要是由于老陈醋的传统酿造方法不规范所致，而规范的工艺在没有对老陈醋进行深入研究之前，是不可能形成的。近年来对老陈醋成分的微量和超微量分析，为老陈醋的研究提供了可供借鉴的客观指标，但要使这些指标充分发挥作用，还需要大量综合性的、系统的研究。

赵玉梅的硕士论文提供了老陈醋中总酸、不挥发酸、氨态氮、还原糖和总脂含量在酿造过程中的形成与变化过程，还特别测定了老陈醋中含量较丰富的两种特殊成分川芎嗪和总黄酮的含量增长过程。其结果见表5-4：

表 5-4　老陈醋酿造过程中几种主要成分的形成与增长

样品	不挥发酸	总酸	氨态氮	还原糖	总脂	川芎嗪	总黄酮
前发酵 1 天	0.43	0.47	0.10	0.40	2.34	0	562.30
前发酵 2 天	0.48	0.43	0.09	0.49	4.12	0	642.10
前发酵 3 天	0.54	0.44	0.19	0.60	2.21	0	599.00
前发酵 15 天	0.72	0.61	0.10	0.46	0.95	0	642.10
醋酸发酵 1 天	1.38	0.54	0.45	2.00	4.98	0	473.40
醋酸发酵 3 天	0.87	1.94	0.44	2.62	3.49	5.81	456.20
醋酸发酵 5 天	0.97	3.64	0.44	2.19	4.06	7.19	443.30
醋酸发酵 7 天	1.07	4.16	0.44	1.91	5.48	10.62	443.27
醋酸发酵 9 天	1.28	4.39	0.43	1.81	4.60	12.92	559.70
熏醅 2 天	1.07	5.17	0.49	0.87	5.69	38.58	1016.00
熏醅 4 天	1.58	5.21	0.49	1.06	5.90	51.06	1400.00
熏醅 6 天	1.63	5.44	0.50	2.10	7.21	67.25	1254.00
新淋醋	1.78	6.22	0.51	2.81	2.80	67.30	1158.00

三、有机酸

食醋中的有机酸种类和含量，不仅赋予食醋一定的营养和保健功能，还对醋的口味及香气至关重要。有机酸，包括醋酸，赋予了食醋酸味，这是醋的核心内容。但是不同的有机酸的氢离子解离度，以及作为酸类化合物酸根的阴离子的化学性质，都对食醋的风味产生重要的影响。一般来说，食醋中，尤其是我国传统工艺酿造的食醋中，除醋酸外，还可能含有延胡索酸、α-酮戊二酸、乳酸、琥珀酸、丙酮酸、葡萄糖酸、焦性谷氨酸、苹果酸、柠檬酸、酒石酸等，有的食醋中还能分析到羟基乙酸等。在这些酸中，醋酸是最易引起酸味感觉的，即在相同pH条件下，它引起酸味感觉的浓度最低，这可能是由于醋酸的氢离子最容易吸附到舌头的味蕾中，中和味蕾细胞膜上的正电荷。

《日本食品工业学会志》在1985年发表过对镇江醋和老陈醋中有机酸的分析结果（崔玲玲译，刊于《山西食品发酵》1986年2月号），已被国内广泛引用。其结果不一定有代表性，但可作为参考，现引用如下：

表 5-5　镇江香醋和山西老陈醋有机酸含量之比较

产品来源	丙酮酸	苹果酸	甲酸	柠檬酸	乳酸	琥珀酸
mg/100ml						
镇江香醋	42.3	11.9	27.9	28.6	411.8	23.4
山西老陈醋	59.9	26.8	84.1	17.9	474.2	78.7

由于这篇文献同时分析了镇江醋和老陈醋，让我们有可能对这两种酿造方法差异较大的名醋品种中的有机酸含量做一个比较。从此结果看，老陈醋中的琥珀酸含量比镇江醋中要高很多，这也许是老陈醋更具鲜味的原因。

吕利华等采用离子排斥色谱法快速测定过山西老陈醋中，包括醋酸在内的8种主要有机酸（《食品科学》2007年第11期）。这是目前所知公开发表的、分析样品具有品牌名称的有机酸分析结果。据称该方法具有简便快速、选择性好、准确度高的特点。现将结果抄录于下：

表 5-6　山西老陈醋的几种品牌有机酸之含量

老陈醋品牌	草酸	酒石酸	丙酮酸	苹果酸	甲酸	柠檬酸	乳酸	乙酸
瑞福来	161.0	151.4	538.7	350.7	145.6	227.2	3583.2	5008.2
宁化府	178.5	103.9	496.2	291.9	98.8	13.2	1807.5	5483.5
来福	127.2	60.2	375.3	143.4	64.8	223.4	2253.3	4266.8
水塔	112.0	62.8	188.7	143.1	71.9	261.6	1455.7	4932.8
东湖	125.8	28.3	161.4	122.6	66.3	112.3	1312.3	4436.0
四眼井	156.2	137.8	408.9	233.8	85.6	116.6	2418.6	5405.3

本书编著者请朋友从两个地区的酿醋厂取出处于不同陈放阶段的样品，分析了它们的乙酸、甲酸、乳酸、苹果酸和琥珀酸的含量。虽然取样数少，但从总的趋势看，有机酸的含量是随着陈放时间延长而增加的。

表 5-7　两家山西老陈醋酿造厂不同陈放时间的食醋中有机酸含量之测定结果

	陈放时间	甲酸	苹果酸	乳酸	乙酸	琥珀酸
	mg/1L					
甲厂	白醅新淋醋	69.87	143.26	1733.32	68822.41	588.08
	黑醅新淋醋	147.37	400.41	2136.39	62539.91	515.49
	日晒两月	328.41	330.95	2396.55	67063.01	677.02
	日晒两年	622.08	317.74	4348.95	60628.35	–
	库存9度老陈醋	606.71	482.03	6548.34	69063.46	–
乙厂	新淋出醋液	428.10	784.61	5220.16	49283.56	–
	日晒池	404.36	372.77	5956.64	54115.05	571.92
	3年缸储老陈醋	564.2	508.97	5987.47	87903.34	1004.56

本书编著者曾考察过自20世纪80年代公开发表的对老陈醋样品中有机酸分析结果，也曾亲自采集过少量样品请有关机构测定有机酸的含量。在分析这些结果时，发现老陈醋中琥珀酸含量的分析结果差异很大，不同品牌中有差异，同一品牌的不同样品中有差异，甚至同一批次产品的不同陈放时间也有较大差异。琥珀酸在微生物的糖代谢途径中，处于一个很活跃的状态中，老陈醋酿造过程中的微生物活动目前还很难人为掌控，它的含量高低也就难以预测。然而琥珀酸对于老陈醋的品质和保健功能有重要意义，今后似应加强有关基础研究，不仅要从参与有关醋酸发酵的菌种的代

谢着手，还应考察其增减动态变化和与环境条件的关系。

吴光明等研究了某生产企业3条传统工艺生产线上山西老陈醋生产过程中不挥发酸变化规律，得出的结论是："在老陈醋整个酿造过程中总酸从醋酸发酵阶段开始其含量大幅上升，不挥发酸在醋酸发酵阶段前2 d急剧下降后呈现出缓慢下降趋势，这可能是由于有机酸与醇类物质发生了酯化反应造成的：而后在熏醅阶段又呈现出上升趋势。"（见《中国酿造》34卷第2期，2015年），表5-8是测定结果的归纳。

表 5-8　山西老陈醋生产过程中总酸和不挥发酸变化

取样时期	酸含量（g/100mL）括号内为总酸含量		
	生产线		
	1	2	3
酒精发酵前发酵第 1 天	0.331（0.327）	0.501（0.413）	0.608（0.484）
酒精发酵前发酵第 2 天	0.553（0.597）	0.811（0.740）	0.875（0.782）
酒精发酵前发酵第 3 天	0.526（0.669）	0.982（0.754）	0.747（0.868）
酒精发酵前发酵第 15 天	1.504（1.380）	1.707（1.351）	1.536（1.437）
醋酸发酵第 1 天	1.487（0.782）	1.408（1.152）	1.408（1.124）
醋酸发酵第 2 天	1.024（0.839）	0.811（3.599）	0.960（1.223）
醋酸发酵第 3 天	0.918（2.219）	0.918（5.221）	1.387（2.859）
醋酸发酵第 4 天	1.003（4.083）	0.875（3.85）	1.111（3.560）
醋酸发酵第 5 天	1.067（4.111）	0.158（6.632）	1.181（4.001）
醋酸发酵第 6 天	1.088（4.993）	1.111（5.277）	0.874（4.490）
醋酸发酵第 7 天	0.875（5.335）	0.803（5.403）	0.851（4.899）
醋酸发酵第 8 天	0.704（5.790）	0.992（5.703）	0.733（4.836）
醋酸发酵第 9 天	0.875（5.434）	0.803（5.561）	0.756（5.057）
熏醅第 1 天	0.747（5.804）	0.780（4.742）	0.756（5.088）
熏醅第 2 天	1.344（6.473）	0.874（5.151）	1.063（4.946）
熏醅第 3 天	1.441（7.223）	1.040（5.183）	1.489（5.939）
熏醅第 4 天	1.560（7.057）	1.158（5.561）	1.040（5.545）
熏醅第 5 天	1.583（7.561）	1.134（5.246）	1.087（6.238）
熏醅第 6 天	1.654（7.175）	1.905（6.490）	1.834（5.939）
淋醋	1.890（7.877）	1.953（7.089）	1.988（7.246）

此表中某些数据显示总酸含量少于不挥发酸，可能是测定的误差；3条生产线的数据显示的趋势虽然相似，但某些阶段总酸含量相差甚大，可能是生产工艺不稳定造成的。这是当前老陈醋生产中常见的现象，在对整个生产过程有充分研究并获得稳定结果之前，这是无法避免的。

四、糖类

食醋中的糖类以葡萄糖最多，还有果糖、蔗糖、麦芽糖、纤维二糖、核糖、甘露糖等等，适当的糖含量可以调节食醋的口味，减少醋酸的刺激感。同时，食醋中的糖类还是美拉德反应的原料，在老陈醋中，因为有熏醋的工艺，糖的含量对于形成美拉德反应产物更为重要。

《日本食品工业学会志》在1985年发表过对镇江醋和老陈醋中所含糖类的分析结果，现抄录如下：

表 5-9　镇江香醋和山西老陈醋糖类含量之比较

	鼠李糖	果糖	α－葡萄糖	β－葡萄糖	蔗糖	棉籽糖	α－麦芽糖	β－异麦芽糖	未知糖	总糖量
mg/100ml										
山西老陈醋	76.9	1012.8	3192.2	4910.1	微量	51.3	微量	微量	3576.8	12820.1
镇江香醋	－	615.9	204.2	277.8	3.7	0.4	微量	微量	1540.0	2642.0

山西老陈醋中的糖类含量，可能是所有食醋产品中最高的。1984年11月10日北京市食品酿造研究所情报研究室主办的《食品酿造科技情报》中孙月娜撰写的一篇《中国食醋的分析报告》指出，老陈醋中所含全糖为12.82%，远比其他食醋高，日本米醋中平均含4.9%，镇江香醋为1.84%，白米醋只有0.18%。老陈醋中的还原糖含量达到11.25%，而还原糖中葡萄糖占63.2%，只检出微量蔗糖。

在对食醋中糖类的分析报告中，未知糖，即未能定性是哪种糖类，占有很大比例。老陈醋中未知的糖类即占近30%，在20世纪80年代对于淀粉的不完全水解产物，如寡聚糖的分析手段尚不发达，估计这些未知糖是属于这类化合物。寡聚糖是重要的保健品，可能对食醋的保健功能有较大的贡献。

五、氨基酸与肽类

醋中所含的氨基酸多寡，对于食醋的滋味影响甚大。在酿造过程中，原料中的蛋白质被分解成肽类和氨基酸，大部分被微生物利用或被转化，但仍保留一部分。食醋中的谷氨酸对滋味的影响较大，因为谷氨酸有鲜味，有人认为谷氨酸在食醋中的浓度达到30mg/100ml时，醋的滋味最佳，但实际上许多食醋，特别是老陈醋中谷氨酸的浓度比上述浓度更高。

表5-10是酿造老陈醋的原料中粗蛋白和氨基酸成分的参考数据，本数据引自美国农业部编制的食品营养成分表。

表 5-10　老陈醋的原料和成品的氨基酸组成之比较

氨基酸	豌豆	大麦	高粱	麸皮
	g/100g			
色氨酸	0.275	0.208	0.124	0.282
苏氨酸	0.872	0.424	0.346	0.5
异亮氨酸	1.014	0.456	0.433	0.486
亮氨酸	1.76	0.848	1.491	0.928
赖氨酸	1.772	0.465	0.229	0.6
蛋氨酸	0.251	0.24	0.169	0.234
胱氨酸	0.373	0.276	0.127	0.371
苯丙氨酸	1.132	0.7	0.546	0.595
酪氨酸	0.711	0.358	0.321	0.436
缬氨酸	1.159	0.612	0.561	0.726
精氨酸	2.188	0.625	0.355	1.087
组氨酸	0.597	0.281	0.246	0.43
丙氨酸	1.08	0.486	1.033	0.765
天冬氨酸	2.896	0.779	0.743	1.13
谷氨酸	4.196	3.261	2.439	2.874
甘氨酸	1.092	0.452	0.346	0.895
脯氨酸	1.014	1.484	0.852	0.882
丝氨酸	1.08	0.527	0.462	0.84
粗蛋白质	24.55	12.48	11.3	15.55

据孙月娜的报告（见前述），山西老陈醋中氨基酸的总含量达到2.3%，在我国各种食醋品种里属于含量最高的一种，镇江香醋为1.1%，而白米醋中仅含0.1%。以下是某老陈醋酿造厂生产的数批产品的氨基酸成分分析均值，氨基酸的含量达到4%，其中谷氨酸的含量占30%。

表 5-11　某山西老陈醋酿造产品之游离氨基酸的含量

化合物	门冬氨酸	苏氨酸	丝氨酸	谷氨酸	甘氨酸	丙氨酸
mg/100ml	317	145	183	1198	120	441
化合物	蛋氨酸	异亮氨酸	亮氨酸	酪氨酸	苯丙氨酸	赖氨酸
mg/100ml	40.4	186	309	39.4	140	150
化合物	脯氨酸	胱氨酸	缬氨酸	组氨酸	精氨酸	
mg/100ml	391	21.9	256	74.6	90.8	

由于传统老陈醋的酿造很大程度上取决于操作者和酿造环境，其各种氨基酸含量在每批产品中有较大的变化，有时可以相差数倍，随着陈酿时间的延长，氨基酸含量会显著浓缩。但各种氨基酸含量的比例关系比较恒定，因为原料中的氨基酸组成是恒定的。由以上结果可见，老陈醋中各种氨基酸里，谷氨酸含量总是最高的。这正是老陈醋鲜味的主要来源。

表5-12是《日本食品工业学会志》1985年发表的分析数据，由崔玲玲翻译后发表在《山西食品发酵》1986年2月号上。这个由国外有关单位做出的分析结果（括号中是另一样品的分析结果），表明山西老陈醋的氨基酸含量明显高于其他类型的食醋。

在老陈醋中，含有较大量的肽类化合物，它们主要是原料中蛋白质在微生物的酶作用下发生程度不同的不完全水解后形成的。

表 5-12　3 类食醋中氨基酸含量分析结果之比较

成　分	日本米醋	镇江香醋	山西陈醋
氨基酸	mg/100g		
精氨酸	13.7	120.0（71.1）	390.0（158.8）
赖氨酸	13.4	40.0（121.8）	210.0（180.4）
组氨酸	12.6	80.0（8.8）	170.0（25.5）
苯丙氨酸	12.3	70.0（160.1）	310.0（376.0）
酪氨酸	10.9	60.0（32.1）	210.0（57.8）
亮氨酸	25.9	120.0（62.0）	480.0（119.1）
异亮氨酸	10.6	80.0（150.2）	290.0（236.0）
蛋氨酸	3.3	30.0（27.2）	80.0（53.8）
缬氨酸	19.0	120.0（92.2）	310.0（183.2）
丙氨酸	53.6	150.0（41.0）	300.0（76.3）
甘氨酸	15.2	160.0（45.1）	290.0（87.0）
脯氨酸	38.9	240.0（12.4）	360.0（51.1）
谷氨酸	102.2	890.0（/）	1370.0（/）
谷氨酰胺		（85.3）	（283.1）
丝氨酸	22.7	120.0（69.0）	340.0（107.1）
苏氨酸	14.8	90.0（41.8）	260.0（76.3）
门冬氨酸	40.6	190.0（94.6）	760.0（171.4）
色氨酸	/	No（2.1）	60.0（26.1）
胱氨酸	1.3	60.0（/）	100.0（/）

六、维生素

除用酒精直接氧化生成的醋外，食醋原料多来自水果或粮食，含有维生素自属必然，况且中国传统酿造法经过长时间多菌种参与作用，过程中产生某些维生素是顺理成章的现象。对某个品牌老陈醋的维生素分析结果如表5-13所示。这样差异甚大的数据，也是由于生产工艺的不规范，但老陈醋中含有一定量维生素的事实不可否定，这是老陈醋保健功能的依据之一。

表 5-13　某品牌山西老陈醋维生素含量之测定结果

维生素	分析结果（mg/100ml）
维生素 B1	0.22 ~ 1.09
维生素 B2	0.10 ~ 0.72
维生素 E	0.01 ~ 0.44
维生素 A	0.01 ~ 0.16

七、无机元素

老陈醋中所含无机元素，除因加入了食盐而使钠离子含量很高外，钙离子的含量通常较高，某品牌的分析结果见表5-14。由此分析结果看，老陈醋中含有硒离子，虽然含量不高，但其保健作用不可忽视。

表 5-14　某品牌山西老陈醋无机元素含量之测定结果

元素名称	Ca	Fe	Zn	Se
含量（mg/L）	684，1440	204，222	51.0，61.9	<0.3μg

八、胺类化合物

胺类化合物基本上是由微生物对碱性氨基酸发生脱羧基作用产生的，因此，在醋中可以检测到色胺、组胺、精胺等微量成分，还可以检测到含碳原子4个以下的丁二胺、乙胺、甲胺等。这些胺类虽然含量不高，但容易损害食醋良好的香味，因此在酿造过程中应尽量减少起脱胺作用的细菌活动。

九、芳香成分

食醋中的香气成分，长期以来进行过大量研究。其香气成分包括醇类、低碳脂肪酸、羰基化合物、酯类、醛类、呋喃化合物、酚类化合物等。这些成分是原料通过微生物发酵的复杂生物化学过程，以及陈酿过程中形成的。

醋中的醇类，已知有甲醇、乙醇、丙醇、异丙醇、丁醇、异丁醇、戊醇、异戊醇、辛醇和丁二醇等。除水果醋和酒精醋中含有较多乙醇外，其他成分的含量一般都较少。醛类中，曾检测到乙醛、丙醛、苯乙醛、糠醛等。还有微量的乙偶姻和双乙酰，都是代谢过程中形成的，在传统方法酿造的固态发酵醋中，这两种化合物的含量较高，是对食醋香气有重要作用的成分，但有人认为，它们的含量过多时会给食醋带来不愉快的气味。酯类则包括上述各种醇类与有机酸在醋酸发酵过程中，尤其是在熏醅和陈酿过程中相互化合而形成的各种酯类，例如醋酸乙酯、醋酸丁酯、苯甲酸乙酯等，它们多数对食醋的香气有积极影响。

苗志伟等采用同时蒸馏萃取与GC-MS联用的方法对两种陈酿期的山西老陈醋挥发性成分进行提取与分析（《食品科学》2010年24期）。共鉴定出29种成分，主要是酸、酮、酯、醇、酚和杂环类化合物，这些成分经过相互协调和不断熟化，共同形成山西老陈醋特有的风味，其中糠醛、3-羟基-2-丁酮、丁二酮和四甲基吡嗪的含量较高，大约占总挥发性成分的90%。两种陈酿期山西老陈醋的挥发性成分有一定的差别，这致使5年和8年陈酿期老陈醋的香气不同。经过调香试验，认为乙酸、2-甲基丙酸、己酸、丙酸、丁二酮、3-羟基-2-丁酮、乳酸乙酯、乙酸苯乙酯、β-苯乙醇、5-甲基糠醛、糠醛、四甲基吡嗪等对老陈醋的特征香气起到了比较重要的作用。

食醋中还可能含有不同形式的低分子量硫化物，例如硫化氢、甲硫醇、甲硫醚、二甲硫等。这些化合物多数对食醋香气没有积极效果。它们多半是从含硫氨基酸代谢而来。

白津榕用代谢组法分析过4种山西陈醋的挥发性成分【见《山西农业大学学报（自然科学版）》2013.33（3）】。他们从山西出产的宁化府、水塔、东湖等品牌的5年陈老陈醋的提取物中都鉴定出了21种成分，其中都含有 5 种酸类，其他成分包括醇类、杂环类化合物、酮类和酯类，各类化合物的种类稍有差异；从东湖8年陈老陈醋提取物中还多鉴定出一种醋酸酐。乙酸是老陈醋酸味的主要来源，而杂环化合物中的主要成分是糠醛和各种吡嗪。糠醛类物质具有烤香、木香、谷香、坚果香、焦糖香的特点，其为陈醋增添了许多香味成分。构成陈醋香味成分还有酯类，主要是乳酸乙酯和乙酸苯乙酯，前者有清甜的、带有酸味的水果香气，稀释后有乳脂及凤梨香的物质；后者更富有花香、蜜糖的香气，使山西老陈醋具有独特而比较浓郁的香气。

十、色素成分

食醋中的色素成分来自原料，同时也由陈酿过程中的过氧化反应产生。在传统固态发酵食醋中，由美拉德反应产生的黑色化合物，是具有特征性的色素成分。这种色素成分在镇江香醋中存在，在经过熏醅的老陈醋中更是丰富。

十一、生理活性物质

老陈醋中某些生理活性物质的检测结果表明，老陈醋中含有三萜苷、黄酮、黄芪甲苷和超氧物歧化酶等生理活性物质，作为山西老陈醋的特征性成分的川芎嗪（化学名为四甲基吡嗪），其含量更是丰富。对某品牌老陈醋样品的分析结果表明，其黄酮类化合物每100毫升含量达到200～300毫克，超氧物歧化酶每100毫升含量达到20000单位，而陈放8年的老陈醋样品中，每100毫升中川芎嗪的含量更可高达60毫克以上。

川芎嗪是中医惯用的活血化瘀中药川芎的主要活性成分，川芎是伞形科藁本属（Ligusticum）高等植物，以根茎入药。现代药理学已经证明，川芎嗪是一种钙离子拮抗剂，具有抗血小板聚集的作用，对已聚集的血小板有解聚作用。能扩张小动脉，改善微循环和增加脑血流量，从而有产生抗血栓形成和溶血栓的作用。临床上主要用于治疗闭塞性脑血管疾病，如脑供血不全，脑血栓形成，脑栓塞及其他缺血性血管疾病，如冠心病、脉管炎等。还有降血压、降血脂、抗氧化等保健作用。此化合物进入人体后，可以通过血脑屏障，分布于脑内各部位，因此还有可能治疗癫痫。

21世纪以来，学者们对老陈醋中的川芎嗪进行了初步的研究。黄永涛等（《中国调味品》2010年第9期）、李丹亚等（食品工业科技》Vol.29，No.07，2008）、贺鹏飞等（《食品工程》2011年第2期）、冯斌等（《农产品加工·创新版》2011年第9期）、赵玉梅等（http://max.book118.com/html/2014/0406/7344291.shtm）用现代化仪器对老陈醋样品中的川芎嗪进行了大量分析，他们的结果表明，川芎嗪很可能是由食醋酿造过程中产生的氨基酸与还原糖通过美拉德反应形成的。熏醅工艺是老陈醋酿造的特色，由于这一工艺过程而使老陈醋产品色泽深酽香气浓郁，而这一过程的高温环境更有利于美拉德反应产物的积聚。

由生物的生命活动产生的黄酮类化合物被称为生物黄酮，分析结果表明，老陈醋中总黄酮含量不低，在新施行的老陈醋国家标准中，规定其中总黄酮含量应不低于60毫克/100克。生物黄酮类化合物种类繁多，许多水果中大量含有，茶叶中含有，蔬菜中也含有。生物黄酮是重要的抗氧化剂，也是人体内重要的自由基清除剂。老陈醋中含有大量生物黄酮，无疑是老陈醋保健功能的物质基础之一。彭晓光等测定取自山西水塔老陈醋股份有限公司的样品，其中总黄酮含量为每升1.5克（见《中国酿造》31卷第8期，2012年）。表5-15是对某种陈放多年的老陈醋中总酸及某些功能性成分的测定结果。

表 5-15　不同年代某老陈醋产品（香酯醋）样品中功能性化合物的分析

出产年代	总酸（g/100mL）	川芎嗪（mg/100mL）	总黄酮（以芦丁计：mg/100mL）	总多酚（以没食子酸计：mg/100mL）	γ－氨基丁酸（mg/100mL）
2007	9.30 ± 3.39	23.08 ± 9.54	499.13 ± 125.25	182.55 ± 70.63	3.64 ± 1.80
2008	9.80 ± 0.12	20.07 ± 1.19	529.68 ± 82.21	156.95 ± 2.81	3.14 ± 0.69
2009	10.81 ± 0.53	17.79 ± 1.02	580.70 ± 99.79	142.05 ± 4.74	2.96 ± 1.11
2010	10.31 ± 0.93	18.26 ± 1.64	473.21 ± 60.59	146.45 ± 9.86	4.39 ± 2.62
2011	10.03 ± 0.15	18.68 ± 0.33	389.71 ± 17.96	131.90 ± 25.51	7.84 ± 0.20
2012	10.67 ± 0.43	17.78 ± 0.55	418.19 ± 30.45	140.78 ± 5.16	7.03 ± 0

注：川芎嗪、总黄酮、总多酚、r－氨基丁酸的含量按照醋样总酸调整为 4.0g/100mL 时表示。nd，未检出。

由以上测定结果可见，老陈醋中川芎嗪、总黄酮、总多酚、r-氨基丁酸的含量都比较高，而川芎嗪含量会随着陈放时间的增加而逐渐升高，因此陈放时间长的老陈醋保健效果更好。

r-氨基丁酸属强神经抑制性氨基酸，具有镇静、催眠、抗惊厥、降血压的生理作用。但随着陈放时间增加，其含量逐渐下降。

三萜苷是许多植物中苷类化合物的总称，其中不少是中药的有效成分，例如人参中的人参皂苷能促进细胞内核糖核酸和蛋白质的生物合成，调节机体代谢，增强免疫功能；柴胡皂苷能抑制中枢神经系统，有明显的抗炎作用，并能减低血浆中胆固醇和甘油三酯的水平。老陈醋中含有的三萜苷很可能有保健作用，不过作者目前还没有见到有关研究报告。

十二、关于老陈醋的分析新技术

中山大学医学院神经科学中心教授顾怀宇最近用代谢组学分析手段对山西金醋生物科技有限公司出产的老陈醋进行了一次定性分析，并测定了各组分间的相对含量，发现其中含有甜菜碱、羟甲基糠醛、葫芦巴碱等成分，虽然它们的含量都较低，但对研究老陈醋的香气成分有新的贡献。乙偶姻（acetoin，ACT）是多种微生物糖代谢的中间产物，是一种令人愉快的香味物质，常用作食用香料添加剂，对食醋风味有重要影响物质，其生化合成与微生物发酵糖质有关，因此木糖、葡萄糖和乙偶姻三种物质在陈醋的酿造过程中共同参与相关的生化代谢反应，对不同年份山西老陈醋的品质与功效产生影响。目前，虽然在食品工业中不同年代山西陈醋的鉴定问题亟须解决，但尚没有较理想的实验方法。因老陈醋中含有芳香族类物质及其衍生物，郭立洁等利用此类物质具有荧光吸收的特性，建立同步荧光光谱法对不同种类老陈醋进行鉴别，但是并未对具体的成分差异进行详细分析。顾怀宇等的研究采用基于1H-NMR的代谢组学方法对4种不同年份的山西老陈醋进行分析，建立不同的代谢轮廓，在偏最小二乘法-判别分析的基础上，再运用VIP变量图来寻找差异代谢物，通过多元统计分析方法鉴定不同年份山西老陈醋之间的差异化学成分，寻找出生物标志物。最终实验结果显示，不同年份的山西老陈醋的特征代谢物，包括乙偶姻、醋酸盐、木糖、丙氨酸、肌醇、葡萄糖含量存在明显差异，这些差异可能导致不同年份山西老陈醋功效与品质存在差别。该实验室建立了一套科学检测山西陈醋年份的实验方法，可对不同年份的山西陈醋加以有效区分，该方法对今后食品工业领域甄别不同年份陈醋提供重要参考，并为山西老陈醋年份鉴定提供合理支持。其测定结果总结在表5-16中。由于老陈醋工艺的规范尚未问世，以至于每批产品的质量常出现明显差异，且很难取得同一批产品长期储存的逐年取样分析结果，所以下表中有些结果不好解释，但作为数据，还是有参考价值的。

表 5-16　基于 1H-NMR 技术对不同年份山西陈醋若干成分的分析结果

化合物类别	化合物	不同陈放期的含量（mg/L）			
		1 年	3 年	5 年	10 年
氨基酸及其衍生物	丙氨酸	220.8	225.0	230.8	321.3
	天冬酰胺	1.9	7.7	7.4	0
	异亮氨酸	48.6	59.9	57.5	75.2
	焦谷氨酸	133.5	133.5	133.5	133.5
	亮氨酸	99.2	122.6	108.4	159.2
	蛋氨酸	12.0	12.2	14.8	17.7
	苯丙氨酸	29.6	34.8	36.9	49.9
	肌氨酸	5.8	6.6	5.5	7.0
	苏氨酸	20.6	27.8	27.1	38.7
	酪氨酸	10.2	9.1	8.5	20.3
	缬氨酸	86.0	110.1	107.5	155.0
	3-羟基吲哚磺酸	14.3	10.5	8.6	9.6
	甜菜碱	258.8	310.8	304.5	340.0
	酪胺	8.0	4.790326	4.751915	6.022202

续表

有机酸及其衍生物	醋酸	7550.8	5457.0	5263.2	6956.6
	乳酸	10.4	5.1	5.6	12.9
	丙酮酸	24.3	50.2	38.1	53.0
	琥珀酸	6.1	5.2	4.6	6.9
	苯乙酸	39.7	33.3	33.1	54.2
	乙酸乙酯	0	0	3.1	1.5
	糠酸酯	7.4	9.9	9.8	21.4
单糖及衍生物	葡萄糖	457.5	2935.4	2390.1	1778.8
	阿拉伯糖	308.159841	297.6988	244.2225	232.2751
	果糖	293.3	597.1	552.7	446.6
	半乳糖	74.5	92.5	72.0	88.6
	木糖	119.6	129.5	71.0	413.0
	乙偶姻	386.9	154.2	135.3	187.8
	羟甲基糠醛	31.4	216.7	263.0	118.0
醇类	乙醇	30.1	9.0	12.4	34.3
	异丙醇	0	1.8	1.4	1.1
	乙二醇	0	76.6	76.4	63.7
	肌醇	318.9	401.8	354.6	447.7
	甲胺	21.0	43.5	35.7	30.7
	三甲胺	2.7	2.1	1.4	3.0
	胆碱	132.9	128.9	122.2	178.3
	葫芦巴碱	7.3	3.9	3.5	10.0
	尿嘧啶	9.7	13.2	10.9	14.2
	尿苷	12.9	11.1	9.9	11.5

陆

老陈醋的酿造工艺

根据国家标准中所下的定义，山西老陈醋是以高粱、麸皮为主要原料，以稻壳和谷壳为辅料，以大麦、豌豆为原料制作的大曲作为糖化发酵剂，经酒精发酵后采用固态醋酸发酵，再经熏醅、陈酿等工艺酿制而成的食醋。自2014年10月1日开始，山西老陈醋作为我国的“地理标志产品”受到保护，其保护范围限于国家质量监督检验检疫总局批准划定的位于山西省中部，处于北纬37° 16″ ~38° 02″ ，东经112° 18″ ~113° 10″ 的区域内，即山西省太原市盆地的太原市清徐县，杏花岭区、万柏林区、小店区、迎泽区、晋源区、尖草坪区；晋中市榆次区、太谷县、祁县。本书着重叙述山西老陈醋，将专门介绍老陈醋的酿造工艺，有关其他各种食醋的酿造方法，不予涉及。

山西老陈醋传统酿造工艺采用大曲进行谷物原料的糖化和酒精发酵，同时分解原料中的蛋白质形成氨基酸和肽类化合物，因而其中含有非常丰富的原料分解产物和微生物代谢产物，加上采用了加热熏醅和长时间晒醋的特殊工艺，使醋中的产物进一步互相发生化学反应，生成更丰富的组分，因而山西老陈醋成为我国粮食酿造醋中一类风格特异的食醋。

从历史发展推断，这种大曲应该与酿造汾酒的大曲同源，制曲工艺与汾酒酿造用之大曲相仿。大曲是用粮食原料，酿醋过程中酒精发酵的糖化剂和发酵剂，与发酵产物有密切关系，有“好酒必用好曲”的说法，汾酒当然是好酒，所用的曲必然是好曲。好醋要有好酒来氧化成醋，也必须用好曲。直到现在，老陈醋酿造厂所用的曲大都是按汾酒大曲制作工艺来制作的，而向老陈醋酿造厂提供用曲的专业制曲厂，大多如此。某些大型老陈醋酿造厂有自建的大曲车间，但质量控制未必周到。

在历史上，山西的徐沟、晋祠、交城和文水等地多有制曲作坊，这些地方可能长期以来便以出产大曲闻名。新中国成立前，各家作坊的规模都不大，他们不仅供应酿造老陈醋的需要，甚至还提供给汾酒厂酿酒用。大约在20世纪50年代初，文水县崖底村开始规模生产大曲，年产量达到50吨，在这些生产工厂工作的，除几位制曲师外，工人多为本村村民。到1958年，开始采用电力磨等机械代替畜力粉碎原料，1969年以后出现了踩曲机械，以后逐步改变了人工踩曲的落后方式。

汾酒大曲以大麦、豌豆等为原料，因为其中含有丰富的以淀粉为主的碳水化合物、蛋白质，以及适量的无机盐和维生素等，为有益于酿酒的微生物生长提供了充分的营养成分。这种曲是将原料适当粉碎后加水压制成砖块状曲坯，在曲室内培养而成。大曲用生料制曲，有利于保存原料中所含有的丰富的水解酶类，也为大曲提供了丰富的微生物来源。大曲所富集的微生物，除来自制曲原料外，还来自生产工具、辅助材料和制作环境中。在制成的合格大曲中，存在着多种酿酒制醋所需的微生物，它们会产生多种酶类，催化淀粉和蛋白质水解；其中含有多种酵母菌，成为酒精发酵的原动力，也能催化各种代谢产物间的各类化合反应，如酯化反应、糖类和蛋白质降解产物之间的美拉德反应等。在合理储存的合格大曲中，通常都含有乳酸菌、红曲菌、根霉、形成芳香物质性能较强的酵母菌等，这些微生物是赋予汾酒和山西老陈醋丰富芳香风味与醇厚口味的决定性因素。

酿造汾酒使用的大曲，根据制成的大曲横断面霉菌生长形成的颜色特征，按肉眼所见，将它们分成清茬、红心、后火、单耳、双耳、二道眉、金黄一条线和菊花心等多种。这些不同的种类，实际上是从表观上反映了曲中富集的优势微生物的种类。现在制造大曲，上述各品种并不多见，为便于识别，一般分为清茬、红心和后火等三种大曲。不过，由于目前对这些大曲中的微生物和酶的研究尚欠充分，兼之生产实践中尚无深入探讨的动力，因此，在酿酒中究竟使用哪一种大曲对酿造汾酒质量较好，尚无定论，酿醋之曲也难肯定何种最优何种最劣，按酿醋老师傅的经验，在酿造老陈醋时，清茬、红心和后火三种曲以按一定的比例使用为好。这种看法多出自个别人的经验，尚无充分可靠的证据。据本书编著者在制曲现场所见，酿醋车间所用的大曲多由专业制曲厂粉碎后提供，而未见3类大曲分别储放。

20世纪60年代前半期，汾酒试点组的科研人员和汾酒厂科技人员与酿酒师一起，在第一轻工业部与山西省轻化工业厅直接领导组织下，曾进行过长达一年多的汾酒酿造试点工作。在汾酒厂，共研究了200多个项目，进行了2000多次试验，取得了15000多个科学数据，对汾酒生产进行了比较全面的研究和总结，将代代相传、口传口、手传手的操作经验，进行了比较系统的整理工作，初步摸出了汾酒的一些生产规律，开始揭开汾酒质量的秘密，破除了不少迷信，提高了汾酒的质量和产量，同时降低了成本，提高了劳动生产率，使汾酒的生产技术进入了一个新的发展时期。他们对清茬、红心和后火等三种大曲的生产工艺、储存变化、添加曲母和质量标准等进行了生产写实与研究，并肯定了“分别制曲、混合酿酒”，是较好的用曲经验。后来数十年在生产实践中不断改进，这一经验成为当今汾酒大曲和老陈醋大曲制作的既定原则。这些经验总结，也为酿造老陈醋提供了科学依据。

一、制曲

制曲就是用适当的谷物原料，在适当条件下培养出有利于酿酒或酿醋的微生物。因此曲坯除含丰富的营养外，要有适合微生物生长的水分和适宜的培养温度。这就必须按照大曲的品种控制曲房温湿度、品温及翻曲时间。由于当前对曲的研究不够充分，因而制曲多凭经验，检验标准也并不严密，因此制曲的要点目前只是经验的归纳，并不像现代化大生产中那样的严格工艺标准。

大曲的制曲季节，一般以春末夏初到中秋节前后最为适宜。春、秋季节制曲，曲中酵母菌比例较大；夏季霉菌多，冬季则细菌多。春末夏初，气温及湿度都比较高，有利于控制曲室的培养条件，因此被认为是最好的制曲季节。由于生产的发展，兼之曲房温度与湿度的调控已较容易，所以目前几乎全年都制大曲。

大曲的糖化力、发酵力均比用纯种微生物培养物或酒母低，因而用曲量大，粮食原料耗用多，产酒精能力较低。生产方法还依赖于经验，劳动生产率低，质量也不够稳定。在非传统的酿造行业，目前多数已采用纯种制曲。但大曲是由自然界许多微生物生长繁殖而成的，其中有许多微生物类群尚未查明，尤其是那些目前尚不能在实验室培养分离的类群，它们在酿酒和酿醋中的作用还不清楚，因此，用大曲酿造与纯种微生物培养物发酵生产的酿造产品会存在差别，大曲酿造的产品总是更为优越，为纯种发酵产品所不及，且大曲便于保存和运输，所以山西老陈醋等一些优质醋，仍沿用传统大曲。当然，今后在逐步查清大曲中微生物后，可以采用多菌种的纯种分别培养制曲后，混合使用。不过目前尚难保证纯种曲能酿造出与传统酿造法的产品质量相同的产品。因此并不主张采用纯种曲酿造传统名牌产品。

制作酿造老陈醋的大曲原料，是大麦和豌豆，也有采用少量小麦的。大麦皮多，黏性小，疏松，结块后间隙大，制作大曲时，在大麦上附着的微生物开始繁殖较快，温度上升较快，因而被称为“上火猛，后火快”。此时原料中水分和热量散发亦快，因而对微生物充分繁殖形成较高生物量不利，由微生物产生的催化糖化、酒精发酵和后续代谢作用的酶的含量也会受到一定影响。豌豆皮薄，黏性大，结块后水分和热量不易散失，因而容易使曲胚升温较高，从而使曲中耐高温或嗜高温的细菌大量生长，这也在一定程度上妨碍了要求中温的霉菌等有利于酿造的微生物的充分繁殖。因此用大麦和豌豆以一定比例混合制曲，就可以充分利用这两种原料的物性而使微生物充分繁殖，为大曲中积蓄更多的有利于糖化和发酵的酶类。这两种原料的配比究竟怎样才最佳，有经验的制曲者常根据自身的经验随季节而调整，冬季多用豌豆，夏季多用大麦。现在通常按大麦与豌豆7:3或6:4配比混合。由于原料价格的变动，某些酿造厂并没有进行过周密的试验，为节约成本而随便改变原料比例，并不顾及酿造产品的内在质量，这种情况应特别注意避免。而将原料中豌豆所占曲料比例降低到20%以下，或在曲料中添加霉变的麸皮、带土块和杂物的高粱、玉米等，制成的大曲必然质劣，曲皮干且厚，曲心窝水，空心鼓胀，甚至大量生长有害的霉菌。这些劣质大曲将给老陈醋成品带来霉苦味、苦涩味。

制曲原料在按比例混合后须要粉碎。根据考察，用辊式粉碎机处理的曲料比较接近传统驴拉磨的粉碎度，而采用“一风吹”的锤式粉碎机处理的曲料皮细面粗糁粒多，是产生劣质大曲的主要工艺原因之一。原料的粉碎程度对于成曲的质量有很大的影响，要根据具体制曲条件（包括厂房、地区、季节、粮食的品质等）凭经验掌握。根据汾酒酿造试验结果，认为制曲原料的粉碎度应以通过0.3毫米筛孔的占35%~40%为宜，其余体积如小米粒状，一般粉状细粉占60%，小米粒状粗面占40%。粉碎程度过粗，曲坯内部空隙过大，容易发生“烧皮”，这是由于霉菌生长繁殖过于迅速，大量释放热量所致，同时由于空隙过大，散热快水分蒸发也快，降温也快；粉碎程度过细，曲坯内部密度过高，容易发生“泥曲”，使曲坯产生酸臭味，这是由于霉菌的菌丝难以向曲坯内部伸展。原则上夏天制曲粉碎程度宜稍粗，冬季宜稍细。

粉碎的制曲原料根据经验加水拌匀，无干粉，无疙瘩，松散，手握能成团。拌匀后的含水量一般在50%以下，因大曲品种而略有区别，清茬曲宜少，后火曲宜多，因季节不同加水量也应有所调整。夏季用凉水，水温15～18℃，冬季用30～35℃的温水。加水拌和的制曲原料，应立即踩制成曲坯。曲坯踩的松紧与软硬，与培菌过程中温度和水分的变化有关系，直接影响大曲的质量。

曲坯呈砖块形，便于堆积、运输和贮存。曲坯成型的方法，传统工艺是采用木制曲模人工踩制，曲模内空间呈长方体状，长宽高的比例并不固定，当以制曲时操作方便为原则，曲坯每块约重2～3千克左右，长、宽、厚度分别约为30厘米、18厘米和6厘米（据纪文海1959年在清徐曲醋厂的实测，曲模的长、宽、厚度分别约为27.5厘米、18厘米和5厘米）。

图6-1　堆放的制成大曲

图6-2　制成不同类型的大曲剖面

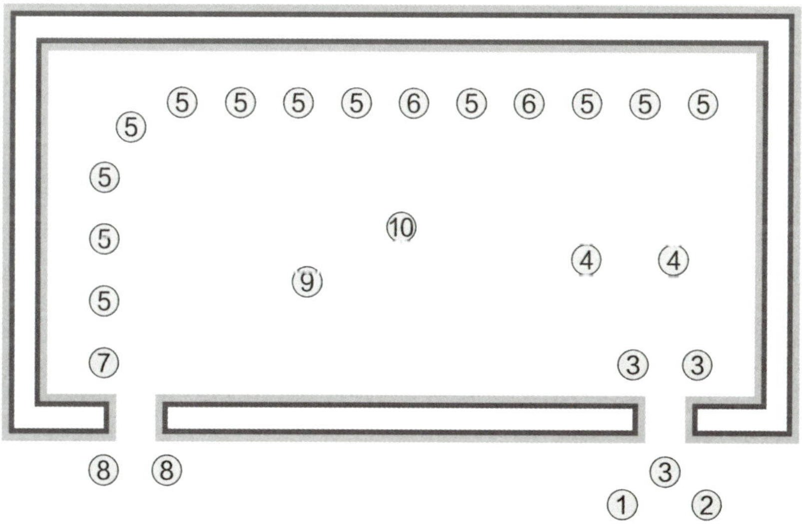

①端面1人②打水1人③搅拌3人④装模4人（二人为一组，轮流替换）⑤踩曲12人⑥刮曲2人⑦开曲1人⑧端曲2人⑨送模1人⑩杂工1人（负责清扫地面，向石板泼水等工作）⑪排曲2人

共30人

图6-3　人工踩曲的岗位布置图

人工踩曲一般需约30人，据20世纪中期某制曲车间现场实况，现抄录当年资料所示之踩曲人员位置图，见图6-3（《纪文海编著：北京农业大学丛书《山西清徐老陈醋》第11页，轻工业出版社1959年，北京）。

人工踩曲现在已不多见，即使有也少有图中的大场面。本书编著者曾在70年代见过类似场景，至今回忆，犹如观摩一场舞蹈。为保存传统工艺的记录，本书详细引述了有关文献记载。

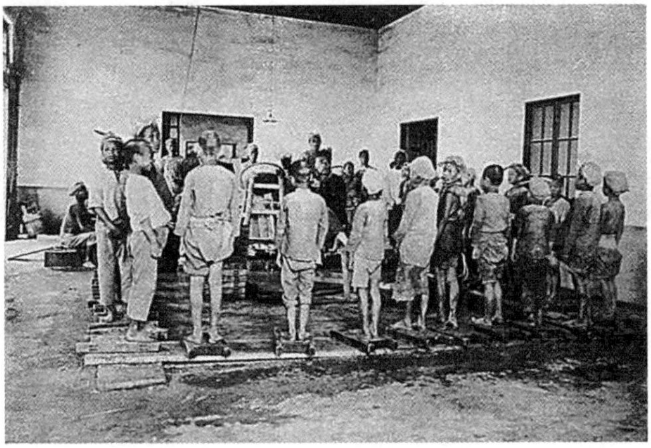

图6-4　踩曲现场

踩曲是一场有节奏的协调活动，一般第一位踩曲人是发令者，一声令下，12位踩曲人即开始操作。装入曲料的曲模经第一人、第二人踩踏后，翻过来送给第三人踩踏，第四人刮去多余的曲料，以保证曲坯表面平整光滑，然后送给第五人踩踏，经第六人刮平后送给第七人踩踏。以后每个人踩踏后，都要翻转后再送下一位踩踏。如此先后经过12个人踩踏，使曲坯坚实。最后从曲模中倒出曲坯之开曲者将其置于木架上，由端曲者送进曲房。再由排曲者（图上未表示）按规定排放堆叠。踩曲过程中，发现有踩踏不实或发生裂缝的曲胚，应送回装模处重新装模重新踩踏。倒出曲坯的曲模，由送模者在水中涮过后送到装模处再用。曲坯应饱满结实，厚薄一致，软硬一致，四角整齐，表面光滑，否则在培养微生物时造成发热与微生物的不均衡，必然影响曲的质量。踩曲时间多在夏季入伏以后，因为此时空气中微生物数量较多，曲坯中的微生物易于均匀生长和释放热量。

据本书编著者所知，1958年北京龙门醋厂开始研制压曲机械，成功后逐步在全国普及。现在基本采用机械制曲，不同制曲厂的产品因机械规格有所不同，曲坯大小有所差异，制成的大曲体积当会有所缩小。

当代机械制曲坯所用的机械，一般有上下压和冲击两种形式。粉碎后原料装进压曲机进料口，自动装入曲模，机械压制成曲坯，要求避免压成畸形曲坯，尽量达到人工踩制的水平。机械压制曲坯，节省劳力，大大降低劳动强度，提高工效，有利于提高大曲质量。但在基本查明大曲中来自天然的微生物的实际种类，并了解它们的生长发育状况之前，要实现大曲制作全过程的机械化，是很难的。

图6-5　当代的机械制曲

曲房是使曲坯中的微生物充分生长繁殖的培养室。曲房的大小可以随生产量的多少而设计，并没有严格的规定，但必须有利于微生物的生长。原则上其基本结构是：曲房的一面为墙，一面是便于开关的门窗，房顶设天窗，便于通风以调节曲房温度和湿度。曲房的温度，夏季应维持在25~26℃，冬季应维持在14~15℃。过去由于北方冬季气温很低，冬季要维持一定温度需要增加煤炉加热，且不易控制，故冬季较少制曲。现在控制与调节室温的手段多样，某些生产量大的工厂可以常年制曲。曲房地面应铺上一薄层稻壳（或谷糠），最初进曲房的曲坯竖立，垒三层，上下排齐成行，两层之间用粗苇秆隔开，曲坯间距离约2～3厘米，行距为3～4厘米。但应视气候冷暖调整，一般天冷时距离近些，天暖时远些。当曲坯全部排列完毕后，曲坯周围要用芦苇编成的席子围起来，有时还可先用麻袋覆盖，再加芦苇席。然后关闭所有门窗，维持曲房的温度和湿度。当前已经基本取代原有的手工劳作，砖混结构已经基本取代原有的简陋曲房，电气化与管道化为曲房控温提供了许多便利，通风设备也非罕见，为制曲创造了新条件。上述手工操作经验是从原有的简陋曲房积累的，如何根据情况的变化和科学技术进步总结更适合的操作规程，是迫切需要解决的问题。由于对大曲微生物的认知尚不充分，过去的经验似乎不可能完全否定。

图6-6　过去的曲房

图6-7　现代曲房、曲棚一角

图6-8　入房排列曲坯

曲房的大小并没有严格规范，根据清徐曲醋厂在1959年提供的资料，长8.4米、宽3.85米，面积约为32平方米的曲房，可以放置2800～2900块大曲。

曲坯的培养，即在曲房中培养微生物的管控，是生产不同大曲品种的重要环节，也是制曲成败的关键。曲坯入房排列后，要经过上霉、晾霉、潮火、干火和后火等5个阶段，因大曲品种不同而控制条件也不相同，其中清茬曲和后火曲相似，成曲的种类与优劣，以掌握潮火与后火两个阶段最为重要。多年连续使用的曲房中，墙壁、地面布满着优势生长的曲霉菌丝体，空间散布着它们的孢子，因此当曲房内维持15℃以上的温度和接近饱和的相对湿度条件下，曲坯上可迅速繁殖霉菌。冬季气温低时，应在曲房中置加热装置以维持曲房温度，过去用煤火炉，现在多用电热器。大曲中微生物的主要来源是曲房空气、制曲用具、大麦和豌豆原料及谷糠、芦苇等。曲坯中霉菌来自曲房空气以及谷糠、芦苇和席片等辅助材料中，酵母菌和细菌是由制曲原料，即粉碎的豌豆和大麦中带来的。曲房空气中的微生物，分离培养到的种类主要是梨头霉、根霉、黄米曲霉、拟内孢霉等，细菌种类较少，主要有芽孢杆菌。拟内孢霉是曲坯"上霉"的主要微生物。

入室曲坯稍风干后，即在曲胚上面及四周盖预先喷湿的苇席或麻袋保温，一般冬季用两层席，夏季一层已够，夏季水分蒸发快，可在上面洒些凉水，然后将曲房门窗封闭，温度逐渐上升，一般曲坯入曲房的第2~3天，即开始在曲坯表面出现根霉菌丝和拟内孢霉的粉状霉点，还有比针头稍大一点的乳白色或乳黄色的酵母菌落，由于其开始大小如芝麻，俗称芝麻霉。夏季约经36小时，冬季约经72小时即可升温到38～39℃。由于这时堆叠的曲坯温度开始迅速上升，须分次揭去原来覆盖的苇席，以利散热和水分蒸发，随后即可进行第一次翻曲，这一阶段称为"潮火"期，又称"上霉"阶段。这个时间虽短，却是制曲成败关键所在。在操作上应控制品温缓慢上升，使微生物顺利生长。此时曲坯如果品温上升，而曲坯表面微生物生长不很旺盛，则须在保湿的前提下适当揭开部分席片散热数小时，使微生物良好生长。菌丛长得太厚，曲皮起皱，会使曲坯内部水分不易挥发。如散热过早，菌丛长得少，会影响曲坯中微生物进一步繁殖，使成曲内部欠疏松。

当曲坯温度升高过快时，就须要翻曲。翻曲的目的在于使曲坯散发因微生物生长产生的热，降低曲坯中的温度，调节曲坯上下及本身的品温和湿度，使曲坯上的微生物生长繁殖条件一致，以得到成熟且曲坯内部和表面微生物生长均匀的成曲。在翻曲的同时还应根据曲坯的温度，用天窗及边窗作适当的调节以得到适当的湿度。

第一次翻曲是将曲坯翻向外墙一边的走道上，以后每次翻曲都是这样互相调换位置。翻曲要领是将曲坯位置有规律地不断依次倒动，下层的倒到上层，每块曲坯都要改变上下朝向，原来朝下的那面朝上。第一次翻曲后，将曲坯进曲房时叠放的3层变为4层；曲坯排列的形式由原来的上下相对（如图6-9A）变为品字形（如图6-9B），增大每块曲坯的距离，使其宽度相当于曲坯的厚度。翻曲时应适当开启门窗以散发水蒸气和散热。翻曲一般要进行5次，每翻一次，排列的层数增加一层，经过5次翻曲，最后垒成7层，不再加高。每次翻曲，随着层次加高，曲坯间的距离也增大。最后一次翻曲应将每层之间的苇秆撤掉，堆叠成人字形，以利曲坯干燥。

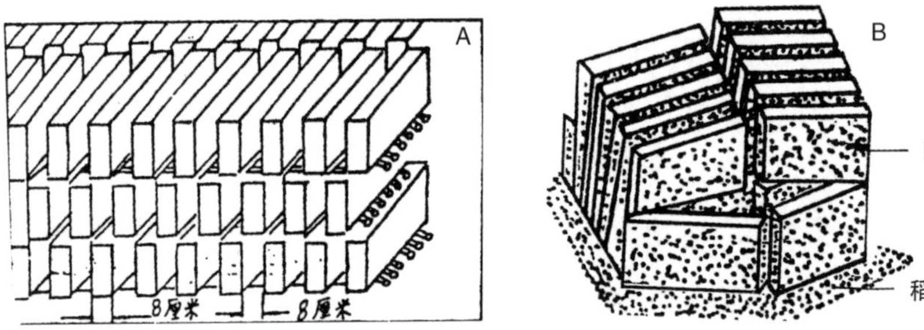

图6-9　曲胚的排列形式（A：品字形排列；B：人字形排列）（引自《中国传统工艺全集·酿造》包启安，周嘉华主编）

大约4～5天后，曲坯品温升到45～46℃，这时曲坯的微生物繁殖最旺盛，行话称“大火”，此时菌丝由曲坯表面向内部生长，水分及热量由内部向外散发，通过开闭门窗来调节曲坯品温，使其保持在44～46℃高温条件下7～8天，不可超过48℃，不能低于28～30℃。在大火阶段每天翻曲一次。这时翻曲还要注意曲块的轻重，分量轻的一般成熟快，要码在底层或边缘；分量重的成熟慢，要码在上层或靠中央，使所有曲坯都能成熟得均匀一致。大火阶段结束时，基本上有50%～70%的曲块已成熟。

曲房的相对湿度在“潮火”期后很快降低，以后始终保持在60%左右。“潮火”期过后，到达“胎火”期，此时曲温仍在不断上升，空气相对湿度则不断下降。

“大火”期后，微生物的生长减缓、繁殖衰退，称为“后火”（或“跌火”）期，然后曲坯品温由44～46℃逐渐下降到32～33℃，直至曲块不再升温为止。后火期3～5天，在此期间曲心水分继续蒸发。制曲即告完成。为使成曲足够干燥以利于保存，一般从曲坯进房到出房需要15天以上。

“后火”期后尚有10%～20%曲坯的曲心部位留有余水，宜用缓慢和较低的温度条件使其逐渐蒸发，这时曲子本身已不能发热，一般采用室温保持32℃，品温28～30℃，使曲心残余水分继续蒸发，此时曲间距缩小至3.5厘米。

大曲制成后，成曲在移出曲室以前，尚需放凉数天，以利贮存，称之为养曲。从曲房中取出的刚制成的大曲，应放置于阴凉透风处，叠放成堆，曲间距离1厘米，防止发热。如欲制备红心曲，则在大曲将成熟的时候继续保温，使曲皮两边温度向中心传导，当中心温度达到两边温度水平时，红心即形成。

为了增加大曲中对酿酒和酿醋有益菌种，可在踩曲前的原料中，加入2%~3%的曲种，即曲中优势微生物，称为曲母。曲母应该是生产中证明最好的大曲，可以提高大曲的质量。这样做不会影响产品的得率，还能改进产品的风味。加了曲母的曲坯，由于增加了微生物的接种量，升温特别快，温度不易控制，应特别照料。

新制成的成曲，由于微生物含量较高，直接使用时微生物繁殖快，温度升高迅速，酒精发酵醪的总酸度高。因此，新曲必须贮存于通风干燥的曲库中1～2个月，贮存后的大曲称为陈曲。贮存时的大曲，受外界环境条件的影响很大。各类大曲的活性，特别是呼吸作用也是不同的。

纪文海在《山西清徐老陈醋》（轻工业出版社1959年）一书中，曾有过“曲房的温湿度变化及其管理情况”的一次详细记录。这份资料弥足珍贵，希望今天各制曲工厂能有比这个50多年前更进步的记录问世。今摘录如下，因资料久远，辨识不易，现将原记录重新制表，繁体字均用简体字表示，其余保持原貌。

表 6-1　曲房制曲记录实例

日　期	天数序号	最高温度（摄氏）	最低温度（摄氏）	上午 7：30			中午 12：30			下午 5：30			管理情况
				房温（摄氏）	空气相对湿度%	曲堆中温度（摄氏）	房温（摄氏）	空气相对湿度%	曲堆中温度（摄氏）	房温（摄氏）	空气相对湿度%	曲堆中温度（摄氏）	
3 月 22 日	1	–	–	15	71	15	15	71	18	15	80	21	21 日晚踩曲入房，码 3 层，用苇杆
23 日	2	20	15	16	81	26	20	74	33	24	77	37~38	间隔，四周围苇席，上盖双席。
24 日	3	35	15	32	86	41	35	93	37	37	94	39~40	清早去盖席一层，并将席翻转以放
25 日	4	40	38	34	87	38~40	38	88	41~43	35	80	39~41	潮气。揭开盖席，打开天窗进行第
26 日	5	40	38	35	74	42~43	43	82	44~45	43	76	43~44	一次翻曲，翻成 4 层成品字形，曲
27 日	6	45	33	35	68	41~42	44	77	43~45	44	77	43~44	已生大量白色菌丛。
28 日	7	46	34	38	60	47~49	37	54	41~43	47	68	48~49	下午加开边窗。
29 日	8	49	34	35	63	40~41	41	66	46~47	43	62	45~46	进行第二次翻曲，仍为 4 层。翻后
30 日	9	44	34	34	57	34~35	34	57	34~35	34	57	35~36	关闭天窗及边窗，下午再开天窗。
31 日	10	35	32	32	61	34~36	34	62	35~36	34	62	36	清早加开边窗。中午关闭天窗边窗，夜晚少开天窗。
4 月 1 日	11	36	32	33	62	35	34	62	38	35	63	36	清早进行第三次翻曲，仍为 4 层，
2 日	12	35	32	32	61	32	34	63	32	37	59	35~36	中午打开天窗边窗，下午因雨全开。
3 日	13	38	32	–	–	–	35	58	32	37	59	33	下午支开天窗，傍晚全开，并开边窗。
													清早进行第四次翻曲，翻为 6 层，
													去苇秆，中午支开天窗。
													下午进行第五次翻曲，翻为 7 层。

关于酿醋用大曲的资料甚难获得，但汾酒大曲的资料还是相对丰富，故本书大量引用。20世纪60年代科学工作者曾比较过汾酒大曲中清茬、红心和后火三种大曲贮存过程中的呼吸作用，同时进行相应微生物的分离工作，发现贮存三个月后大曲中分离出的菌株，比贮存一个月时分离出的要少，而且种类单一，大部分菌株此时处于不活动状态或已死亡。如果以三

种大曲混合使用，可能提高其呼吸强度，糖化力及发酵力也会较好。为了找出清茬、红心和后火三种大曲的单一品种或两种以上混合大曲在汾酒酿造中的优缺点。在尽量控制相同酿酒工艺条件下进行试验，最后对酿造的成品酒进行尝评与分析，其结果如表6-2所示。

表 6-2 各种大曲酿酒试验的结果

大曲品名	试验天数	原料出酒率%	备注
清茬	3	41.67	本试验单一品种平均原料出酒率为41.09%、
红心	3	39.38	
后火	3	42.23	
红心与后火各半	2	45.68	
红心、后火、清茬各1／3	3	45.71	

原载《汾酒试点专题研究报告初稿》（1965 年 5 月）（本资料引自熊子书著《中国名优白酒酿造与研究》，中国轻工业出版社 1995 年，北京）

从表6-2中可见，单一品种大曲的出酒率平均为41.09%，低于两种或三种曲混合使用的出酒率，三种大曲混合使用出酒率最好，平均提高出酒率为4.62%，成品酒质量上无显著差别，发酵过程的变化也很正常。使用红心曲酿酒，发酵启动较快；使用清茬和后火曲的，则后期发酵旺盛。现在采取三种大曲分别制造，混合使用的工艺，便是当时肯定下来的。现在汾酒酿造使用的大曲，按清茬、红心和后火三种大曲3：3：4的配比混合使用，是当年许多科学工作者总结出来的宝贵经验，从酿醋的实际情况出发，据称这三种曲用于酿醋时，按清茬、红心和后火三种大曲4：3：3的比例混合，效果较好，但目前坚持严格按这样的比例用曲酿醋的，不知有多少家醋厂。

三种大曲的物理性质有所不同，清茬曲的标准产品特征是外观光滑，断面青白且稍带黄色，气味清香，成曲中的正品率应占60%~80%，其他花色如单耳、双耳和金黄一条线等占20%~30%，曲心黑褐、味臭或酸辣者应在10%以下；红心曲以断面周边青白，中心红色者为正品，成曲中正品率应占85%~95%，其他花色如二道眉、烧心曲占5%~15%；后火曲以断面内外呈浅青黄色，带酱香，有炒豌豆香味者为正品，成品的正品率应80%~90%：其他花色如单耳、双耳和红心曲占10%~20%。

贮存3个月的三种大曲，化学分析结果差别不大，但主要微生物类群和酶活性相差较明显，见表6-3和表6-4。

表 6-3　汾酒大曲中主要微生物（贮存 3 个月大曲的三次检测平均值）

种类 大曲品种	酵母菌	汉逊酵母菌	拟内孢霉	梨头霉	曲霉	根霉
	（100 个 / g 干曲）			（10000 个 / g 干曲）		
清茬	6.76	3.06	5387	583	262.73	17.36
红心	58.8	8.41	5190	684	165.36	12.75
后火	11.50	43.15	4330	970	61.47	8.63

表 6-4　汾酒大曲的酶活性（贮存 3 个月大曲的三次检测平均值）

	糖化酶 [(1)]	液化酶 [(2)]	蛋白分解酶 [(3)]
清茬	797.0	1.94	16.33
红心	974.5	1.34	16.60
后火	795.5	1.31	16.07

（1）糖化酶活力单位是每克干曲每小时生成的葡萄糖毫克数。
（2）液化酶活力单位是 30℃，每克干曲每小时液化的淀粉的克数。
（3）蛋白分解酶的计量单位是每克成曲在 40℃ 3 小时分解 1 克明胶消耗 1 摩尔氢氧化钠毫升数。

清茬、红心和后火三种酿造老陈醋的大曲制法基本相同，由于天然培制的大曲中微生物种类复杂，至今尚不可能确定这三种曲中微生物种类的差异究竟在何处，因而也不可能建立规范的制作工艺流程和设定培制条件，定向地分别制取这三种大曲，只能凭经验通过曲坯加水量、培养温度和操作条件的改变来制取。一般情况下，后火曲较易得到，清茬曲得到的比例较低。

红心曲是老陈醋酿造用曲中较难培养制取的一种，在汾酒厂曾一度失传，1965年在汾酒试点时请晋源曲醋厂吴效忠技师到汾酒厂传授配制技术后，才重新恢复了这一品种。现将较为经典的制曲方法抄录，原文出自《中国酒曲》（黄平主编，中国轻工业出版社2000年出版）。制曲方法很具体，其中原料采用了10%小麦，制曲时间长达26天，与传统汾酒大曲用豌豆和大麦有所不同，制曲方法较现代化，可供当代制曲者参考。

1. 制曲配料

大麦70%，豌豆20%，小麦10%。粉碎用辊式破碎机，要求细粉多而皮壳粗，黏稠性好，不松不紧。细粉占40%～45%。

2. 曲室设备

曲房坐北朝南，长12米，宽7.5米，高3.3米。室内设有顶棚，南北有6对玻璃窗，压实黄土地面，四壁粗泥抹面。一般满房约8小时，夏天入坯约6000块，冬春季约8400块。

3. 踩制曲坯

曲坯采用机械踩制，入房水分为42%～45%，每分钟8～9块，曲坯长×宽×厚为20厘米×12厘米×6厘米，每块质量1.95～2.05千克。脱模后基本达到六面光滑、平整、饱满、软硬松紧一致。

4. 大火期入房管理

（1）入房排列　先将曲房室温控制在15～20℃，地面铺好1厘米厚的稻壳，并适当喷洒清水呈微潮状态。入房顺东西排列，间距1～3厘米（冬近夏远），行距3～4厘米，每行放3层，每放一层撒一层稻壳，防止曲坯黏结。然后用苇秆3～4根铺好，以此相隔，再放2～3层，曲坯排成品字形。排列时中间留出60～80厘米通道。

（2）上霉（俗称挂衣）　入房后曲坯风干3～4小时即可盖席保温保湿，室温保持在28℃以下，5～6小时后品温开始缓慢上升，曲坯表面渐渐生出白色斑点。夏季经40小时，冬经80小时左右，品温升到32～38℃，此时视上霉程度揭席，待80%曲坯已基本上满雪花霉时，可开窗放潮降温。

（3）晾霉　经10～20小时，可根据曲坯软硬程度上下进行一次翻倒。窗渐渐开大，待曲表面不粘手，曲形固定，再继续晾霉1～3天。室温要求22～26℃，曲间温度25～30℃为宜。晾霉应以渐冷为原则，防止表面霉菌生长过快而形成厚皮曲，同时又要防止对流风，以免造成曲皮干裂。晾霉标准是曲皮厚0.2～0.3厘米为宜，晾霉期每天翻一次曲，一般不超过5层。

（4）起潮火　这是高温排水的高峰阶段，使酶活力增强。晾霉结束，便可关门窗，要求缓慢升温，起潮火要稳，前火不可过急过猛。潮火期每天控制升温以2～3℃为宜。升至41～43℃需5～6天。潮火后期品温高达44～46℃时即进入中期阶段。潮火阶段每天翻曲，当曲坯已增高到6层即可抽去苇秆，翻曲时品字形改身井字形，以利散热。

5. 大火期恒温培养

这是长好红心的关键，大火期人进曲房有燥热感，并能明显闻到曲香。另外曲坯已由6层增到7层，这是一个基本概念。

大火期，每天翻曲仍以码井字形为主。翻曲室温保持在37～42℃，翻后曲品温下降最多不超过2～3℃，曲间品温保持在47～49℃，不超过50℃。进入第2天品温应保持47～49℃，直至其自然下降。当接近大火期最后1～2天，应提高室温使品温在49～50℃恒温培养，以尽量散发曲心水分，避免曲心窝水变黑或生心。大火中期较薄的曲块已出现红心，此时曲心温度一般在55～58℃。自入房后第14～16天检查断面，将会有80%以上的曲心部位已基本形成宽0.3～0.5厘米、长2～3厘米的红心。

中温红心曲的红心部位往往是经大火期恒温培养在高温低潮条件下生成的，这是与其他类型大曲的主要工艺区别，也是红心曲的技术关键。

大火期为7～8天，每天翻曲一次，排列成井字形。

6. 后期管理

自曲坯入房15天后，有70%的曲块基本成熟，品温开始自然下降，为保持品温缓慢下降，应做好保温工作，减少翻曲次数和增加层数，促进后熟。待自然风干2～3天后出房，共经23～26天。

7. 成曲质量

外观：雪花霉分布均匀，表皮层0.2厘米，无麦皮。内茬青白色，中间夹白，正中为铁红色红心，大麦壳上长黄色斑点，清香带曲香，成品率

92%以上。

由山西省地方有关行业组织，曾制订了《地理标志产品山西老陈醋生产工艺技术规范》中，大曲生产工艺要点，是本书编著者所见较为详细的专门为老陈醋制曲工艺制订的规范。现也同时抄录如下：

1. 原料处理

按大麦60%与豌豆40%配料混合，经清杂后用对辊粉碎机粉碎，曲料粉碎要求皮粗面细，不能通过20目（孔径0.9mm）筛孔的皮壳占10%～18%，20目以下、60目以上的糁粒占50%～55%，60目以下的细粉占30%～35%。

2. 制曲坯

原料加水为1:0.5，水分为38%～41%，分批混合均匀，制成曲坯，每块坯重约3.0～3.5千克。要求曲坯表面光滑平整，内部紧实，厚薄一致。

3. 制曲管理

3.1 曲坯入房

把制成的曲坯搬入室温15℃左右的曲房内，地面先铺垫一层新鲜谷糠，曲坯立放，间距1～2厘米、行间3～4厘米；再码放曲坯一层，层间用苇秆架隔，间距、行距同一层，卧曲3层。用苇席1～2层覆盖坯垛，并在苇席上喷洒清水，使其潮湿。

3.2 上霉

关闭曲房门窗，让曲坯自然升温，当曲坯表面均匀生长有薄撒芝麻点白色小菌落，曲间温度上升至40℃时，上霉完成，即可揭席。冬季上霉时间不超过72小时，夏季上霉时间不超过36小时。

3.3 晾霉

上霉后揭席为开始晾霉，立即翻第一次曲，3层翻4层，曲间品温27～28℃，次日29～30℃，隔天翻曲一次。晾霉后第三天翻第二次曲，4层翻4层，曲间距与第一次翻曲同，行间距1～2厘米，上层翻底层，轻曲靠边放，重曲放中间。第二次翻曲后，调整曲室窗户大小，控制曲间品温32～33℃，次日35～36℃。晾霉期3天，准备第三次翻曲。

3.4 起潮火

关闭曲房门窗，品温自然上升。用开、闭门窗，翻码曲坯，扩大间距，增加码层等方法，控制品温在38～47℃，时间4天左右。

3.5　大火

每1～2天翻码曲坯一次，间距10厘米以上，掌握品温30～48℃，时间7～8天。

3.6　后火

大火后，品温逐渐下降，当降至36～37℃时，翻码曲坯一次，间距缩小至5厘米左右，经3天左右，品温降至32～33℃。

3.7　养曲

翻码曲坯，间距缩小至2～3厘米，品温掌握在28～30℃，室温在30～32℃，时间约2～3天。

3.8　成曲贮存

一般制好的大曲需要存放3~6个月，便成陈曲，此时其中的水分和各种酶的活性趋向稳定，才能应用于酿醋。因此，当完成大曲培养后，要在打开门窗的曲房中晾曲3～5天后，再移入干燥、阴凉、通风的栅房内储存，成曲间距1厘米以上，码垛不超过6层，整齐排列成交叉人字形。否则一遇潮湿，则曲块容易返火发热，白心变黄，酶活力会降低，且易长杂菌。在夏季炎热潮湿的季节，更应加以注意。

4　大曲质量要求（见表6–5）

表6–5　大曲质量要求

1 感官要求

<table>
<tr><th colspan="2">项目</th><th>青茬曲</th><th>红心曲</th><th>高温（后火）曲</th></tr>
<tr><td rowspan="2">皮张</td><td>霉衣</td><td colspan="3">白色芝麻点</td></tr>
<tr><td>干皮</td><td colspan="3">曲块表面不得有厚重的干皮</td></tr>
<tr><td rowspan="3">断面</td><td>色泽和闻香</td><td>断而茬口青亮，光洁如断玉，曲香清纯</td><td>断而茬口白色光亮，有红心点心，或红线</td><td>金黄色至浅金黄色，光亮，有类似酱香的浓郁曲香</td></tr>
<tr><td>风火圈</td><td colspan="2">不得有明显的黑道或黑圈</td><td>多数曲块不得有明显的黑道或黑圈</td></tr>
<tr><td>窝水区</td><td colspan="3">曲心不得有明显的窝水区</td></tr>
</table>

2 理化指标

项　目	指　标
发酵力（gCO_2/g·72h）≥	1.0
糖化力（mg 葡萄糖 /g·h）	700~900
液化力（g 淀粉 /g·h)）≥	1.0
水分（%）≤	15.0
总酸（mL/10g）≤	3.0
淀粉（%）	55~60

综上所述，可以用以下工艺流程概括酿造老陈醋的大曲的制作工艺流程：

水
↓
大麦70%+豌豆30% → 粉碎 → 混合 → 加水搅拌 → 压制曲坯 → 曲坯入曲房 → 凉霉 →起潮火→大火→后火→养曲→出房→贮存→ 成品曲

作者在此不厌其烦地多次介绍制曲操作细节，难免累赘，希望读者在实践中能加以参考，并对本书提出批评意见。

在清徐曲醋厂，纪文海曾提及一本老师傅祖传“估计当在百年以上”的《捷径看曲论》。这本古籍后来经孟乃昌的介绍及注释，为业内所知。但其原文是古文，纪文海用白话文进行了摘要，现作为附录抄录于书后（见附录5），对于愿意钻研制曲的一切有心人，或许有点帮助。

2017年，作者曾访问郝彩霞工程师。据她介绍，20世纪70年代《捷径看曲论》已在清徐醋厂工人们之中传阅，后来不知下落。她是从醋厂两位已故酿醋师傅赵浩俊和陈步明手中看到的。而这两位师傅又是从他们的师傅那里看到的。可以推断，这本书已有百年历史。

二、发酵与后处理

传统山西老陈醋，是采用上述由大麦和豌豆制成的大曲，将高粱在浓醪状态下，于低温环境同时进行糖化和酒化的复式发酵产生酒精醪，然后在酒醪中拌入大量谷糠、麸皮进行固态醋酸发酵，醋醅经熏醅后淋出新醋，新醋再通过日晒夜露与捞冰而酿成。其色泽黑褐，质地浓稠，醋味醇厚，有特殊芳香，久贮无沉淀，不变质。

传统的老陈醋酿造工艺，由于科学研究的不足，即使进行过研究的某些领域也难获得准确可靠的数据资料，因此目前各生产单位主要靠经验，且由于化学检验与实际酿造操作工人的配合不足，致使产品质量很难保持基本稳定，因此，本文所介绍的操作不能认为是规范工艺，只能视为一个基本叙述。

1. 原料

酿造老陈醋的原料，必须进行清杂处理，这是保证成品质量的第一道门户，不可忽视。有的酿造厂对这一步骤似乎不很注意，特别是大量采购到货时，常常处理得比较马虎。原料进厂后要根据其质量进行适当处理。高粱、大麦和豌豆要用分选机吹出尘土和杂物，再经过筛分。麸皮和谷糠不得混入霉变者。每批进厂的原料，均应进行淀粉、水分等主要成分的化学分析，储存时要保持干燥通风，防止霉变。

老陈醋酿造所用的多种原料按一定比例在整个酿造过程中使用，表

表 6-6　山西老陈醋酿造原料的一个经验配方

原料与辅料名称	投料量（公斤）	配比（以高粱为 100 计）
高粱	547	100
大曲	341.5	62.5%
蒸前	273.5	50%
蒸后	1230.75	225%
入缸	355.55	65%
麸皮	400	73%
谷糠	400	73%
食盐	27.35	5%
香辛料	0.2735	0.05

6-6是某酿造厂的一个经验配方，生产者宜根据实际情况适当调整，不应一成不变地照搬。

山西老陈醋酿造以制曲所用的小麦和豌豆、酿醋的淀粉原料高粱为主要原料，还需要大量的辅助原料麸皮、谷糠或稻壳、食盐等。辅料既可为酿醋补充某些有效成分，又可作为填充料对醋醅的好氧产酸发酵起到疏松作用，还可以调整醋醪中的淀粉浓度、吸收酒精及液浆，保持一定空隙，提高醋的产率。这些原料决定了老陈醋的特色风味，使这种食醋不同于南方以稻米和稻壳为原料的米醋。

（1）酿造用水

水质的好坏直接影响到淀粉糖化的速度和发酵过程。水中含有的一切成分都可能影响微生物的繁殖，某些微量有害成分还可能进入成品中。因此酿造用水必须符合《中华人民共和国生活饮用水卫生标准》（GB5749-2006），从外观看，必须无色透明，在高温或低温状况下都应无臭、无味，触口能生爽快的感觉。水应接近中性，硬度以4～8度的水最好；水中应含有一些矿物质，如适量的钙、镁离子可促进微生物的生长和发酵，微量硝酸盐有益于糖化酶的作用，微量氯化物能促进糖化作用，等等；但亚硝酸盐含量则容易妨碍酵母菌的繁殖和糖化作用；水中如含铁离子较多容易在醋中形成沉淀。

（2）高粱

高粱又叫红粮，因其抗旱、耐碱力强，在我国栽培的面积甚广。高粱产量高，是酿造白酒和食醋的主要原料，也是制淀粉和加工饲料的重要原料。高粱的籽粒，呈卵形或椭圆形，顶部因存有柱头的痕迹，尖端多呈尖锐的形状。高粱的颜色，因品种不同而异，通常可分暗褐、橙红、淡黄、白或白黄而带有红紫色的斑点，深色是由于种皮的细胞层内含有花青素的缘故，含有单宁（鞣酸）时亦易使种皮呈色很深。高粱一般含单宁3%左右，多存在于种皮上，含单宁较多的高粱，不利于微生物生长，对酒精发酵有不利的影响，不宜用于酿醋。一般来说，颜色较浅的高粱含单宁较少，适当延长高粱的蒸煮时间，可除去部分单宁。某些微生物含有单宁酶（如黑曲霉等），可分解单宁，从而减少单宁对酿醋的不利作用。

传统山西老陈醋酿造过去多采用“大狼尾”“一把抓”等原有品种，但当前对品种不大容易专门要求。数十年来，全国各地育种工作者不断选育出高产品种，故过去的品种现在难以强求，当前多采用更高产的品种。例如山西省农业科学院高粱研究所育成的抗旱、节水的酿酒专用高粱新品种晋杂101，平均亩产为676公斤，最高可达842公斤，这种新籽粒蛋白质含量10.16%，淀粉含量72.29%，赖氨酸含量0.30%，单宁含量1.11%，据称是优良的酿酒、酿醋的高粱品种，似乎可以推广。这些原料应符合国家标准。在老陈醋的著名产地清徐，过去所用酿醋高粱主要产于本县的徐沟一带，主要品种是“八叶齐”和“疙瘩穗”，“八叶齐”为早熟品种，其苞颖呈黑色；“疙瘩穗”为中熟品种，其苞颖呈红色。这两个品种为粉质胚乳，淀粉含量甚丰，据说原来认为以大狼尾作为酿醋原料最好，但因其属晚熟品种，栽培较少，作酿醋原料较少。相比于今日之杂交高粱，过去的品种产量低，品质也不易稳定，今日在大田中已经绝迹。高粱不拘优劣，皆可用于酿醋。

淀粉是高粱籽粒中最重要的组成成分，其含量为60%~70%，因产地和品种不同而有差异。高粱的淀粉颗粒外面包裹有由蛋白质和脂肪构成的胶质层，淀粉颗粒较大，粒径在15~30微米之间，多数为不规则形状，表面内凹，其中部分颗粒表面有类蜂窝状结构，少数为球形，表面光滑。许多淀粉颗粒集合在一起可形成椭圆形的复合淀粉粒。淀粉吸收水分时会放出热量，当含水量达到一定量时，继续膨胀不再放出热量。淀粉粒在水中膨胀时，颗粒中央产生空腔，空腔中充满水分，并逐渐增大，最后破裂。在蒸煮糊化时淀粉颗粒的体积可增大数十倍。

高粱淀粉可分粳、糯两种，这是因为淀粉中支链淀粉和直链淀粉所占比例不同。糯高粱含有的糊精较多，粳高粱含有的糊精较少。因而前者对碘液的反应称红紫色，后者则呈蓝色。就高粱籽粒的组织构成比例而言，种皮占12%左右，胚为6%~7%，胚乳在80%以上。因此籽粒体积较小的，种皮所占的比例就较多，胚及胚乳就较少，因此大粒种作为原料更好。从感官上鉴定高粱的质量，应该选择那些黄褐色，颗粒均匀肥大并坚实，无虫蛀或霉烂及夹杂物甚少的。将种子剖开检查，应该选种皮薄，籽粒断面呈玻璃质的为最好。

（3）大麦

大麦是酿造啤酒的主要原料，山西老陈醋一直用它作基本原料制曲，是不同于其他类型食醋的一个特点。大麦的颖皮多，有芒，皮厚而硬，粉碎后又非常疏松，不易黏结，微生物易于在其上生长，但不易大量繁殖，所以用来制曲有其优点。

有一个大麦籽粒（可食部）的基本营养成分的分析结果是：水分13.1%，蛋白质10.2%，脂肪1.4%，碳水化合物73.3%，还含有比较丰富的矿物质。

（4）豌豆

豌豆是山西老陈醋酿造中制曲的原料，皮质柔薄。豌豆的营养成分中，蛋白质约占20%，脂肪约占1.1%，碳水化合物约占55%，淀粉含量丰富，又含有较多蛋白质，易发黏而结成块。故其吸水后不易蒸发，发酵时热量亦不易散发，对微生物的繁殖不利，待繁殖后温度增高又不易散失，因此在制曲时与大麦以一定比例混合，将豌豆与大麦的有利物性质相配合，得以制成特色的大曲，是酿造山西老陈醋的主要因素之一。20世纪50年代在清徐采用的豌豆主要是灰褐色带花纹的和黄白色的品种，前者豆粒虽小，但制成的大曲最佳，有时用黑豆代替，但质量不如用豌豆。

制曲所用的大麦和豌豆等应符合国家粮食卫生标准GB2715规定。

（5）麸皮

麸皮是小麦加工后的下脚料。用作酿醋原料时，应符合行业标准NY/T119。麸皮的成分因小麦品种、产地和加工时出粉率高低而不同。有人对全国13个省市出产的麸皮做过水分、粗蛋白质、粗脂肪、粗纤维素、无氮浸出物和灰分等基本成分的分析，不同的产品差异不小。见表6-7：

表 6-7　麸皮成分分析的一个结果

水分	粗蛋白质	粗脂肪	粗纤维素	无氮浸出物	灰分
9.4%~16.9%	9.4%~17.5%	1.7%~5.6%	6.3%~10.1%	51.9%~62.4%	4.3%~7.4%

麸皮质地疏松，体轻，表面积大，除上述基本成分外，还含有丰富的维生素和矿物质，是很适合多种微生物生长的基质，又是山西老陈醋酿造过程中醋酸发酵时便于通气的填充料，还有利于淋醋，在熏制醋醅阶段，由于麸皮中含有较多的多聚戊糖，它们和蛋白质的水解产物氨基酸容易发生美拉德反应，使醋液颜色变深。麸皮内还含有淀粉酶，可以催化淀粉水解成糖。同时，麸皮价格较低廉，来源广泛，使用方便。

（6）谷糠（或称谷壳）

小米谷糠是谷子在碾米过程中被褪下的颖壳、种皮、糊粉层和米胚芽的混合物，蛋白质含量丰富，约占18%。小米谷糠同样质地疏松，体轻，表面积大。与麸皮一起作为山西老陈醋传统酿造时醋醅好气醋酸发酵的填充剂。

（7）稻壳

稻壳质地疏松，吸水性强，具有用量少而增大发酵界面的功能，是优良的填充剂，在食醋酿造的醋酸发酵阶段增加醋醅与空气的接触面积，加速醋酸发酵的进程，稻壳中约含15%的多聚戊糖。

在酿醋工艺中采用的谷糠和稻壳要符合GB1350和GB2715标准的规定，应新鲜、干净、无霉烂、呈金黄色，使用时要经过除杂和清蒸处理。

（8）盐和香辛料

其他原料还有食盐和香辛料。食盐应符合《食用盐国家标准》（GB5461-2000）的规定。香辛料并非传统产品的必需，一般为花椒、大料、小茴香、桂皮、砂仁和蔻仁等。食盐有抑制醋酸菌等不耐盐细菌的生理作用，可以及时阻止醋酸菌和其他细菌将醋酸彻底分解为二氧化碳和水，同时还能起增强风味或调味的作用。

2. 酿造工艺

（1）原料处理

高粱使用前要经过磨碎，使大部分成6～8瓣，粉末以不超过投粮数的1/4为宜。当前发酵容器已非单一，传统的陶缸与其他容器并用，因此原料的粉碎度应与相应的发酵容器匹配。按原来陶缸发酵的要求，磨碎后的高粱按每100公斤加水50～70公斤拌匀（水温90~95℃，润料品温≥60℃）。方法是先把原料铺在凉场上，将原料平摊成一定厚度，四周高中央低，似盆状。将润料水洒入“盆”内，用木锨从内圈四周把碎高粱和润料水慢慢混合，再翻拌两次并随时打碎结块，放于不锈钢润料槽内，静止润料8～12小时，使原料充分且均匀吸收水分。在润料期间，夏季应平摊，以免内部微生物生长而发热，冬季则应堆成丘形，以免过冷。经过润料的高粱原料，水分应在60%～65%，手捻为粉状，无硬心和白心。润料是为了使原料中的淀粉颗粒充分膨胀，以便于糊化彻底并被大曲中的淀粉酶分解成简单糖类。润料用水不足，糊化不易充分；用水过多，则在原料蒸煮糊化时容易堵塞蒸汽向上渗透而造成夹生，发酵时则因醋醅黏结而影响发酵。

图6-10　润料

润料后，将原料中的团块打碎，用甑（蒸煮锅）蒸煮。过去的甑多为铸铁铸成，体积甚大，现多用圆柱状水泥池。具体积应视生产规模和供蒸汽条件而定。清徐曲醋厂当年的水泥池高50厘米，口径168厘米，一次可装料400公斤。甑底有假底（甑篦），上铺布，再装料，装料前先在锅底甑篦上撒一层谷糠。通蒸汽后分层上料，每次待蒸汽均匀地

图6-11　蒸煮锅

在甑中上冒后再装，装满后待圆气，即全锅均匀冒出蒸汽后。此时应补加“闷头水”，添加量为投粮量的3%～5%。再蒸1.5～2小时，以原料熟透不粘手，无生心为出锅标准。趁热将熟料装入大缸，按100公斤原料加入40～70公斤的比例（视具体情况增减）加入80℃以上的水焖料十几分钟，使水分充分吸收呈粥样。

蒸煮后的原料从缸内取出，摊在清扫洁净的水泥或砖铺的凉场冷却。摊凉时夏季宜薄，冬季宜厚，用木锨翻动，并打碎结块。要求在短时间内冷却至35℃以下。蒸煮后的高粱原料含水分应在70%以上。

（2）拌曲

当蒸煮好的高粱冷却后，按原料计加入60%以上的经磨细的大曲粉。（视大曲质量，即酶活性的高低，加入的曲量可适当变通，变通的依据应该经过周密的试验，例如测定大曲中的酶活性等，加曲过多时，会因为微生物生长过快过旺盛产生大量热量，温度上升过快，影响酵母菌的生长和酒精发酵；过少时则使微生物生长过慢，延迟酒精发酵。）大曲粉应均匀撒在高粱上，用木锨翻拌均匀。拌曲时的温度应严格控制，原料摊凉时间过长，则结束拌曲时温度过低，会延缓入缸后发酵的启动；入缸时温度过高，发酵启动太快，容易在入缸后产生大量泡沫，会影响醋的质量。拌曲后的原料装入酒精发酵缸内，再按原料计加入1：0.5～0.6的煮沸后冷却的

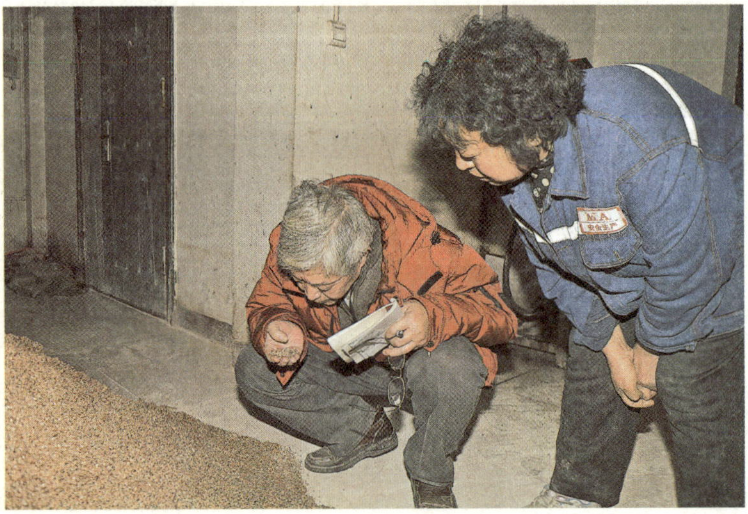

图6-12　拌曲后准备装入缸内发酵

水，拌匀成浓醪。入缸后的浓醪的品温，一般控制在20℃左右，冬季可稍高些，夏季则应稍低，以免乳酸菌滋生，影响酒精发酵。酿造老陈醋时用曲量不足，甚至用麸皮曲代替，则会使成醋产品中氨基酸态氮含量达不到最低标准，成为伪劣产品。

（3）糖化及酒精发酵（前发酵和后发酵）

发酵缸的容量一般是缸高100厘米，缸口直径67厘米，装入浓醪敞口发酵。一般酒精发酵、醋化、熏醅都在同一车间中进行，该场所的室温应保持在27～28℃左右，这是酒精发酵最适温度，以便酒精发酵能顺利迅速开始。原料经拌曲入缸后，第二天就有冒泡发酵的现象，吱吱作响，品温也迅速上升，至第3天发酵醪液温度将达30℃，最高可达37～38℃。酒精主发酵在3天即告完成。前3天每天搅拌（开耙）两次，以便酵母菌生长繁殖。第4天，即前发酵72小时后，酒精发酵作用减弱，此时品温由32℃缓慢下降，用塑料薄膜密封容器，再盖上草垫，使之不漏气，促其继续进行后发酵作用。密封容器后一般在温度不高于24℃的条件下继续发酵达13～18℃，即

图6-13　酒精发酵中

成为成熟酒醪，为下一步醋酸发酵积累了多种前体物质。成熟酒醪呈黄色，醪液澄清，酒味浓厚，尝之略有酸味。此时的醪液酒精含量应为8%以上，总酸（按醋酸计）在冬季应为≦1.0g/100ml，夏季为≦1.8g/100ml，醪液中的残糖低于0.3g/100ml。有人将这个阶段称为酯化养醪期。

表6-8是一次现场酒精发酵阶段温度变化情况的记录：

表 6–8　酒精发酵阶段温度变化一例

日期	上午 9:00		下午 4:00		备注
	室温（℃）	缸中温度（℃）	室温（℃）	缸中温度（℃）	
3 月 23 日				19	入缸温度
3 月 24 日	29	28	29	35	冒泡发酵，可闻吱吱声
3 月 25 日	31	37~38	30	32	缸面见清液
3 月 26 日	30	31	30	31	
3 月 27 日	30	28	30	28	开始封缸

（4）醋酸发酵

酿造老陈醋时的醋酸发酵，是固态形式，与传统白酒酿造类似，但酿醋是好氧过程，要把酒精氧化成醋酸。

拌醋醅　将完成酒精发酵的上述醪液，充分翻搅使之均匀后取出，转移到搅拌槽内，加入麸皮和谷糠，增大酒精醪液与空气接触面。其添加比例基本上靠经验，建议的配比是1∶0.8∶0.8，谷糠的添加量因其粗细程度不同而有增减。充分搅拌后应不留任何结块，然后移入比酒精发酵容器小的醋酸发酵缸内（一般高52厘米，缸口直径54厘米），因辅料麸皮与谷糠体积很大，故每批酒精发酵醪要分装在多个醋酸发酵缸内，为便于后续的人工翻搅操作，每缸内以盛半缸为宜。拌好辅料的醋酸发酵醅应收成锅底形，其含水分应

图6–14　拌入辅料后开始醋酸发酵

为60%～63%，含酒精≥4.5（V/V）。放置一天后，开始接种醋酸菌，称作“接火”或“引火”。

接种醋醅　把经过3～4天发酵，品温已达到38～43℃的醋酸发酵旺盛进行中的新鲜醋醅作为醋酸菌种醅，按5%～10%的接种量加入上述拌好的醋醅中。取出种醅后，应适当翻动醋醅，以便缸内发酵温度较快地均匀上升。接种的种醅应埋放在醋醅的中上部，用手将接种醅和新拌的醋醅翻拌几下，同时把四周的凉醋醅盖在上边，收成丘形，盖上草盖，保温发酵。大约24小时后，经“接火”的醋醅品温上升到38℃，此时开始，应每天翻搅一次。一般3~4天后，醋醅的中上层品温最高可达45℃，这样可加快酒精氧化成醋酸的速度，同时又可抑制杂菌的生长。在醋醅中，除醋酸菌外，环境中的乳酸菌和丁酸菌也有所增殖。如发现各个缸中醋醅品温高低不均一时，应进行调整，使各缸中醋酸菌的生长繁殖速度基本保持一致，此时也为下一批“接火”准备醋酸菌接种物。2天后醋醅温度上升后，要用手将缸内上部醋醅稍加疏松，增加空隙，给醋酸菌氧气，促进其增殖。第3天，品温更行上升，醋酸发酵进入旺盛阶段，再次用手疏松醋醅，将接火的接种醅拨至中央，仍堆成丘状。第4天已进入醋酸发酵最盛期，醋酸菌已得到很好的繁殖，醋醅品温最高可达45℃。此时应将醋醅上下彻底翻搅，混拌均匀，同时要用手掌尽量搓散，一方面散去部分热量，充分供给氧气，加速醋酸发酵的进程，使连续几天品温都维持到40℃左右。然后温度逐渐下降，称作“减火”，至第6～7天，醋酸发酵衰退，温度显著下降，醋醅的总酸含量不再增加，说明酒精氧化已趋于完成。这段技术管理核心是通过翻醅控制品温，这是醋化作用能否正常进行的关键。即升温过快时多翻动，升温慢的缸中少翻动。品温高的缸里的醋醅与品温低的应及时互相调整，争取所有的发酵醋醅的温度维持均匀一致，克服有的缸成熟快有的缸成熟慢，影响成熟醅的质量和风味。要求90%以上缸中醋醅在3天内温达到38～45℃。有人曾对老陈醋酿造过程中结束醋酸发酵的醋醅进行过微生物分离计数，发现其中醋酸菌和乳酸菌的比例约各半，还有较多的芽胞杆菌，红曲菌也大量存在，并有少量耐高温假丝酵母和犁头霉等。因此，在固态高温醋酸发酵的同时，也进行乳酸发酵，因而会形成许多复杂的发酵产物。

某次醋醅中发酵过程中的温度变化记录，见表6-9

表 6-9　醋酸发酵温度变化一例

日期	第几天	上午 9:00		下午 4:00		备注
		室温(℃)	醋醅温度(℃)	室温(℃)	醋醅温度(℃)	
3月24日	1			29	22	入缸温度
3月25日	2	32	27	32	28	引火
3月26日	3	31	36~37	30	42~45	
3月27日	4	30	41~42	30	42~43	
3月28日	5	30	39~40	30	40~41	
3月29日	6	31	38~39	30	39~40	
3月30日	7	31	40	32	41~42	
3月31日	8	30	37~38	30	38	
4月1日	9	30	35~36	30	36	开始加盐
4月2日	10	29	30			完成醋化

醋酸发酵结束后的醋醅，移到大缸内踩实装满，按原料计加入≦5%的食盐，结束醋酸发酵。整个发酵周期一般为9天。成熟的醋醅呈浅棕褐色，水分约为62%～64%，酸味柔和浓郁，醋醅的酸度（以醋酸计）应≥5%，残糖约2%，残留酒精约0.1%～0.3%。食盐可用于调味，也可抑制醋酸被进一步氧化成二氧化碳和水。

（5）熏醅

熏醅是山西老陈醋获取熏香味的重要工艺措施，其主要作用在于增加醅的色泽和增加熏香味，这是山西老陈醋色、香、味一体的主要来源。由于高温下碳水化合物和蛋白质及其分解产物氨基酸发生的美拉德反应，更使老陈醋中成分十分复杂，为老陈醋的保健作用提供了物质基础。山西醋业界有王来福首创熏醅工艺之说，因此不论是山西老陈醋，山西陈醋，山西熏醋，都要熏醅。熏醅的传统的方法是在如图6-15中的熏醅炉中进行。具体方法是把完成醋酸发酵的醋醅40%（或一半）装入特备的熏缸熏制，缸上复瓦盆，逐日倒缸一次，将熏醅转移到邻近缸，4天即可成熟。熏醅温度距缸口约10厘米处，最高要达97～98℃，一般情况在90℃附近，靠缸底部分温度将近100℃或更高些。现在熏醅多用不锈钢容器熏醅，与瓦缸中熏醅所得产品的差别，尚无可靠数据加以明确。由于4次倒醅，熏烤程度和质量是较均匀一致的。熏醅颜色由于高温逐渐变深，最后变成黑紫色，故常称之为“黑醅”。熏醅须用文火，火力不宜过强，否则醅子发黑而味苦，温度适当则产生焦香味道，使老陈醋色深味香。不经炉熏烤的醋醅为黄色，醋糟颜色黄白，故称“白醅”。熏醅含水分55%～60%，酸度（以醋酸计）为5～5.5克／100毫升。

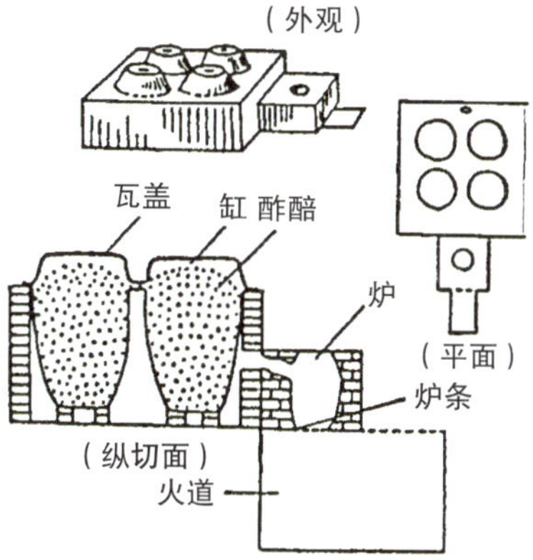

图6-15　熏醅炉和熏醅缸结构示意图

图6-16　某醋厂的成排熏醅设备

（6）淋醋

完成醋酸发酵的醋醅，除取出进行熏醅的部分外，剩余的60%或一半称为白醅。将白醅装入淋醋容器进行淋醋。传统工艺中所用的淋醋缸底缘开有小孔，孔内插一段竹筒，筒口用塞子堵住，缸底放置几块拱形瓦，上面铺上苇席。装满醋醅，倒入三淋子（即淋过两次醋后再用清水淋出的稀醋水）浸泡3小时，然后打开堵塞令醋液流出。淋出醋液加入香辛料（每50千克原料酿成的醋醅所淋出的醋液加200克，装入小布袋，扎口吊入锅中）后加热至80℃左右，加入熏醅中，浸泡10小时后再进行淋醋。在达到一定酸度时停止淋醋，淋出之醋就是老陈醋的半成品，也叫新醋，每100公斤高粱控制淋出熏醋约400公斤。余下淋出的淡醋液，称之为“醋水”，用作第一、二次淋白醅之用。冬季气温低，淋醋水最好先煮沸，这样可较充分地淋出各种有效成分，淋出的醋液也可不必再煮沸，直接用于淋熏醅。

现代的淋醋设备多采用不锈钢制造，称淋醋池。淋醋池的假底距池底

3~5cm，假底与池壁应不留缝隙，以免醋醅漏出。醋醅在淋醋池中应保存疏松平整。淋醋的工艺称为套淋，可参见图6-17。

淋醋的具体过程是：将二淋水加热至85~90℃，浸泡白醅，浸泡时间不少于12小时，淋出的醋液再加热到85~90℃，并在加热容器中放入盛于布袋中的香辛料，将此热醋液浸泡熏醅，浸泡时间不少于6小时，淋出的便是半成品，称为头醋。然后再用三淋水浸泡经过第一次淋醋后的醋醅，淋出的醋液再浸泡经过第一次淋醋的熏醅，淋出的醋液便是上述二淋水。醋醅经四次浸泡淋醋，每次淋出的醋液作为前一次醋醅的淋液。在以后几次淋醋时水量有损失，要用清水补足。

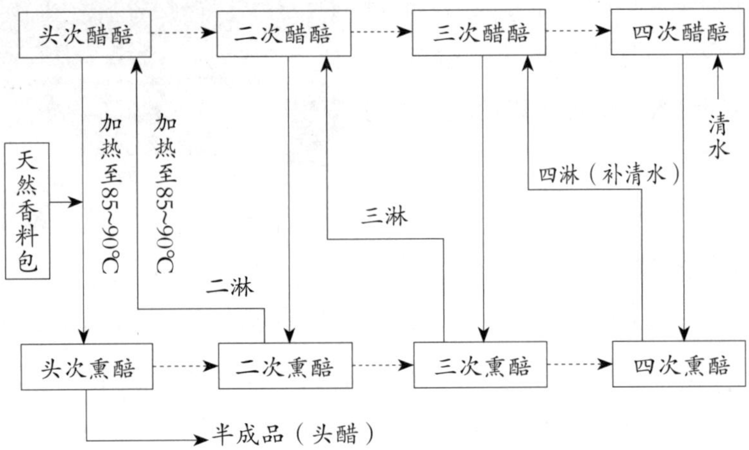

图6-17　批次循环淋醋示意图

淋出的老陈醋半成品，称为新醋。比重为1.051克/毫升，总酸（以醋酸计）为5克/100毫升，完成淋醋的残渣称醋糟，白醅经淋醋后的醋糟酸度应在0.1克/100毫升（以醋酸计）以下；黑醅经淋醋后的醋糟酸度应在0.2克/100毫升（以醋酸计）以下。醋糟可作饲料。熟练的酿造师在最佳条件下，其总产率可达每100公斤高粱产出600公斤。半成品的老陈醋呈红棕色，清亮，不浑浊，其口味绵酸，微甜、微鲜，不涩不苦，闻之有香味。淋醋要在保证质量的前提下尽量高产，每次淋醋的液体要分别收集。

图6-18 现代淋醋设施举例

（7）陈酿

淋出的老陈醋，要经过较长时间的陈酿。传统的工艺是将这些新醋置于室外陶缸内，除遇下雨和刮风将缸加盖外，经过夏季烈日暴晒，蒸去大量水分；冬季缸内结冰后将冰取出，叫作抽水，也起到浓缩的效果。这就是所谓“夏伏晒，冬抽冰”。现在为保障食品安全，不再在露天晒醋，而是在玻璃屏蔽的晒房中浓缩。在这较长的陈酿时间里，多种生物化学反应在不断地进行，因而使老陈醋的色、香、味都得到了很大的改善，陈酿后的老陈醋中挥发酸大为减少，不挥发酸含量数倍增加，老陈醋的特点充分体现。老陈醋的陈酿期为9～12个月，体积大为减少，陈酿后3斤原醋只得1斤陈醋。此时醋液浓度可达1.139克/毫升，总含酸量在10克／100毫升

图6-19 玻璃晒醋房

（以醋酸计）以上。

冬天抽水的过程，现已基本省除。其原因，一则冬季变暖，晒房常难供水；二则除水过程中勿同时除去某些香味物质。

现在正在探讨浅层晒房晒醋、蒸馏法浓缩熏醋等措施以缩短陈酿时间。现代晒房用玻璃砖构建，一般玻璃会阻隔大部分紫外线，因此在晒房中陈酿的老陈醋与传统露天晒醋的产品，在化学成分上会有差别。关于这个可能影响老陈醋产品质量的问题。本书编著者还没有看到任何研究报告。由于老陈醋的含酸量和固形物的含量都高，各种微生物无法滋长，所以不会发生生花等酸败现象，可长年保存，老陈醋和未经陈酿的新醋的成分差别很大，表6-10是一次对比分析的结果。

表 6-10　老陈醋与新醋的成分比较

分析项目	老陈醋	新醋
总固形物（%）	33.6	9.12
灰分（%）	12.03	3.09
比重	1.182	1.067
糖分（%）	5.20	1.62
盐分（%）	7.32	2.05
总酸量（%）	16.81	10.43
挥发酸（%）	3.45	6.01
不挥发酸（%）	8.91	1.41
总酯（%）	3.73	1.95

表 6-11　山西老陈醋质量指标

	特级	优级	一级
总酸	8	7	6
浓度	11	10	9
还原糖	3.5	3	2.5
不挥发酸	1.80	1.50	1.20
氨基酸	0.30	≥ 0.25	≥ 0.20
食盐	2.00	2.00	1.8

与我国传统酿酒独具一格一样，我国传统酿醋也不同于西方。其关键是巧妙地利用了微生物作为发酵剂。而山西老陈醋，与我国其他各地的名醋酿造又很不相同，使山西老陈醋成为中华民族奉献给人类的一种珍贵食品。

老陈醋酿造的传统工艺流程可用图6-21表示。随着时代发展和技术改进，当前的工艺会有所改变，这是必然的，但为了不断进步而不是衰退，保证老陈醋的质量越来越优良，一切通过实验是最佳选择。

综合以上制曲与酿醋的工艺之后，读者可以领会到，山西老陈醋的酿造方法中独特之处是：

①用大曲作为糖化发酵剂。因而不同于镇江醋的小曲、永春醋的红曲或保宁醋的药曲，也不同于四川的麸醋。由于大曲含有的微生物区系可能更为复杂，因此其代谢产物更加丰富，例如山西老陈醋含有大量乳酸和其他不挥发有机酸，是其他任何食醋无法比拟的。

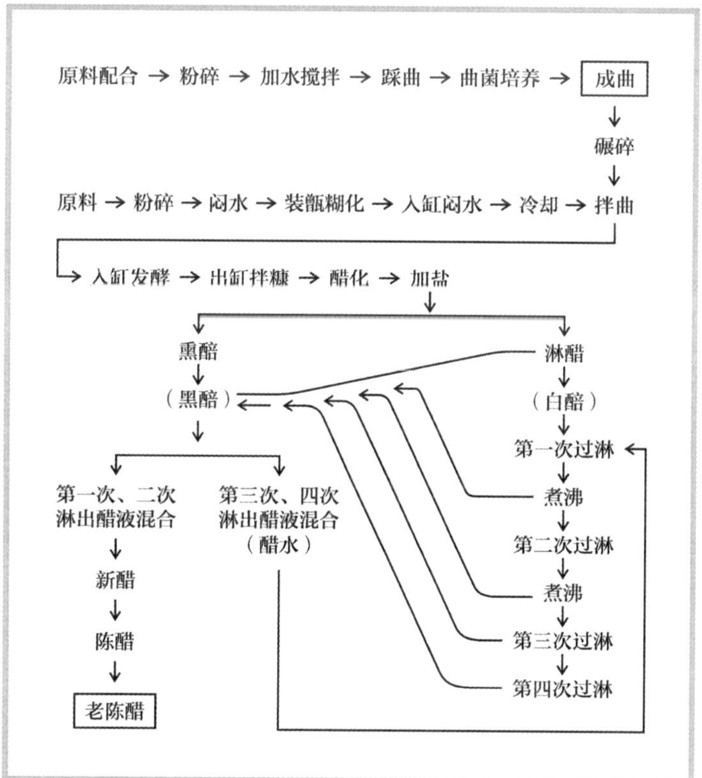

图6-21 山西老陈醋酿造工艺流程图

②别具一格的熏醅工艺。增加了成品中的反应产物，增加了色泽和焦香味，使其形成特色的色、香、味。

③长时间的陈酿。经过夏伏晒，冬捞冰，大大增加了醋中干物质的含量，特别是使老陈醋中不挥发酸的含量比例明显大于醋酸。

三、食醋生产的物料计算

衡量食醋生产效率，一是产量，一是质量。前者要通过物料投入和产品产量的计算才能给予客观的评价；后者则要通过分析出售产品的成分来判断。由于老陈醋是特色产品，酿造工艺复杂，尤其是必须经过熏醅、日晒等过程，醋酸等成分必然散失，合格产品的产量，才是衡量生产率的关键指标，单纯追求酸度，并不能客观地反映生产率。

由于老陈醋中成分复杂，除乙酸外，还含有大量其他成分，而这些成分是赋予老陈醋特色的必要成分，因此，用按乙酸计算的含酸量来计算产率，不可能完全反映生产效率。如何得到一个符合老陈醋本身特色的物料计算方法，也许是今后一个比较艰巨的任务。在本书中，只能从乙酸的产量来计算。当然，如果从原料含淀粉量到产品中包括乳酸等有机酸等在内的产酸量，乃至老陈醋的指标成分四甲基吡嗪在内，化验结果可靠并有一定的可重复性，用这些数据来衡量老陈醋的产率，未免不是一个暂时可行的方法。

因此，以下介绍的，只是一般的计算方法，只能作为衡量老陈醋生产物料计算的参考指标。

理论上1克葡萄糖可以产生0.67克醋酸，实际上则至少两份糖才能产生1份醋酸。而葡萄糖来自淀粉，淀粉来自含淀粉的粮食原料，对老陈醋而言，则是高粱。

1. 糖化率

淀粉质原料经糖化曲的作用水解成葡萄糖，理论上1公斤纯淀粉可以水解出1.111公斤葡萄糖。因此，可按以下公式计算淀粉糖化率：

淀粉糖化率（%）=（糖化液中葡萄糖总量/投料的淀粉总量×1.111）×100%

原料糖化率（%）=淀粉糖化率×原料中的淀粉含有率（%）

2. 酒精发酵率

如果不考虑酒精发酵过程中诸多影响因素，理论上每公斤葡萄糖可产生0.5111公斤酒精。但实际上由于酵母菌体生长消耗、中间产物生成和副产物的积累，酒精发酵率最高也只能达到理论值的90%。酒精发酵率的计算可按以下公式：

酒精发酵率（%）=（酒精发酵结束后的酒精总量-酒母酒精总量/（投料葡萄糖总量+酒母残糖总量）×0.5111）×100%

同理，原料的酒精发酵率（%）=酒精发酵率/原料含淀粉率（%）

3. 醋酸发酵率

按化学计量，每公斤酒精可产生醋酸1.304公斤。但实际上各种因素的影响和醋酸菌繁殖的消耗等，最高的醋酸形成量只可能达到1.2公斤。醋酸发酵率的计算按以下公式：

醋酸发酵率（%）=醋酸发酵完成后的醋酸总量—醋酸发酵开始时的醋酸总量/（发酵醪中酒精总量+引火种醅中的酒精总量）×1.304）×100%

4. 原料淀粉利用率

老陈醋酿造过程，开始是一个糖化与酒化连续发生的复式发酵过程，其中生物化学反应和纯化学反应都很复杂，从原料糖化开始到淋醋工序结束，其中的物质的转化一直在进行着。因此，上一工序未转化的底物可以在下一工序继续进行。例如在酒精发酵过程中仍进行着淀粉糖化，醋酸发酵开始阶段也可继续酒精发酵，因此，简单地计算各工序的糖化率、酒精发酵率和醋酸发酵率，几乎是不可能的，所得数据不能说明问题。定量地表示老陈醋的生产效率，比较客观的方法是定量核算全部淀粉原料的利用率。

由于老陈醋是调味品，其中含有的成分非常丰富，因此不能只用葡萄糖、酒精和醋酸3种简单的化合物来衡量效率。例如其中含有的多种有机酸是转化产物，还含有一定量的糊精和低聚糖，这些都是赋予老陈醋特色风味的必要成分，因此不能将其作为未被利用的原料，而应作为产物来进行计算。另外，在醋中保留一定量的酒精，常常有利于增加醋的醇和香味，保留一定量酒精，也易于掌握发酵进程，以免醋酸菌将醋酸继续氧化成二氧化碳和水而降低生产效率。

按化学计量，每公斤淀粉在理论上可产生0.7404公斤醋酸，如果按全部水解成葡萄糖计算，则每公斤糖可转变成0.6667公斤醋酸，用醋酸来计算原料淀粉利用率，可按以下公式：

原料淀粉利用率（%）=[成品醋中醋酸总量+成品醋中酒精总量×1.304/（原料淀粉总量—成品醋中全糖总量×0.9）×0.7404]×100%=[成品醋中醋酸总量+成品醋中酒精总量×1.304/（原料全糖总量—成品醋中全糖总量）×0.6667]×100%

当前现实情况是醋厂的分析化验力量都不充分，因此生产效率的评估并不精确，从长远看，建立更加适用于老陈醋传统生产效率评估与实测的系列方法，当是不可缺少的工作。

柒 醋的应用

在近代化学工业大量生产出各种强酸之前的数千年里，醋较容易制取，因而是最易获得的强酸，所以用途较多。据国外文献介绍，北非古国迦太基名将汉尼拔（HannibalBarca，公元前247—前183年）率军翻越阿尔卑斯山攻击罗马帝国时就使用过醋，他命令士兵把醋泼在烧红的岩石上，用以劈山开路，这是本书编著者所知最早的醋的非食用记录。无独有偶，中国古代也有类似记载，例如1739年出版的《昭化县志》中曾经叙述过四川葭萌关的修复工程中，用醋来爆破石头，但从年代看，却比欧洲的记录迟了两千年，是否由当时来华的传教士介绍的外国经验，现在无法确定。还有传说道，古埃及最后一个女王克丽佩脱拉（Cleopatra，公元前69—30年）曾经用食醋溶化过珍珠作为滋补品。

醋中的主要化学成分乙酸，在化学中的应用也同样十分久远。公元前3世纪，在希腊哲学家泰奥弗拉斯托斯的著作里，详细描述过醋和金属作用后可以得到绘画用的颜料白铅（碳酸铅）和铜绿（包括乙酸铜铜盐的混合物）。古罗马人们把醋装在铅制容器中煮沸后能得到一种高甜度的糖浆，叫作“沙帕”（sapa），这是因为醋中的乙酸和容器的铅发生反应生成了乙酸铅，乙酸铅的味道正是甜的。这种高档的甜味剂，曾经造成有特权享用的罗马贵族中许多人发生铅中毒。

8世纪时，波斯炼金术士用蒸馏法浓缩了醋中的乙酸。文艺复兴时期德国制造出了高浓度的醋酸，即冰醋酸。16世纪德国炼金术士安德烈亚斯·利巴菲乌斯就描述了这种方法，并且拿由这种方法产生的冰醋酸来和由醋中提取的酸相比较。但很长时间里人们并不知道作为醋里主要成分的酸和冰醋酸是同一种化合物，只是醋里的主要酸类化合物被水稀释了许多倍。当然还因为醋的成分复杂，含有许多含量差别甚大的化合物，才使化学家们都认为这是两种截然不同的物质。直到两百年后法国化学家阿迪才证明醋中的醋酸就是乙酸。20世纪初，德国为制造染料，用化学方法而不是传统的酿造方法，生产的乙酸已过万吨。工业上使用高浓度乙酸的地方不少，据称全世界每年消耗纯乙酸达500万吨以上，因此现代化工生产纯乙酸的工艺很多。不过这和用传统工艺酿造食醋不是一个话题，不属于本书论述的内容。

古代炼金术士常用到醋和经过蒸馏浓缩的醋，他们把醋和硝石相作用得到浓度不高的硝酸溶液，然后再用来溶化矿石。我国古代这方面的应用记载，至少不会比国外少，也不见得迟，只是西方的炼丹术后来发展出近代科学化学，而中国只停留在“传统工艺”，甚至被迷信者变成了“仙丹”而杀人。东晋葛洪著《抱朴子内篇》和宋代道教类书《云笈七签》中有不少用醋“炼丹”的配方。道家的基本文献集《道藏》中就收集了早在葛洪之前的西汉到东汉的过渡年代，即公元1世纪前后写成的《黄帝九鼎神丹经诀》（共20卷，学者认为至少其中的第一卷是原著）中提到一种所谓“华池”的液体，是被认为可以“消溶五金八石之性的溶液”，学者认为实际上是溶解了硝石（以硝酸钾为主的钙和钠等金属的硝石盐为主要成分的矿物）的醋液。有位汉代道士阴长生曾留下一个所谓制作“金液”的配方。这个配方说：“以古秤称黄金九两，置苦酒中，百日可发，以和六一泥用之，名曰金液也。金在醯中过三七日，皆软如饵，屈伸随人，其精液皆入醯中成神炁（音气，意义与气接近，是我国古代道家提出的哲学概念，有能量或气场的含义）也”。这里所说的“六一泥”，也是用醋作为溶剂融化多种矿物制成的。（《云笈七签》中有“作六一泥法”，是“矾石、戎盐、卤碱和粤石置铁器中，猛下火九日九夜，药正赤，复治万杵，下细筛，和以醇酽苦酒，合如泥，名曰六一泥”。）古代道家把浸泡了黄金的醋液称为金液，但他们显然不可能用醋这种有机酸液体来起到我们今天所用的王水的作用，但至少说明他们已经在炼丹和炼金试验中频繁地使用过醋。而葛洪在他的《抱朴子内篇》里有多处叙述了用醋作溶剂的配方。例如其中的“黄白卷十六”里面有“治作雄黄水法治雄黄内生竹筒中一斤，辄加硝石二两，覆荐上下，封以漆骨丸，内醇大醋中，埋之深三尺，二十日即化为水也”。我国古代还用醋作为生产铜绿（碱式碳酸铜）的原料，因为铜绿是一味治疗眼病的中药。醋还用来制造颜料，例如荷兰人利用醋酸蒸汽制造在陶瓷工业和化妆品上用途很广的铅白，规模还不算小。第二次世界大战时，在东非曾经用糖蜜生产醋，用这些醋来制造橡胶黏结剂。

当然，食醋最广泛的用途是食品和医药两方面。

一、食醋在食品中的应用

古代犹太人传说的《犹太法典》中有记载，早在公元前5000年左右，醋就在巴比伦出现了。古巴比伦人用枣椰树的汁液和椰枣酒、葡萄干酒、啤酒等制造出了食醋，在沙漠旅行的人们还会把面包用水浸泡后制成啤酒或醋。他们用这种酸味制剂来调理食品的味道，腌蔬菜，或者保存食品。据说罗马的部队和奴隶的饮料就是往醋里加进水和鸡蛋，埃及艳后曾经把珍珠融化在醋中作为饮料。据说在公元前3000年，巴比伦曾出现过商业性生产。这些都是关于醋的传说。醋大多数是在家庭里制作的。

当代用作化学试剂的醋酸，酸味甚浓，有较强的刺激性，而食用的醋，除极少量商品是用醋酸稀释而成外，绝大多数是用发酵方法用天然原料酿造而成的，因此适口性很好，是古今中外几千年来的重要调味品。食醋的原料无论是水果、饴糖或粮食，都是通过多种微生物复杂的新陈代谢作用而酿造成了醋，因此其成分非常复杂，很少纯醋酸的刺激性气味，具有不同风格的特色香气。这种特色香气来自酿造原料和酿造工艺，因此酿造而来的食醋，具有两个固有的特征，即酸味和芳香风味。用食醋调味，给许多清淡寡味的食品增添了美味，调动起人们的食欲，甚至起到了提神醒脑的功效。据说古希腊斯巴达人的主食中有一种叫“黑汤”的食品，出征前勇士们喝过它以后走上战场便无所畏惧，这种黑汤里一种主要调料就是醋，醋能把各种香料植物中的特色风味释放出来。我们日常饮食中，醋泡椒、醋泡蒜等等更是常备之物，而在英国、德国和波兰等大西洋沿岸国家，醋腌青鱼（鲱鱼）更是平民最喜爱的食物，俄国和东欧一些国家还有醋腌蘑菇。在食用海产品时用醋调味除腥的同时，还有利于海鲜中钙的溶解，更便于人体钙的吸收。因为食醋的酸性，所以能用它作为溶剂除去橄榄中的树脂。至于我国数千年来食醋的应用历史，更是丰富多彩。

除用于调味外，用食醋浸泡食物，是简便而有效的食物防腐传统技术之一。虽然这种方法原始，保存的食物与新鲜食品相差甚远，但这种方法不需要什么条件，随处可用，因而至今仍然广泛应用。

食醋的防腐作用主要靠其中所含的醋酸。经测定，在pH5.0时不解离的醋酸占35.7%，pH4.5时为64.3%，pH4.0时为84.8%。食醋一般pH值都低于4.0，而只要食醋中含有0.1%的未解离醋酸，就可以抑制多数食物腐败菌和形成芽孢的细菌；而含有0.3%的未解离醋酸，就能防止产生真菌毒素的霉菌生长。经试验，像葡萄球菌、沙门氏菌、大肠杆菌、志贺氏菌等常见的引起食物中毒的细菌，在食醋中5分钟便会死亡。将冰醋酸稀释250倍，即配成浓度为0.4%的乙酸溶液，便可使多种酵母菌，包括致病的白色假丝酵母菌延迟3天才开始生长。醋里的食盐和其他有机酸等更强化了这种防腐作用，因为它们降低了食品的水活度，使大多数腐败菌和产毒菌更不易生长。在英国曾经调查过84种有微生物生长的醋泡食品，发现那些微生物大都是非致病菌，主要是乳酸菌、酵母菌等。

1969年日本人前田做过一个实验，他用酸度为4.5的米醋泡米饭团，浸泡10分钟后，饭团的pH值从6.15降低到4.05，24小时后仍然保持原有味道，而没有经过醋泡的饭团因为微生物大量繁殖而变质了；如果浸泡30分钟，则48小时后还保持原有味道。一般来说，在饭团中含有2%的食醋，对饭团的口味没有明显影响，到含量超过7%后才会影响口感。因此，有人做过一个微生物生长计数实验，就是在培养基中加入不同比例的米醋，过一定时间测定其中的细菌数量，结果见下表：

由该结果可知，加了2%食醋的培养基中，在18小时后，细菌数量只有不加食醋培养基（对照）中的1/666；如果加了4%和6%，则18小时后，

表 7-1 培养基中加入不同含量米醋后细菌生长的数量之比较

培养基	不加醋	加醋 2%	加醋 4%	加醋 6%
18 小时后	2×10^6	3×10^3	2×10^3	2×10^3
24 小时后	4×10^8	3×10^7	1×10^7	1×10^6

细菌数量只有对照的1/1000。24小时后，细菌开始生长，但加了食醋后，细菌生长还是受到抑制。例如加了6%食醋的培养基中，细菌数只有对照的1/400。日本人还发现，容易在生鱼片中出现的寄生虫，如异尖线虫，

在米醋中就能很快被杀死。所以日本的寿司，为保持新鲜，就离不开醋，一般都加7%以上的食醋。一般情况下，细菌细胞所处环境中醋酸浓度达到0.5%以上时，细菌生长就会受到影响，甚至死亡。

醋酸的抗菌作用并不是单纯由于降低pH值，即酸中氢离子的作用。在全部用已知的化学试剂配制的合成培养基中，如果用醋酸作为酸化剂时，沙门氏菌的生长在pH低于5.4时就受到抑制，而用盐酸作为酸化剂时，则pH要低于4.05，这就说明醋酸不仅是提供氢离子，而是有更直接的作用。据研究，认为主要是因为醋酸分子特性，它的介电常数为6.2，它不仅能溶解极性化合物，比如无机盐和糖，也能够溶解非极性化合物，比如油类或一些元素的分子，比如硫和碘。因此醋酸可以顺利地穿过细菌的细胞膜进入细胞质中，使细胞内的细胞质的酸碱度发生改变，同时破坏了细胞膜的物质和能量的转运系统。

那么，人们自然要问，既然醋酸那么厉害，产乙酸的细菌为什么不怕醋酸呢？关于醋酸细菌为什么能够抗酸，现在还没有公认正确的解释，正在研究中，很可能是靠醋酸细菌细胞膜上的特殊蛋白质，把细胞里的乙酸转运出细胞，也可能是有某些特殊的机能能把细胞里的乙酸分子分解为小分子。

醋酸的解离常数是4.75，基质的pH越偏酸，不解离的醋酸所占百分比就越高，起到防腐作用所需的醋也就越少。酸泡食品或防腐剂一般含有足够的酸以对抗原料的缓冲力，把pH降低到3.5以下时，会有95%的醋酸处于非解离状态。国外有人（Food Res. Int.28:569，1996）研究了7种醋对沙拉酱中引起肠炎的细菌的灭菌效果，发现沙拉酱储存在20℃时，它的pH值并不是杀菌的决定性因素，起关键作用的是醋酸的含量。圆谷等（《感染》71：443，1997）研究了食醋对出血性大肠杆菌O157：H7的抑制和杀灭效果，发现由食醋而来的醋酸只要0.1%的浓度就能够抑制该菌的繁殖，而且对致病性大肠杆菌的不同菌株的抑制作用几乎没有差别，不过不同类型的醋作用强弱有差别，酒精醋最好，粮食醋次之，米醋较差。他还就醋酸浓度、食盐浓度、温度、时间和活菌数量等5个因素探讨了各种组合的醋对出血性大肠杆菌O157：H7及其他食物中毒菌的抑制和杀灭效果，主要是考虑到食品中是否可能通过加入食醋来防止食物中毒。为此，太田等（《学校给食》48：28，1997）检验了烹调器具，餐具、生蔬菜等用食醋灭菌的效果。还有人进行了在通常灭菌措施中用食醋增加效果的实验。

食醋作为调味品，还有减除菜中食盐用量的效果。食盐过多的毛病大家都知道，但口味重的人很难减盐，要想既满足口味需求，又少用盐，可以食醋。日本人口羽等在1980年做过一个实验，他请20个人尝1%的食盐水溶液的咸味感觉，结果有14个人感觉不到咸味，只有6个人觉得有点咸；但是他在这种食盐水中加入0.5%食醋后，再请这20个人来尝试，结果有两个人觉得很咸，而不觉得咸味的人减少到4人；当加进1.0%食醋后，这20人中，竟有15人觉得很咸了，觉得没咸味的人一个也没有了。

食醋还可以改善食品风味和品质，用醋浸泡过的大米更加柔软可口（《日本调理科学志》28：231，1997）；在40℃保存2个月的大米，加入冷冻干燥的醋酸菌粉末可以消除陈米味道，其中造成陈米味道的成分减少了35%（Biosci.Biotechnol.Biochem，59:1402，1997）；用3%食醋浸泡牛蒡后，其中多酚氧化酶的生成减少，多酚类减少13%，（内藤：《日本荣养学杂志》，53：321，1997）；用醋还可以减少油多的食品的油腻感。

有些肾脏病患者需要低钾食物，日本人内藤用1%的食醋水溶液在15℃浸泡猕猴桃、苹果、莴苣和白菜，可以从这些水果和蔬菜中除去不少钾离子，浸泡时间越长，钾离子的溶出越多。为最大限度保持这些食品中的必要的营养如维生素C等，并且不使食物颜色过度改变，建议浸泡10分钟最好。为了增加钙的吸收，还可以在烹调肉类时加入食醋。醋蛋也有助于钙的吸收。

醋可以加到水果和蜂蜜中，以增加香味，稀释后作为饮料。加蜜苹果醋、覆盆子汁的醋饮料一直有商品出售。美国和日本的食品企业中有25%～70%用醋酸防腐。

还有材料表明，饮酒后喝醋，血液中的酒精浓度会明显减少。有人把醋酸菌和乙醇同时放到大白鼠胃中，定时测定血液中乙醇浓度，发现在投入醋酸菌的大白鼠体内，血液中乙醇浓度比无醋酸菌的明显减少，可能是醋酸菌氧化了乙醇，从而减少了乙醇进入血液中。有人将醋酸菌做成有活性的菌粉，放在肠溶胶囊内用于醒酒，也是这个原理。

二、醋的医疗保健作用

山西谚语说："家有二两醋，不用去药铺"，又说"醋是随饭吃的药"。的确，醋不仅是人工制作出来的最古老的调味料，还是很古老的医疗保健品。有"医学之父"之尊称的希波克拉底（公元前460—前377）就曾指出醋的医疗作用，他的配方很简单，就是把4份纯净的蜂蜜和1份酒醋混合后通过滤纸过滤浓缩而成，据说可以有效治疗反复性咳嗽。这种偏方沿用了两千年，1898的《法国药典》和1872的《德国药典》都收录了这个配方。他还用醋处理战士受伤发炎的伤口，清洗溃疡。由于醋酸是难解离的酸，能透过细菌的细胞膜进入细胞内，在细胞内解离而打破细胞质的酸碱平衡，从而产生杀菌作用，因此有人认为醋是人类最早利用的抗菌物质。古罗马时代有人列举了28种用醋治病的偏方，可以用于治疗慢性中耳炎和急性外耳炎耳病、肢体僵直、皮疹、疱疹、盗汗、烧伤、静脉曲张、脓疱、癣、皮肤皲裂、虫咬，呕吐等，还用熏醋防鼠疫，用醋处理枪伤预防伤口感染引起的坏血病。我国清代朱钥所撰《本草诗笺》中，关于醋有诗一首："醋名苦酒原无取，引导恒为药制肝，淬炭能苏血晕醒，敷疮善使肿痛安。病邪欲泄终非易，木火能兴偏不难，有疾在躬总忌食，因其收敛具寒酸。"

我国历代医书本草，几乎都提到食醋的药效。迄今所发现的最古老的医方，即至迟产生于公元前3世纪末的，出土于长沙马王堆的帛书和竹简古医方里，仅在《五十二病方》中，有21种处方用到醋（因当时表示醋的文字有多个，计数可能与实际有出入），包括5种内服药方（含食疗方），16种外用处方，包括治疗痈、疽、痔、外伤等，除熨、擦、洗外，还有醋浸药巾、药布等。另一种珍贵古籍，即产生在公元4世纪到10世纪的，被保存在敦煌藏经洞里的《敦煌遗书·古医方》中，也有18

种处方内用到了醋。为方便今日有兴趣的读者，本书编著者参考丛春雨发表在《敦煌研究》2001年第2期中的《论醋在敦煌遗书、马王堆竹简古医方中的临床应用》一文，以及李应存主编的《实用敦煌医学》（甘肃科学技术出版社2007年出版），在本书中分别摘录了若干用到醋的处方，又将李时珍《本草纲目》中有关醋的记述也抄录于此，以供相互参照，希望有读者能从中理出中医验方的发展脉络，更好地古为今用。本书编著者认为，从公元前3世纪末到公元16世纪，在这绵延近两千年的时间里，醋的应用并没有在医药处方演进过程中被淘汰，正说明醋的医疗保健作用是久经考验的，近代医药学的兴起，中医药学的科学化进程艰难曲折，关于酿造醋的科学研究严重落后，使得近百年来醋在医疗保健中的作用被很大程度忽略了。

醋酸具有极强的抗菌作用，对多种细菌有杀灭作用。有实验表明，在醋酸浓度为122.5毫克/升的液体中，金黄色葡萄球菌、鼠伤寒沙门菌和病原性大肠杆菌等致病菌只能存活半分钟，在我国传统酿造的食醋中，含有不少至今无法全部查明的生物活性物质，必然对增强机体的抗病功能发挥作用，因此，我国数千年来使用醋作为重要的医药材料，是可以找到科学依据的。

以下是几种抄录在马王堆出土文物中的古医方记录。

马王堆竹简《五十二病方》中，有“犬噬人伤者，取蚯蚓矢二升，以井上罋䍃处土与等，并熬之，而以美醯□□□□（原文出土时脱漏，用‘□’表示，下同）之，稍垸（丸），以熨其伤。犬毛尽，傅伤而已。”这是一个医治犬咬伤的外用处方，大意是用好醋处理蚯蚓粪和特殊地方采集的土壤，做成外用疗伤剂。

另有一个处方是：“疽始起，取商牢（商陆）渍醯中，以熨其肿处。”即用在醋里加热处理过的中药商陆熨烫新起的疮肿部位。今天我们仍然可以在药店买到“醋商陆”这味药，具体炮制的方法是：“取净商陆片，置锅内加米醋煮之，至醋吸尽，再炒至微干（每商陆片100斤用醋30斤）。”显然这是数千年传承下来的药品。

有个外用药方：“取蜣螂一斗，去其甲足，以乌喙五颗，礜（yù，音謍）大如李，并以截口斗煮之，汔，以傅之。”这是用醋（截）作为溶剂，处理动物性材料除去甲壳和足的粪金龟、植物性材料乌头，以及矿物材料、含砷丰富的礜石制成的外用敷药。

在长沙马王堆竹简《养生方》中，有“益甘：□茯苓去滓，以汁肥衣豯以食女子，今益甘中美。取牛䚡治之，□干姜，菌桂皆并□□□囊盛之，以酸渍之，人中。”所谓益甘，增益与甘美之意，是指这个处方具有促进女性内分泌机能，产生性兴奋作用。方法是用水煮的茯苓煎汁喂养的幼猪，作为妇女的食物，同时取牛角外表层烤炙后研末，用干姜和菌桂两药研末，三者拌匀放在布袋里，浸泡在醋里，用的时候取出，放置在妇女的阴道中。

马王堆出土竹简的《杂疗方》中有：“内加：取犬肝，置人蜂房，旁令蜂□螫之，阅十余房。冶陵藁（甘遂）一升，渍美醯一参中，五宿，去陵藁。因取禹熏口口各三指大撮一，与肝并入醯中，再□□□□□，以善絮□□□□□□尽醯善藏筒中，勿令泄。用之以缠中身。举，去之。”这是一种古代壮阳处方。制作方法是把狗肝放到蜂房周围，让蜂来螫它（当一个蜂房的蜂螫过之后，再换一个蜂房去螫它）。经过十余个蜂房处理后，用中药甘遂一升，研末，在二升好醋里浸泡5天后，除去甘遂。然后取久经草或木柴熏烧的灶心土一大撮，连同上述经蜂螫过的狗肝一起放在上述药醋液里。用上好棉絮反复在上述药醋中浸泡与晾干，使之完全吸尽醋液为止。将这种药棉絮收藏在竹筒里，密闭收贮。使用时将药棉絮缠束在腹或小腹部，待阴茎勃起后取下。

又一条：“治：取赢四斗，以酢截渍二日，去赢，以其汁渍□肉撞者，□犬脯□□，复渍汁，□□，□□。食脯一寸胜一人，十寸胜十人。”这是个食疗方，即用酸醋浸泡四升蜗牛两天，把蜗牛弃去，再把经过椎打过的狗肉泡到醋液里，制成狗肉脯，再用醋液浸泡。这样醋渍蜗牛能解毒清热，配合狗肉，安五脏，补绝伤，益阳事，补血脉，厚肠胃，实下焦，填精髓。

从几百年后才出现的《敦煌遗书》中，我们也举出一些处方作为例子。

用于活血化瘀，通经开窍的处方，有大补心汤：“治胸痹不得卧，心痛彻背，背痛彻心者方，括篓一枚（捣），薤白八两，半夏半斤（洗去滑）。上三味，以白截浆一斗，煮取四升，温服一升。日再服。一方有杏仁，无半夏，熬。”文中的白截浆即为醋的一种古称。

用于滋阴补血的验方，有固元补肾汤：“治肾虚、精极、遗精、失溺、气乏无力、不可动转、唾血、咯血方。地黄（切）、王瓜根（切），各三两，苦酒一升，甘草（炙）、薤白四两，干姜二两（切）。上方六味，以苦酒含井泉水五升煮之，取得三升，每服一升，一日尽之。”

有抗菌消毒，止痢补虚的大朱鸟汤：“治天行热病重，下恶毒痢、痢下纯血，日数十行，羸瘦如柴，心中不安，腹中绞急，痛如刀刺方。鸡子黄二枚，阿胶三锭，黄连四两，黄芩、芍药各二两，人参二两，干姜二两。上药七味，以水一斗，先煮连、芩、姜等五物，得四升讫，内醇苦酒二升，再煮至四升讫。去滓。次阿胶于内，更上火，令烊。取下，待小冷，内鸡子黄，搅令相得即成。每服一升，日三夜一服。”

还有一个简单的《杂证方书》（P2662）：“灶下黄土一升，上用醋浆三升，煮取一升五合，顿服之。不过口。”“病至四、五月，苦参吐汤方。苦参一两，切，用醋二升，煮取一升，顿服，当吐或汗即差。若渴口。”

在治疗产妇疾病的处方中有《单药方》（P2662）：“子死腹中，月数未足，母欲闷绝者，用大豆二升，以醋煮浓汁。顿服，立出。”再如敦煌遗书《杂证方书》（$P2662_2$）的治产后血闷方，“好墨，醋研，服一合。”据中医称，墨是松之烟，气味辛温无毒。主治止血，生肌肤、合金疮，可治产后血晕（血闷），崩中卒下血，用醋磨墨服用，可以补虚祛瘀、生化止血，醒脑开窍。

在敦煌遗书的医书中，有用醋作为溶剂加工多味中草药或大豆洗头或染发的药方（原件现藏英国，编号S1467V），例如生发及治头风痒的白屑膏方：乌喙二两，茵芋二两，石楠草二两，细辛二两，续断二两，皂荚二两，白术二两，柏叶二两，防风一两，竹叶半升，白芷二两，猪脂四升。并咀细切，以清酢三升渍一宿，明旦微火煎药成，先以沐头，后以涂之。另外一个“染发令黑方”写道：“醋浆水煮大豆以涂染渍之，黑如漆。”从我们现代对这两个药方中用到醋的理解，可认为醋除作为溶剂外，其本身还含有很强的抗氧化能力及清除自由基的功能，因此这些处方是有一定科学道理的。

另外，在敦煌遗书中我们还看到用醋配制外用消炎药膏的配方：“神明白膏（法国编号：P3731）：主百病，中风恶气及头面诸病，青盲、风目烂眦，管翳，鼻衄，耳聋，龋齿桩痛，痈疽，痔金疮，疥悉主之方。吴茱萸一升，蜀椒一升，芎藭，切，一升，白术，切，一升，白芷，切，一升，前胡，切，一升，桂心二两，当归二两，细辛二两，附子三十枚，大，验米醋五升，猪脂一升、二升。右（上）切以酢溲渍一宿，以猪脂微火煎三下，绞去滓，有疾以摩敷之，若耳目鼻病内着之。”有用醋配制的治疗眼病的外用药方：“点眼以通肝气，治跌仆、臀腰闪挫、气血着滞、作痛一处、不可欠伸转动方。矾石烧赤，取凉冷，研为细粉。每日用少许，以醋蘸点目大眦，痛在左点右眦，痛在右则点左眦。当大痒，螫泪大出则愈。”

下面摘录的是李时珍《本草纲目》关于醋的记录，引自人民卫生出版社1978年出版的《本草纲目》第三册：

醋别录下品

【释名】酢音醋。**醯**音兮。**苦酒**［弘景曰］醋酒为用，无所不入，愈久愈良，亦谓之醯。以有苦味，俗呼苦酒。丹家又加余物，谓为华池左味。［时珍曰］刘熙释名云：醋，措也。能措置食毒也。古方多用酢字也。

【集解】［恭曰］醋有数种：有米醋、麦醋、曲醋、糠醋、糟醋、饧醋、桃醋，葡萄、大枣、蘡薁等诸杂果醋，会意者亦极酸烈。唯米醋二三年者入药。余止可啖，不可入药也。［诜曰］北人多为糟醋，江外人多为米醋，小麦醋不及。糟醋为多妨忌也。大麦醋良。［藏器曰］苏言葡萄、大枣诸果堪作醋，缘渠是荆楚人，土地俭啬，果败则以酿酒也。糟醋犹不入药，况于果乎？［时珍曰］米醋：三伏时用仓米一斗，淘净蒸饭，摊冷盦黄，晒簸，水淋净。别以仓米二斗蒸饭，和匀入瓮，以水淹过，密封暖处，三七日成矣。糯米醋：秋社日，用糯米一斗淘蒸，用六月六日造成小麦大曲和匀，用水二斗，入瓮封酿，三七日成矣。粟米醋：用陈粟米一斗，淘浸七日，再蒸淘熟，入瓮密封，日夕搅之，七日成矣。小麦醋：用小麦水浸三日，蒸熟盦黄，入瓮水淹，七七日成矣。大麦醋：用大麦米一斗，水浸蒸饭，盦黄晒干，水淋过，再以麦饭二斗和匀，入水封闭，三七日成矣。饧醋：用饧一斤，水三升煎化，入白曲末二两，瓶封晒成。其余糟、糠等醋，皆不入药，不能尽纪也。

米醋【气味】酸、苦，温，无毒。[诜曰]大麦醋：微寒。余醋并同。[弘景曰]多食损人肌脏。[藏器曰]多食损筋骨，亦损胃。不益男子，损人颜色。醋发诸药，不可同食。[时珍曰]酸属木，脾病毋多食酸。酸伤脾，肉胎而唇揭。服茯苓、丹参人，不可食醋。镜源曰：米醋煮制四黄、丹砂、胆矾、常山诸药也。

【主治】消痈肿，散水气，杀邪毒。别录**理诸药，消毒。**扁鹊**治产后血运，除症块坚积，消食，杀恶毒，破结气、心中酸水痰饮。**藏器**下气除烦，治妇人心痛血气，并产后及伤损金疮出血昏运，杀一切鱼、肉、菜毒。**日华**醋磨青木香，止卒心痛、血气痛。浸黄蘗含之，治口疮。调大黄末，涂肿毒。煎生大黄服，治痃癖甚良。**孟诜**散瘀血，治黄疸、黄汗。**[好古曰]张仲景治黄汗，有黄芪芍药桂枝苦酒汤；治黄疸，有麻黄醇酒汤，用苦酒、清酒。方见金匮要略。

【发明】[宗奭曰]米醋比诸醋最酽，入药多用之。谷气全也，故胜糟醋。产妇房中，常以火炭沃醋气为佳，酸益血也。以磨雄黄，涂蜂虿毒，亦取其收而不散之义。今人食酸则齿软，谓其水生木，水气弱，木气强，故如是。造靴皮者，须得醋而纹皱，故知其性收敛，不负酸收之意。[时珍曰]按孙光宪北梦琐言云，一婢抱儿落炭火上烧灼，以醋泥傅之，旋愈无痕。又一少年，眼中常见一镜。赵卿谓之曰：来晨以鱼鲙奉候。及期延至，从容久之。少年饥甚，见台上一瓯芥醋，旋旋啜之，遂觉胸中豁然，眼花不见。卿云：君吃鱼鲙太多，鱼畏芥醋，故权诳而愈其疾也。观此二事，可证别录治痈肿、杀邪毒之验也。大抵醋治诸疮肿积块，心腹疼痛，痰水血病，杀鱼、肉、菜及诸虫毒气，无非取其酸收之义，而又有散瘀解毒之功。李鹏飞云：醋能少饮，辟寒胜酒。王戬自幼不食醋，年逾八十，犹能传神也。

【附方】旧二十一，新十二。**身体卒肿**醋和蚯蚓屎傅之。千金。**白虎风毒**以三年酽醋五升，煎五沸，切葱白三升，煎一沸漉出，以布染乘热裹之，痛止乃已。外台秘要。**霍乱吐利**盐、醋煎服甚良。如宜方。**霍乱烦胀**未得吐下。以好苦酒三升饮之。千金方。**足上转筋**以故绵浸醋中，甑蒸热裹之，冷即易，勿停，取瘥止。

外台。**出汗不滴**瘦却腰脚，并耳聋者。米醋浸荆三棱，夏四日，冬六日，为末。醋汤调下二钱，即瘥。经验后方。**腋下胡臭**三年酽酢和石灰傅之。外台。**疬疡风病**酢和硫黄末傅之。外台秘要。**痈疽不溃**苦酒和雀屎如小豆大，傅疮头上，即穿也。肘后方。**舌肿不消**以酢和釜底墨，厚傅舌之上下，脱则更傅，须臾即消。千金方。**木舌肿强**糖醋时时含漱。普济方。**牙齿疼痛**米醋一升，煮枸杞白皮一升，取半升，含漱即瘥。肘后方。**鼻中出血**酢和胡粉半枣许服。又法：用醋和土，涂阴囊，干即易之。千金方。**塞耳治聋**以醇酢微火炙附子，削尖塞之。千金方。**面黯雀卵**苦酒渍术，常常拭之。肘后方。**中砒石毒**饮酽醋，得吐即愈。不可饮水。广记。**服硫发痈**酢和豉研膏傅之，燥则易。千金方。**食鸡子毒**饮醋少许即消。广记。**浑身虱出**方见石部食盐。**毒蜂伤螫**清醋急饮一二碗，令毒气不散，然后用药。济急方。**蝎刺螫人**酢磨附子汁傅之。食医心镜。**蜈蚣咬毒**醋磨生铁傅之。箧中方。**蜘蛛咬毒**同上方。**蠼螋尿疮**以醋和胡粉傅之。千金方。**诸虫入耳**凡百节、蚰蜒、蚁入耳，以苦酒注入，起行即出。钱相公箧中方。**汤火伤灼**即以酸醋淋洗，并以醋泥涂之甚妙，亦无瘢痕也。**狼烟入口**以醋少许饮之。秘方。**足上冻疮**以醋洗脚，研藕傅之。**胎死不下**月未足者。大豆煮醋服三升，立便分解。未下再服。子母秘录。**胞衣不下**腹满则杀人。以水入醋少许，噀面，神效。圣惠方。**鬼击卒死**吹醋少许入鼻中。千金。**乳痈坚硬**以罐盛醋，烧热石投之二次，温渍之。冷则更烧石投之，不过三次即愈。千金。**疔肿初起**用面围住，以针乱刺疮上。铜器煎醋沸，倾入围中，令容一盏。冷即易，三度根即出也。

李时珍（1518—1593）在明代总结过前人用醋作为医药的记载，但还有许多他不曾见到过的文献。这里做一些增补。

六朝时代（公元3世纪到6世纪）某作者借华佗之名编撰的著作《华氏中藏经·卷下》（清代孙星衍平津馆丛书本排印，商务印书馆1956年出版）中有以下数药方用到醋：

鬼哭丹主附中诸痛，气血凝滞，饮食未消，阴阳痞隔，寒热相乘，博而为痛，宜以此方主之。川乌十四个生，朱砂一两，乳香一分。右为末，以醋一盏，五灵脂末一两，煮糊和圆，如桐子大，朱砂为衣，酒下七圆，男子温酒下，女人醋汤下。

治心痛不可忍者，木香蓬术各一两，干漆一分，炒、右为末，每服一钱，热醋汤调下，入口立止。

取长虫兼治心痛方，大枣二十一个去核；绿矾一两作二十一块子，填枣中，面裹，烧红，去面；雷丸七个；轻粉一钱；木香一钱；丁香一钱；水银半两，入鈆（铅之古字）半两，溶成砂子。右为末，取牛肉二两，车脂一两，与肉同剉令烂，米醋一升，煮肉令成膏，入药同熬，硬软得所，入臼中，杵三二千下，圆如酸枣大，圆时先以绯线一条，圆在药中，留两尺许，作系，如有长虫者，五更初，油浆水吞下一圆，存线头，勿令吞尽，候少顷，心中痛，线动，即急拽线，令药出，则和虫出，若心气痛不可忍者，热醋汤化下一圆，立止。

在葛洪《抱朴子·杂应卷十五》中有“或以苦酒煮芜菁子令熟，曝干。末服方寸匕，日三，尽一斗，能夜观有所见矣。”这是说，用醋液煮芜青子，熟透后晒干碾成粉末，服食一寸见方的勺子一勺，每日三次，吃完一斗后，就能晚上看清该看的东西。按现在的理解，可以认为这是用醋作为溶剂提取芜青子中的维生素A治疗夜盲症的药方。

在古代，醋便被认为是一种常见的廉价保健品，清代章穆（约1743—1813）在《调疾饮食辨》中就曾指出：“若夏秋暑热，疟、痢等病，汗出过多，其后病虽愈，而表虚漏汗或畏风者，久开难以聚阖也，任日服参、芪、燕窝、乌梅、五味，不如饮食调和，中略加醋即安。是醋也者，有邪则散邪，无邪则敛正，乃仙品也。”他认为与其常用名贵的人参黄芪燕窝等，不如注意常在饮食时多用醋。他在书中谈道：“甚则醋煎荆芥，入酒壶中，以壶嘴对鼻，急合其盖，令气入鼻中尤妙。”说明用醋熏法防病是古已有之。他还指出，炮制陈皮、白芍、白芷、香附和元胡等中药，都要用醋。

近代科学工作者对食醋的医疗，特别是保健方面的效果进行过大量试验，用现代科学证实了古人的论断和应用效果，同时发现了食醋的某些新功效。本文以2009年王亚利等在网上发表的综述文章（http://www.docin.com/p-244599951.html）为线索，将醋在医疗和保健上的功用归纳为以下几方面。

1. 保健作用

1992年日本中埜醋店的研究所在东京和大阪调查家庭主妇，分别有96%和89%的人认为醋是有益于健康的调味品。最近十几年日本对醋的保健功能研究得较多，现就所看到的材料做个简介。至于有关专利，更是很多。

（1）减少食物中的钾含量

有些肾脏病患者需要低钾食物，内藤（《静冈县立大学短期大学部研究纪要》9：241，1995；10：285，1996）用1%的食醋水溶液浸泡了猕猴桃、苹果、莴苣和白菜，从保持必要的营养，如维生素C及色泽等方面综合考虑，确定用1%的食醋在15℃浸泡10分钟为最佳，浸泡时间越长，钾的溶出越多。不过，据网上资料，奥地利有位病人，他由于在6年中每天喝250毫升苹果醋，结果钾的摄入受到影响，产生低血钾症，表现在神经肌肉、心血管、泌尿、消化和内分泌代谢等多系统出现病变，因此醋泡食物也不能过度食用。铬离子在苹果醋中含量较高，糖尿病患者慎用，由于其高酸度，有的妇女饮用后咽喉有灼烧感。

（2）帮助钙的吸收

为了增加钙的吸收，可以在烹调肉类时加入食醋或柠檬；我国的醋蛋可能也有助于钙的吸收。老陈醋中主要成分醋酸，也是肠道微生物产生的主要短链脂肪酸之一，这些短链脂肪酸能影响肠道功能和代谢，据有关研究表明这些短链脂肪酸与肠道中钙的吸收有关。有动物实验研究表明，食用醋可通过改善钙的溶解性和其中醋酸的营养效应，促进小肠对钙的吸收，降低由于卵巢切除引起的骨转化，有助于预防骨质疏松症。

（3）降低血胆固醇

米本等（日本荣养食粮志48卷441，1996）在不加胆固醇的饲料中加入用大豆寡糖酿制的醋，观察对大白鼠脂质代谢的影响，发现摄取了该种醋后，血清中胆固醇降低，肝脏胆固醇也降低，但粪便中的总胆汁酸含量未受影响；盲肠的内容物中短链脂肪酸含量显著增加。

（4）减轻食物过敏反应

野见山（《福冈县工业技术中心研究报告》第5期122页，1996）报告饮用酿造醋，可改善过敏性皮炎症状；可能在醋中含有某种抑制组胺释放的因子。

（5）减肥

日本有人将肥胖的日本人依相似体重、体重指数（BMI）和腰围分成3组。分别在每天饮用的500毫升饮料中加入30、15和0毫升醋，试验12周。结果发现饮用加醋饮料的两组内脏脂肪面积、腰围、血清甘油三酯和体重都比饮用不含醋的对照有所减轻；饮用加30毫升醋的体重减轻1.7公斤，饮用15毫升的减轻1.2公斤，他们消耗的热量都是相同的，都有适当的运动，体重减轻不像是由于食欲或生活方式的不同造成的结果，因此认为醋有减肥的作用。有人认为食醋可促进皮质激素的分泌，从而增加糖和脂肪代谢的速率，降低脂肪组织的增长。有研究报告指出，食醋能抑制血糖过快升高，且容易产生食饱的感觉，从而有助节食。

（6）缓解疲劳

用大白鼠试验，发现它们在大运动量训练后，经口摄入醋酸可保持血浆葡萄糖浓度高于正常水平，在肝脏和腓肠肌内糖原的含量均比不摄入醋酸的对照组有所提高，另一方面醋酸可以影响体内糖的新陈代谢，有效抑制体内的乳酸积累，或更迅速将乳酸等代谢废料清除掉，从而消除人的疲劳感。

2. 医疗作用

食醋的医疗效果，已经传布了几千年，但对那些处于疾病急性发作期的病人来说，首选的对策还是到医院求对症药。本书不想过分突出食醋的医疗效用，只是就所见所闻，对其作用加以简要归纳。实践是检验真理的唯一标准，一切取决于实践应用效果。

（1）消炎抗菌

用食醋和中草药提取液复配液实验了它的抗菌性能。实验表明食醋和中草药的复配液对大肠杆菌、金黄色葡萄球菌、铜绿假单胞菌和白色念珠菌等都具有快速杀灭作用。中草药中有许多能抑制细菌生长，而与醋复配后则更加有效。国外文献报道说，在病灶外局部连续地涂抹高酸度酿造醋（10%）可有效减轻疣的出现，而沿海地区人们在水母叮蛰处涂抹高酸度醋（12%）能杀死水母的刺细胞。

食醋能预防病毒感染的传说很多，据说酿醋车间的工人们很少患感冒，这与他们长期接触食醋有很大关系。不过并没有规范的科学试验对这种传说进行证实或证伪。一般病毒在pH值为6.5～7.9的环境中最易增殖，有实验表明服用5%～6%的食醋液抑制病毒的效率达到92%～97%。不同浓度的食醋对消化道与呼吸道致病菌均有抑制作用。有人比较了食醋熏蒸、紫外照射、臭氧机和乳酸熏蒸消毒法对环境空气的消毒效果，发现食醋熏蒸空气消毒法可以达到卫生部病房环境空气细菌菌落总数的卫生标准，其效果与紫外线灭菌相同，而食醋熏蒸消毒具有对呼吸道无刺激，人员活动不受影响，对环境没有污染等优点，更是其他3种方法不可比的。

（2）缓解心血管疾病

食醋有减缓心血管症状、防止心血管堵塞的功效。高血压病的发生，原因非常复杂多样，其中有个重要物质叫血管紧张素，肯定会使血管收缩而使血压快速升高。而在血管紧张素产生活性的过程中，有一种血管紧张素转化酶起着关键作用，有人发现食醋具有抑制这种酶的活性的作用。有实验证明，喂饲降血脂的醋胶囊28天后的小鼠，其血中甘油三酯的含量明显低于对照。日本科学家曾以20名患有心脏病或高血压病人（男性8名，平均年龄48岁；女性12名，平均年龄58岁）为对象试验饮用食醋的效果，受试者每天饮用黑醋20ml，试验持续1～6个月，结果受试者血液总胆固醇平均减少9.5%，中性脂肪减少11.3%，血糖值平均减少11.2%，而有利于健康的高密度脂蛋白的比例增大。还有日本人将葡萄汁和发酵酒醋，按2ml/kg体重的剂量直接注入小鼠胃部，发现小鼠心率和血压分别降低6%和10%；给原发性高血压小鼠每天喂含0.57mmol醋的饲料，可以抑制血管紧张素酶原的活性；而每天喂含0.86mmol米醋给原发性高血压小鼠，比用蒸馏水作对照的小鼠血压降低了大约20mmHg，他们认为可能是食醋促进了钙的吸收，从而影响了肾血管紧张系统，而确实有人的研究工作证实了醋酸盐可促进钙在人体结肠末端的吸收。有人认为食醋有缓解腿部静脉曲张的作用。

（3）缓解高血糖

长期摄取食醋可使摄入糖后血糖值升高的速度变得缓慢，例如在服用50g蔗糖的同时服用60ml草莓醋（含酸6%）后，胰岛素响应曲线下降达到20%，据认为这样的降糖效果是因为适量摄取食醋使糖原分解，促使蔗糖在胃内滞留时间延长，从而抑制了血糖值过快升高，有人发现高血糖患者食用百吉饼或鸡肉后食用酿造醋，在60分钟内葡萄糖的响应值可降低50%以上。有人通过研究食醋对Caco-2细胞（一种可用于研究体内营养物质吸收和转运的细胞模型）中葡萄糖转运和二糖酶活性的影响，初步揭示醋酸可显著降低蔗糖酶、麦芽糖酶等双糖酶的活性。老陈醋中所含醋酸菌体外生成的多糖类AM-1，是由葡萄糖、半乳糖、甘露糖与葡萄糖酸构成的新的多糖类，具有很高黏度，投于大鼠测试血糖的试验表明它可以降低血糖，而且有降低胰岛素分泌量的作用。

（4）抗氧化和消除自由基

自由基在健康人体内随时产生也随时被清除，处于平衡状态下。但由于环境中的物理因素或外源性化学物质诱导而在人体内产生的自由基，常常得不到及时清除，或人体在病理条件下，内源性自由基的产生和清除平衡被破坏，积累的自由基便会损伤各种细胞大分子，引起一些恶性疾病。例如许多老年病即与自由基得不到清除密切相关。食醋具有抑制过氧化脂物质的产生、消除过氧化自由基等功效。有实验证明，老陈醋中的乙酸乙酯萃取物（EK）具有较高的抗氧化活性。江南大学的科学家们对镇江香醋的保健成分进行过比较深入的探讨，他们发现香醋中含有分子量大于3500D的美拉德反应产物，在体外试验中，证明这些化合物具有较强的抗氧化活性和清除自由基的活性。而用醋浸泡后的蛋，其水解产物也浸液具有抗氧化活性，且抗氧化活性与浓度呈良好的量-效关系。醋中含有的黄酮类和多酚类化合物也有类似作用。科学家证明，意大利醋中多酚的含量最高达到5.02mg/100ml，而某种品牌的山西老陈醋中，多酚类含量高达

100～200mg/100ml。山西大学生命科学院的陈树俊与其他单位的科研人员合作，研究了山西老陈醋中的多酚提取物的抗氧化活性（《食品科学》33卷第1期，2012年）。他们采用不同体系研究了山西老陈醋多酚提取物的体外抗氧化活性，并用没食子酸和抗坏血酸作对照。结果显示，老陈醋多酚提取物具有抗氧化功能，并且存在一定的效量关系。但在不同的体外抗氧化试验体系中，活性有所差异。还原能力以及对羟自由基的清除能力强弱顺序均为老陈醋多酚提取物>没食子酸>抗坏血酸；清除超氧阴离子自由基的能力顺序为老陈醋多酚提取物>抗坏血酸>没食子酸；清除1，1-二苯基-2-三硝基苯肼自由基的能力顺序为没食子酸>老陈醋多酚提取物>抗坏血酸；老陈醋多酚提取物清除亚硝酸盐的能力低于抗坏血酸；总抗氧化能力（同质量浓度）的顺序为没食子酸>抗坏血酸>老陈醋多酚提取物。

（5）缓解肝性脑病

卢慧芳等在《医药前沿》2013年19期发表的《食醋保留灌肠提前干预肝性脑病的临床分析》一文报告：随机将80例肝硬化失代偿伴有上消化道出血，感染，电解质紊乱或者出现昏迷前期症状患者分为两组，一组为观察组，在常规治疗基础上加用食醋60毫升和0.9%生理盐水140毫升配制成的灌肠液行点滴保留灌肠法灌肠，每天一次，连续7天为一疗程。另一组为对照组，给予基础常规治疗后行0.9%生理盐水200毫升灌肠。结果表明用食醋灌肠治疗后，病人出现肝性脑病病例数量明显比对照组少。

（6）利尿

有人发现，乙酸可以打开豚鼠排尿平滑肌细胞的离子通道，因而有可能利尿和防止胆结石等疾病。（European Journalof Pharmacology，2007，563（1-3）:203）

（7）抗癌

食醋抗癌时有所闻，然可信的证据不多，某些正面的试验也多由实验室的实验动物而来，人体试验尚未见到，因此目前只能作为参考。有报告说，给患恶性肿瘤的模型鼠群连续喂10天适量的醋液，肿瘤有明显的缩小，而对照组没有任何的变化。实验表明食醋具有抑制肿瘤扩散的作用从而对肿瘤有所改善，有人观察到米醋在试管中能诱导人体白细胞凋亡；另有人发现米醋可抑制癌细胞的繁殖，给移植了肠癌LOVO细胞的老鼠喂含3%米醋沉淀物的饲料可以减小癌细胞体积超过34%。

（8）酿造醋增加药效、消减毒副作用

食醋作为中药配料，已经延续使用了至少2000年，醋也是炮制中药的重要材料。现代科学研究已经能够解释其中的部分科学原理，主要在于食醋能消减原药材毒副作用，增强药效，矫臭矫味，扩大药物的作用范围的功效。例如宋代《圣济总录》记载的“雄黄醋煮别研”，雄黄主要化学成分是硫化砷，其中含有少量剧毒的砒霜，即三氧化二砷，用醋处理后的雄黄，可以使雄黄中的三氧化二砷溶解在酸中，形成砷酸而逸出，从而降低了雄黄药用时的毒性。再如中药延胡索经食醋炮制后，其有效成分延胡索乙素的溶出和总生物碱含量都大幅提高，最大增效幅度分别达到55%和60%。另外食醋炮制还使芫花中有毒成分芫花酯甲的含量大幅度下降。此外，用醋处理后的某些中药药效增强，如用醋炙后的五灵脂、乳香、没药等中药，增强了活血化瘀的功效，而且减少了不良气味；以醋和生川乌制成的外敷药膏治疗神经性皮炎，疗效显著、疗程短。

广东省中山市中医医院梅全喜、高玉桥在《时珍国医国药》2004年第02期上总结过有关食醋的临床应用的报告，摘要如下。当然，这些用醋治病的方法是介绍者的成果经验介绍，但对于每位患者而言，情况各有不同，不是医务工作者的患者，首先还应到正规医院找医生诊治，不可大意。

用醋治病的临床病案汇总

1. 内科

支气管炎　取米醋250毫升于平底锅中，武火煮沸后用文火维持沸腾。患者将鼻孔正对平底锅的上方约30厘米处吸入蒸汽，深呼吸20次后关火，再深深吸入醋蒸气20次，注意避免烫伤。吸入醋蒸汽后患者会受刺激而咳嗽，此时患者应用力咳嗽，咳出气管深部痰液。一般治疗1周多可痊愈。

肝性脑病　重肝病患者因肝脏解毒功能受损，氨化合物通过血脑屏障引起大脑功能障碍。用生理盐水加白醋配成温度37℃，pH值5的灌肠液为病人灌肠，同时静脉输入精氨酸20克等，每天1次。可降低患者血氨浓度，减少脑昏迷症状的出现。

肠梗阻　每次取新鲜猪胆2个，用50毫升无菌注射器加19号针头抽取食醋30毫升，再将针头插入猪胆内抽吸，直到空针里面呈鸡蛋汤样絮状为止。排尽注射器内空气后，将其插入肛门，深度约10～15厘米缓缓注入，每次向肛门内注射约80毫升，嘱患者30分钟后排便。间隔4～8小时施行一次，同时辅以禁饮食、胃肠减压、输液等措施。某医院用此法治疗肠梗阻患者共96例，总有效率为98%。

高血压　方法是黑大豆500克，微火炒熟，放入米醋500毫升浸泡20天，取出晾干。每天早晚各嚼服30粒，连服20天为1个疗程。多数患者治疗15～25天后血压开始下降。总有效率95.8%。

高血脂　在醋中加入枸杞子、山楂、大枣、蜂蜜、甘草配成红果药醋，每日3次，每次10毫升，饭前服或作调味料服用，同时服用降脂西药“力平脂”（每日1片），治疗原发性高血脂，以只口服力平脂片（晨起2片，睡前1片）作为对照，疗程1个月。2个疗程后，用醋的总有效率为95.5%，对照组总有效率为76%。

流行性腮腺炎　将1～2条地龙浸泡于适量红醋中，15～20分钟后地龙不能蠕动时取出放于纱布上，敷贴于局部肿痛处并用胶布固定。每日1次，忌食硬、酸、辛辣等食物。一般疼痛在12小时即可缓解或消失，24小时后痊愈，若24小时后肿块未完全消失，即可加敷药1次。试验33例，最长48小时痊愈，无复发。

胆石症　食醋1公斤盛入有盖玻璃瓶中，内浸泡紫草、木香、郁金各30克，黄芪、鸡内金各60克，鲜鸡蛋15个，密封，15天后服用。全部制剂分15日服完为1疗程。试验28例，痊愈9例，有效17例，无效2例，总有效率为92.9%。

泌尿系结石　在服用中药排石验方蜈草汤时，服药前服糖醋饮（配方是食醋500克，加入研细的冰糖200克使其完全溶解）50毫升，10天一个疗程。试验43例，结果1个疗程痊愈者31例，2个疗程痊愈者5例，3个疗程痊愈者2例，好转2例，总有效率为93.0%。

膀胱血尿　采地榆炭100克加食醋500毫升煎至200毫升，每日1剂，分

2次服。血尿严重者经导尿管向膀胱内灌注，每次50毫升，每日2次，灌注后保留30分钟以上，并通过变换体位使药液充分与膀胱内壁接触。试验37例，患者血尿均得到控制，显效者服药1剂或膀胱灌注1次即奏效；最长者服药9天或膀胱灌注5次。

寄生虫症　可用蒜姜醋泥治疗胆道蛔虫症，亦可用醋煎百部与使君子灌肠治疗蛲虫。

一氧化碳中毒　将陈米醋放入碗内，投入灼红石灰石，将醋碗移近中毒者口鼻，醋蒸气可刺激患者深呼吸。适时抢救的36例患者，均奏效，无后遗症。

2. 外科

创伤性骨化肌炎　将桑枝放入盆内，加水及醋加热熏洗患部。

肱骨外髁炎（网球肘）　用醋浸姜母艾灸法治疗肱骨外髁炎。取姜母切成0.5厘米厚、约2平方厘米大小片状，在白醋浸泡半小时后，放在压痛最明显部位，用艾条灸30分钟，每日2次，7天为1疗程。

褥疮　采用醋调三七治疗褥疮36例，全部治愈，换药最长10次，最短4次，愈后局部有较深的色素沉着，不留疤痕。

注射局部反应　将蜂蜜和醋按1:1调成糊敷于患处，同时配合红外线照射，每天1～2次，治疗肌肉注射部位硬结和静脉注射钙盐外渗疗效满意。107例，无效3例，总有效率为97.3%。

乳痈　优质醋约150毫升于陶器内煮沸，滴入麻油3～5滴，改成文火使其继续保持沸腾状态备用。用右手蘸沸醋于患乳上轻轻按摩，直至醋被蘸完为止，每日1次，3次为1个疗程。治疗16例患者，1个疗程痊愈12例，2个疗程痊愈3例，3个疗程痊愈1例。

鸡眼　浓度为1.5%、42℃的含醋水浸泡，每天30分钟以上，1个月为1个疗程。有效率为98.0%。

冻疮　食醋加温水适量，每晚睡前浸泡冻疮部位，每次20～30分钟。

3. 儿科

新生儿头颅血肿　用醋调云南白药配合综合治疗，总有效率为95.2%。

婴幼儿脂溢性皮炎　婴儿脂溢性皮炎是一种发病率较高的慢性皮肤病，尤其乳儿期发病率较高。食醋50毫升、甘油20毫升，加蒸馏水20毫升混合涂抹患处，每日2～3次，一般2～3天即明显好转，最长不超过1周。

4. 口腔科

口腔溃疡　用食醋漱口治疗复发性197例，总有效率为81.73%，效果比华素片好。

5. 骨科

骨质增生　用稀醋液浸泡中药所得药液作为离子导入剂，每天1次，每次20分钟，12～15次为1疗程，治疗186例，总有效率为97.3%；用米醋熏洗浸泡有止痛、消除症状的效果。

6. 皮肤科

癣　将狼毒浸泡于醋中制备药液涂患处，每天6次，15天为1个疗程。3个疗程后，总有效率为97.7%。包括水疱糜烂性手足癣、鳞屑角化型手足癣等，效果与伊曲康唑无显著性差异。

神经性皮炎　羌活、南苍术、柏子仁、地骨皮各 5 克，樟脑 1 克，加山西老陈醋100毫升，在玻璃瓶内密闭浸泡 1 周后，以消毒棉签涂擦患部，早晚各 1 次。4周后，41例患者痊愈19例，显效20例，有效2例，总有效率为95.1%。有人认为在醋中可能含有某种抑制组胺释放的因子，因此可以减轻食物过敏反应。

寻常疣　冰醋酸15毫升加入20克金黄散（主要成分为黄连、大黄、黄芪、黄芩、冰片、郁金等）中，搅拌成糊剂装容器内密闭备用。将此醋黄糊敷在疣体部位4～24小时（随部位不同处理时间不同），治疗54例，治愈率为92.6%，效果明显优于5-氟嘧啶。

扁平疣　用木贼食醋煎剂外擦治疗扁平疣32例，总有效率为91%。

蜂螫伤　用大黄、大蒜的醋浸液涂患处，每次30分钟，连续4次，疗效较好。

虱病　以2%体积陈醋与中草药黄连、黄檗、当归、白鲜皮、地肤子、冰片、百部、蛇床子等提取物复配成药液，温热外敷治疗阴虱93例，均告治愈。

自古至今，治疗疾病或日常保健的醋配方不计其数，如今在各种宣传材料或有关网页上更是随手可得，江南大学工业生物技术教育部重点实验室的徐清萍、敖宗华、陶文沂在《中国调味品》2003年12期和2004年01期上发表的《食醋功能研究进展》一文，有过很好的综述；山东大学王美岭教授编写的《醋与健康》（济南出版社，2005年）等等多种著作，读者都可以参考，本书不想再凑热闹。

二、食醋在农业上的应用

1. 作叶面肥

酿造醋对农作物具有调节和促进生长发育的作用。在植物液面喷洒食醋后，可以增强液面同化作用，加速植物体内新陈代谢机能，增强光合作用，促进根系发达，从而增加产量。据说用优质的醋酸含量在5%以上的食醋，使用一次可增产5%～8%，日本人报道说在白菜上喷洒6次可以增产2倍。如用200倍醋液与0.1%硫酸亚铁溶液喷洒兰花，可防治兰花及其他喜酸花卉的黄化病，一般每3天喷洒1次，连续喷用3次后即可见效，比单用硫酸亚铁效果好，且不易造成药害。

在多种粮食作物上都可以使用食醋，但要选择合适的作物生长期。如水稻应在秧苗三叶期、分蘖至孕穗期、抽穗至灌浆期，小麦大麦在孕穗至扬花期；大豆、红小豆、芸豆、绿豆、菜豆等在花荚期；玉米在拔节期、抽雄期；棉花在蕾铃期；葡萄在开花期、幼果期、成熟期；瓜果类在开花挂果期；叶菜类植株要喷4次，每次间隔10天左右。食醋的用量是每公顷3000毫升（每亩200毫升）。据日本的经验，还可以喷洒食醋防止水稻倒伏。

2. 作植物保护剂

作引诱剂 用食醋60毫升、白酒10毫升、食糖30克、水100毫升，再加入90%晶体敌百虫100克，制成毒浆，装入盆或钵中，放置于棉花、蔬菜、大田作物田间事先搭好的架子上，用于诱杀小地老虎、麦粘虫等害虫的成虫。

作农药增效剂 食醋可以在农药混合使用时作为缓冲溶液，稳定药效，增加农作物对农药的吸收和转移，其本身对病原菌有一定的抑制作用；在使用苗期后除草剂、杀虫剂、杀菌剂、植物生长调节剂等时均可加入食醋增效。

黑龙江垦区在农业生产上使用酿造醋多年，积累了丰富的经验，已成为常规措施。使用酿造醋喷液量：飞机15～50升／公顷，喷杆喷雾机100升／公顷，人工喷雾100～150升／公顷。标准可用倍数适宜的喷雾气象条件是温度13～27℃、空气相对湿度65%以上，风速4米／秒以下，晴天上午8时前，下午6时后。总的要求每平方厘米（大约大拇指盖大小），要有30～40个雾滴。

三、日常用醋经验（醋的妙用）

以下是摘自网页的用醋经验，本书编著者并未一一亲自验证，仅供读者参考。

1. 睡前一杯冷开水，加一汤匙醋，喝后可助眠。

2. 打嗝时饮醋一小杯，一口气喝下去即可消除。

3. 便秘者每日酌量喝白水加醋，可润肠通便。

4. 用醋涂抹蚊虫叮咬处，可减轻痒痛、消肿。

5. 坐车前喝醋开水，防晕车。

6. 在温热的洗澡水中，加少许醋，洗浴后会感觉格外凉爽、舒适。

7. 将醋与甘油以5∶1的比例混合，经常擦用，能使粗糙的皮肤变得细嫩。

8. 洗涤绸缎等丝织品，在水里加些醋，有利于保持原有的光泽。

9. 毛料裤子的经常摩擦部分，会白发亮，蘸上1∶1的醋水（一半醋一半水）轻搓，然后覆一块干布，用熨斗熨烫，就能去掉亮迹。

10. 衣服上沾染了颜色或是水果汁污渍，用几滴醋轻搓几下，就能去掉。

11. 写毛笔字时，用醋磨墨，写出来的字又黑又亮，不易褪色。

12. 在清水中加一汤匙醋，可把玻璃和家具擦洗得更为洁净。

13. 新买的漆器用品有一股强烈的漆味，用少许醋滴入淘米水中洗涤，可除去漆味。

14. 用旧了的铜器、铝器，先用醋涂一遍，干后再用水洗，容易揩擦污垢。

15. 将冻肉浸入含醋的水中化冻。此法同样适宜于冻鱼的解冻。

16. 热开水中加醋煮鸡鸭几分钟后取出，很容易退毛。

17. 一定比例的醋蒸馒头，特别白。

18. 夏天，淡醋水洒在鱼身上，鱼肉隔日不会变坏。

19. 煮开醋熏屋子预防流感等上呼吸道疾病，每间房间约用醋150毫升为宜。

20. 醋加白糖冲开水，凉后喝下可解暑。

21. 流鼻血时，用药棉蘸醋塞鼻，血即止。

22. 牙膏上滴两滴醋刷牙，持之以恒牙变白。

23. 温开水加醋，喝下解酒。

24. 开水中加醋和食盐，一次喝下治轻度腹泻。

25. 洗完衣服，加少量醋漂洗能除衣物的异味。

26. 涂指甲油前先涂层醋，醋干再涂指甲油则不易脱落。

27. 做鱼、羊肉时加醋，除腥膻。

28. 煮面条时加醋，可使面条变白，除去面条的碱味。

29. 炒菜盐放多了，可放少许醋补救。

30. 去皮的土豆泡在醋水中，土豆不变色。

31. 洗木耳时放少许醋，再搓洗方便去除沙土。

32. 将鸡鸭蛋洗净，再用醋泡两分钟，然后将蛋放入盐水里，腌一周后就变咸。

33. 在削芋头前，将双手用醋洗一下，就不会痒。

34. 在蛋清中加一小匙醋，可以很快把蛋清打得发泡。

35. 加醋煮牛肉、海带、土豆等，很容易煮烂。

36. 炒苦瓜时加少许醋可减轻苦味。

37. 收拾鱼时，在鱼身上涂醋，鱼不容易滑出去，鱼鳞容易刮净。

38. 发酵面团时如碱放多了，可加入白醋与碱中和。

39. 洗发后用白醋涂于头发上按摩，再稍稍用清水冲洗，头发会变得柔软黑亮，还防止脱发。洗发时常加醋去头皮屑。

40. 清水中加几滴白醋，花枝底部再修剪一下，花期会长。

41. 在调制植物杀虫水剂时，可以加入少许酸醋，便能使杀虫剂的药力发挥更大的效果。

42. 处理过肉类的砧板容易滋生细菌，可用醋清洗杀菌。

43. 在煮蛋时水中放醋，不容易煮破，好剥壳。

44. 做色拉时，最后一道清洗手续时加醋，可避免色拉出水。

45. 将衣裤改长时，褶纹不易烫平，可以沾点醋后再烫，褶纹就可以消除了。

46. 将新丝袜浸于加醋的水中，既可除臭又可防止丝袜脱线。

47. 食欲不振时喝点醋可开胃。

48. 瘀血脓毒时可饮用醋可化瘀。

49. 头晕时喝醋缓解头痛。

50. 血压高时喝醋降血压、软化血管，降低血脂。

51. 擦皮鞋时加上一两滴醋，可使鞋面更鲜亮持久。

52. 老母鸡灌醋后再杀，煮时肉容易烂。

53. 鱼骨梗喉，吞几口醋，可使骨刺酥软，顺利咽下。

54. 理发吹风前，在头发上喷一点醋，吹烫的发式能长久保持。

55. 洗涤有色布料时，在水中加一点醋，不易掉色。

56. 浓醋热水泡脚治疗脚气。

57. 在烹调水产品蟹、海蜇时，先用1%的醋液浸泡一小时，可防止嗜盐菌引起的食物中毒。

58. 加姜末和醋拌松花蛋可除松花蛋异味。

59. 如大米存放时间较长，蒸饭时只要加入点醋，蒸出来的米饭就会白、粘、香。

60. 清除蔬菜上的小虫在洗蔬菜的水中加一点醋，便可以清除附在叶子上的小虫。

61. 在烹调蔬菜时适当加点醋，可以减少维生素C的损失。

62. 炒茄子时加点醋，则茄子不易变黑。

63. 玻璃上的油漆，用醋浸软后一擦就掉。

64. 丝品洗净后，放在加入少量醋的清水中浸泡几分钟，晾干后光泽如新。

65. 遇水火烫伤，用醋淋洗，能止痛消肿，防止起泡，伤好后无斑痕。

66. 在饭馆或公共场所就餐前，用醋消毒一下筷子，可以预防肠道传染病。

67. 将冲淡的醋液搽在脸上后，皱纹会逐渐消失，美白。

68. 用醋调石灰粉，涂敷腋下，每日二次能治疗狐臭。

69. 煮甜粥时加点醋，可使甜粥更甜。

70. 烧水时加醋可去除壶内的水碱。

71. 醋水擦洗水龙头可除水渍。

72. 醋水擦玻璃镜子，非常干净。

73. 水缸的裂颖、破洞，可以用白生铁粉加醋拌匀修补，经久不脱。

74. 用醋灌洗肛门，或用棉球蘸醋塞入肛门过夜可治疗蛲虫病。

75. 剪指甲前先用温醋水泡手脚，甲皮易于修剪，甲缝中的污垢也容易清除。

76. 白术浸于白醋中。密封7天后取白术擦雀斑和黑斑部位，坚持每天涂，雀斑和黑斑会变浅而消退。

77. 新铁锅烧热，倒进几两醋刷锅后洗干净，以后炒菜，就没有黑色和铁锈味了。

78. 尿布洗干净后用醋水泡几分钟再洗净，尿布可变柔软。

79. 新餐具放入10%的醋水内煮上两三小时后再用，可除去新瓷器所含的微量铝。

80. 陈醋与冷开水以 1∶8 的比例混合，用棉签蘸醋水擦拭鼻孔，一般擦后即可通气。

81. 喝醋水治疗呕吐。

82. 在烤网上涂些醋，然后烤鱼、烤肉，不会烤焦。

83. 醋盐水热敷酸痛部位，可减轻疼痛。

84. 饮酒过量，已有醉意者，可服含50%食醋的水100至200毫升解酒，并保肝。

捌

酿醋微生物

在我国，用粮食酿醋至今依然是主要手段，而且可能会延续很长时间。因此，在介绍酿醋微生物时，不能不把参与粮食酿醋过程的各阶段的微生物做一简要说明。

伴随着粮食酿醋的三个主要阶段，有不同的微生物担任主角。在糖化阶段，起主要作用的是霉菌；在将糖变成酒精的阶段，基本上是酵母菌起作用；而将酒精变成醋的阶段，则是醋酸菌的贡献。这些微生物，主要来自大曲，也有些来自酿醋的厂房及其周围环境。不过我们现在还不能把参与酿醋过程的所有的微生物都查清楚，因为微生物的多样性实在太复杂了。我们现在了解的微生物可以胜任酿醋任务，但只用这些微生物的纯种酿醋，其产品质量与目前的大曲酿出来的醋是不可同日而语的。

一、糖化阶段的主要功能微生物

将粮食中的淀粉水解为单糖的主要功能微生物是霉菌。霉菌是不会形成大型子实体的真菌，通常所见引起物品发霉的微生物大多数是霉菌，常见的是以下几属。

曲霉属（*Aspergillus*）　曲霉是多个类群的霉菌集合体，其中米曲霉等曲霉具有很强的淀粉糖化和蛋白质分解活性，是山西老陈醋酿造用曲中已知的主要功能菌。这类霉菌的菌丝体，菌丝匍匐生长，分枝繁盛，有的菌丝老熟后颜色变深，它们通常会在培养基上产生色素。在大曲表面，黄曲霉和米曲霉会产生黄色或绿色的分生孢子穗，如果大曲表面呈黑色，则是黑曲霉产生的黑色分生孢子穗，但后者不多见。

根霉属（*Rhizopus*）　这类霉菌会在曲块表面形成网状的菌丝体，产生白色、灰色的气生菌丝，还会长出黑色的孢子囊。在大曲培制的后期，它们会深入到曲块的内部。根霉具有很强的水解淀粉成单糖的能力，酿造老陈醋的大曲，无论红心曲、后火曲还是清茬曲，在这些大曲中生长的微生物里，根霉都是最容易发现的霉菌。这是酿醋过程中起重要作用的一类霉菌，它们除起糖化作用外，有的还会形成大量乳酸及其他有机酸。

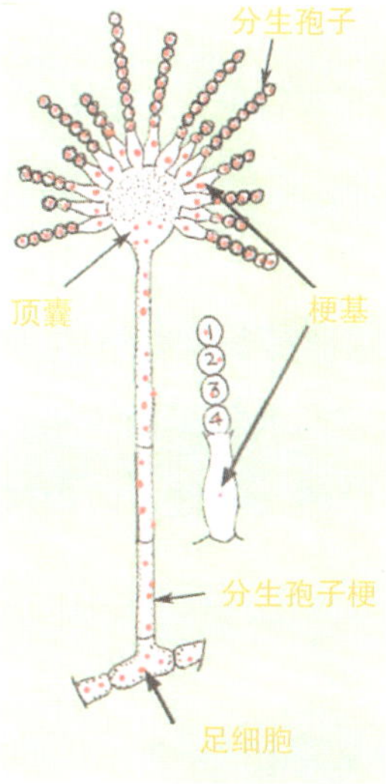

图8-1　曲霉结构示意图

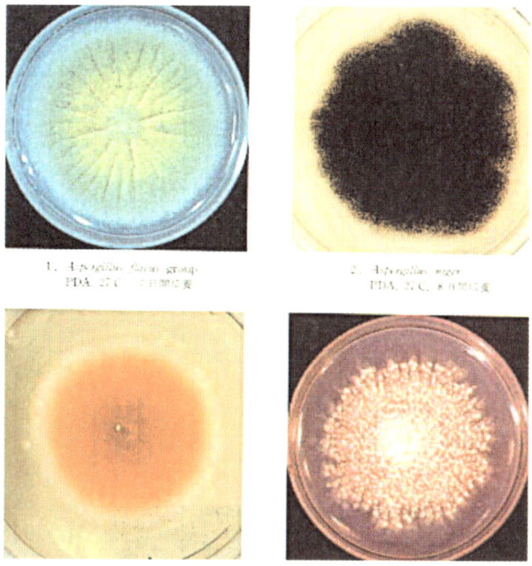

图8-2　培养皿中的曲霉菌落

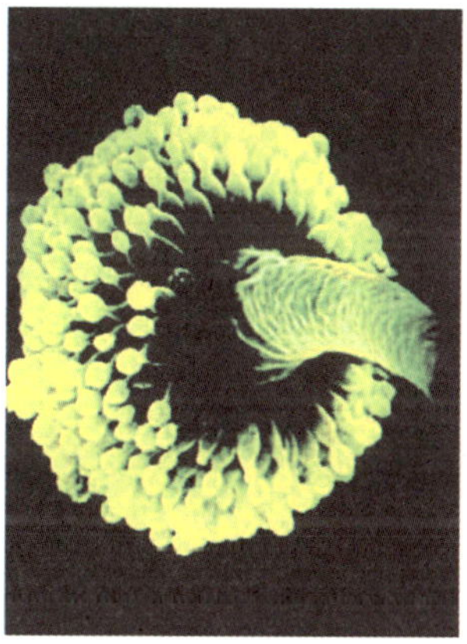

图8-3　曲霉的孢子囊

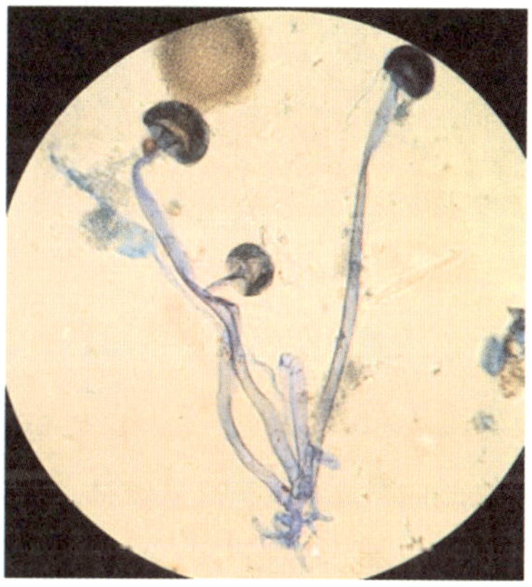

图8-4　显微镜下的根霉

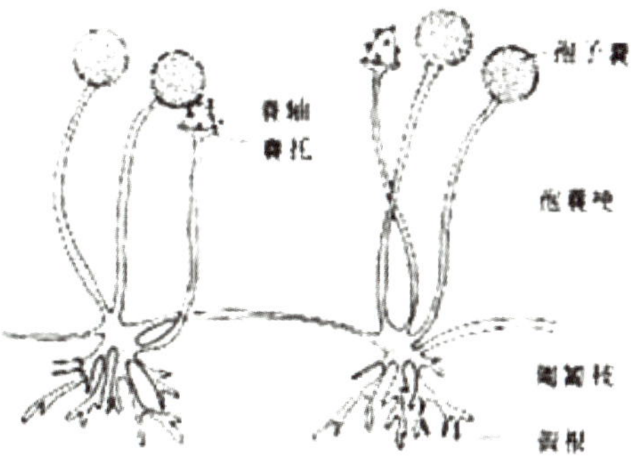

图8-5　根霉形态示意图（引自俞大绂《微生物学》1985）

红曲霉属（*Monascus*） 在某些酿醋大曲的横断面上可以看到暗红色的小斑块或小红点，那多半是红曲霉生长所致。红曲霉有糖化淀粉的作用，还能产生酯酶，对老陈醋的质量有好的影响。

毛霉属（*Mucor*） 这是一类在自然界分布极广的霉菌。在制曲时，如果曲房温度高过40℃，相对湿度接近饱和时，毛霉容易长在曲表面形成白色的大菌丛，它们对酒精发酵的作用不大，因为它们水解淀粉的能力并不强，但是毛霉中有的菌种能分解蛋白质，会产生草酸、乳酸、琥珀酸等，对食醋的风味会产生一定影响。

图8-6 毛霉形态图（引自搜图网）

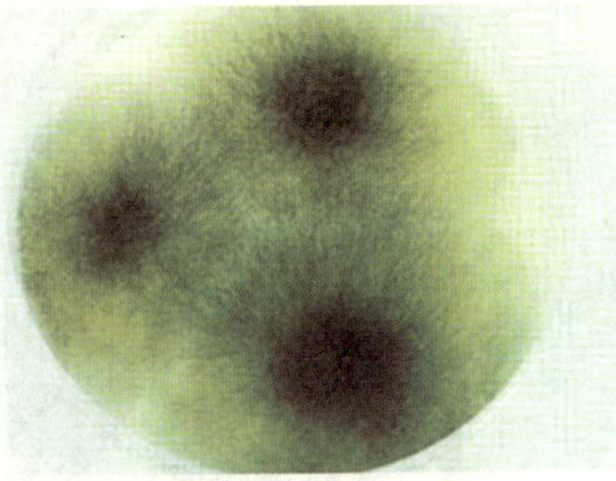

图8-7 犁头霉的菌落（引自搜图网）

犁头霉属（*Absidia*） 这是一类经常在大曲中出现的霉菌，在曲块上长出青灰色至白色的纤细的菌丝体。它们糖化淀粉的能力不高，但容易给发酵产生的酒醪带来苦味，从而影响下一步醋产品的风味。

二、酒精发酵阶段的微生物

淀粉经霉菌等作用形成可以被发酵的糖类后，将糖变成酒精的，基本上是酵母菌的作用。已知在大曲中的酵母菌和来自原料及酿造环境中的种类主要有：

酵母属（*Saccharomyces*） 这是一类最简单的真核细胞，细胞呈圆形、卵圆形或伸长，少见菌丝。由于近200年来，酵母菌的纯菌种不断被分离、改良而用于酿酒，所以现在有许多生产性能不同的酵母属微生物。

从分类学来说，都可以归在酿酒酵母（Saccharomy cescerevisiae）名下。在大曲里，酵母菌一般生长在曲块内部。

汉逊酵母属（*Hansenula*） 在酿造老陈醋的大曲中，这类酵母菌也是产生酒精的主力之一，它们的发酵力比酵母属的菌种要差些，但它们有较强的合成酯类的活性，对于老陈醋的香气有较大的贡献。这类酵母菌含在大曲内部较多。

假丝酵母属（*Candida*） 这类酵母菌的发酵能力不强，但在大曲焙制过程的前阶段生长得很多，在大曲的品温升高以后减少了。

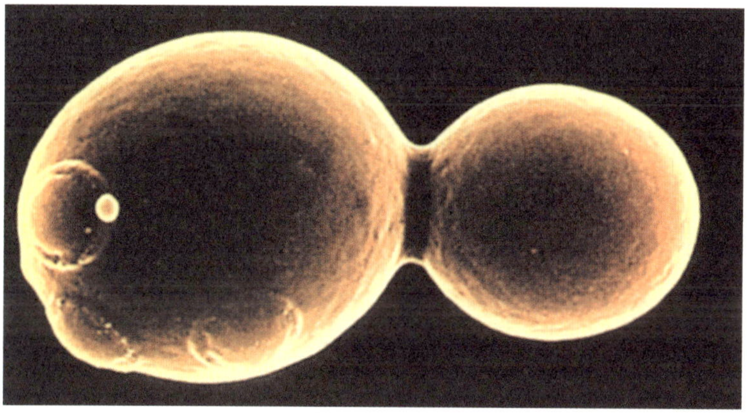

图8-8 酵母菌

三、醋酸发酵阶段的已知微生物

1. 醋酸菌

食醋酿造中，醋酸菌是最重要的一类微生物。

酒变酸成醋的现象，早在几千年前就已经被人们熟知了，但直到200年前科学家才开始探讨这个现象的原因。首先研究醋生成的人，据说是法国化学家拉瓦锡，因为他发现了氧气并指出自然界存在着氧化作用，但那时他并不知道这种氧化作用是由细菌完成的。其实发酸的葡萄酒液表面有一层皮膜的现象很早就有人见到，直到1822年有位叫帕松（Persoon）的人确定这种皮膜是由细菌形成的，并给它命名了。而最早指出酒精溶液氧化成醋酸是由微生物引起的氧化作用的，则是库菁（Kutzing），他在1837年最早从醋中分离出来了醋酸菌。后来巴斯德（Pasteur）在1864年用实验证明了醋酸菌产生醋酸。在以后的一百多年中，许多人研究了这类细菌，分离出了许多种有关细菌。现在通常把能够将酒精氧化成醋酸的细菌称为醋酸菌。最早将醋酸菌定出学名的是荷兰人贝叶林克（Beijerinck），他定出了醋杆菌属，后来日本人朝井勇宣定出了葡糖杆菌属。根据最新的细菌分类系统，醋酸菌被归属在醋杆菌属（*Acetobacter*）、葡糖杆菌属属（*Gluconobacter*）、葡糖酸醋酸杆菌（*Gluconacetobacter*）等几个属中。这几属细菌的分类地位是：变形杆菌门（Proteobacteria）、阿耳法变形杆菌纲（Alphaproteobacteria）、红螺菌目（Rhodospirillales）、醋杆菌科（Acetobacteraceae）。

这几个属的特征是：

醋杆菌属（*Acetobacter*） 细胞椭圆到杆状，直或稍弯曲，0.6～0.9×1.0～4.0μm，单个或成对、成链。运动或不运动，运动者有周生鞭毛。未见内生芽胞，革兰氏阴性。严格好氧，严格的呼吸型代谢，以氧作物末端电子受体，不发酵。形成无色的菌落，多数菌株不产生色素。某些菌株产生褐色水溶性色素，或由于产生卟啉类化合物而呈粉红色。通常接触酶阳性，氧化酶阴性，不液化明胶，产生吲哚和硫化氢。氧化乙醇为乙酸。乙酸进一步氧化为二氧化碳和水。最佳碳源是乙醇、甘油和葡萄糖。某些菌株需要对氨基苯甲酸、烟酸、不水解淀粉，不从D葡萄糖产生2，5–二酮基葡萄糖酸。化能有机营养。最适生长温度为30℃，某些菌株还原硝酸盐为亚硝酸盐。生长最适pH为4.0–6.0，泛醌类型以Q_9为主。醋杆菌属的优势脂肪酸是C18:1ω7直链不饱和脂肪酸。醋杆菌的各个种存在于花、果、椰枣酒、醋、发酵乳饮料和发酵食品中，会引起葡萄酒、清酒、龙舌兰酒和可可酒、苹果酒、啤酒和发酵肉类的感染。该属中未见人类和动物的致病菌。

葡糖杆菌属（*Gluconobacter*） 细胞椭圆到杆状，0.5～1.0μm×2.6～4.2μm，单个或成对，罕见成链。大的不规则细胞状（退化体）可能出现。不生孢。革兰氏阴性（少数可变）。运动或不运动，如果运动细胞具3～8根极生鞭毛，罕见单根鞭毛。严格好氧，以氧作为末端电子受体的严格呼吸代谢，最近报道有的菌株能还原硫代硫酸盐到H_2S。能在含硫代硫酸盐的山梨醇培养基中产生H_2S（纸条法）。菌落苍白色。最适生长温度25～30℃，37℃不生长。最适pH5.5-6.0，大多数菌株在pH3.6生长。接触酶强阳性，氧化酶阴性。不还原硝酸盐，不液化明胶，不产吲哚。化能异养菌。氧化乙醇到乙酸。不氧化乙酸盐或乳酸盐到CO_2和H_2O。能从多醇类生酮，反应强阳性。从D-葡萄糖和D-木糖产酸。所有菌株从D-葡萄糖产2-酮基葡萄糖酸，大多数菌株可形成5-酮基葡萄糖酸。不水解淀粉。葡糖杆菌可出现在花、园土、啤酒酵母、果实、蜜蜂、葡萄酒、苹果酒、啤酒、南非班图酒、酒醋、软饮料中。有的菌株可能引起菠萝病害和苹果及梨的腐烂，但这些菌株的鉴定是可疑的。葡糖杆菌出现在富糖环境，不同于醋杆菌，后者多在富醇的环境。

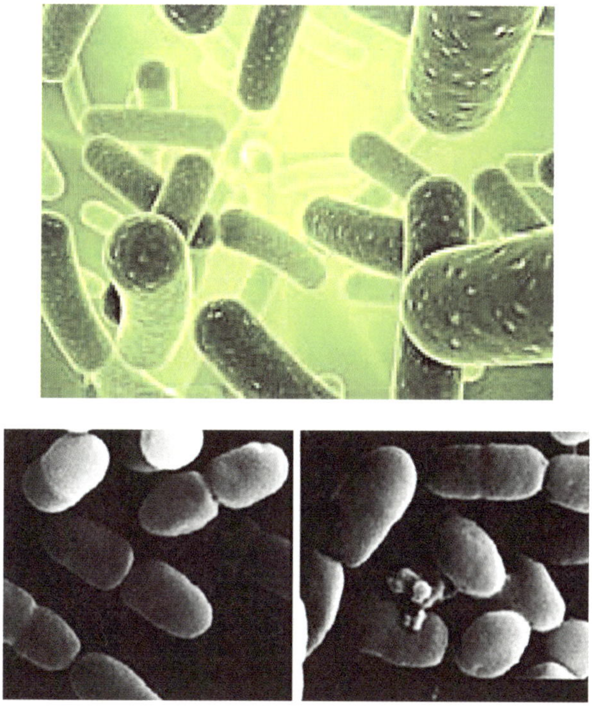

图8-9　巴氏醋杆菌的扫描电镜照片

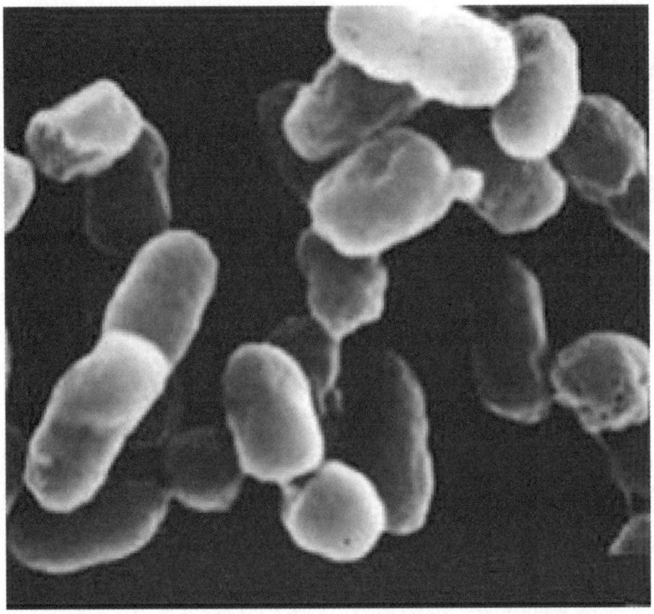

图8-10　葡糖酸醋杆菌

酸单胞菌属（*Acidomonas*）　革兰氏阴性杆菌，0.8～1.0μm×1.5～3.0μm，具圆端，单个，罕见成对。细胞不运动，在蛋白胨-酵母膏-麦芽汁琼脂的菌落30℃3天呈光滑，凸起、全缘、白到稍黄色，直径为2～3mm。不产非水溶性色素。好氧，代谢为严格呼吸型，不还原硝酸盐到亚硝酸盐。v-p阴性。不产吲哚和H_2S。不从甘油产二羟基丙酮。从乙醇产乙酸。从葡萄糖氧化产酸，但从l-阿拉伯糖、d-木糖、d-甘露糖、d-果糖、d-半乳糖、麦芽糖、蔗糖、乳糖、海藻糖、d-山梨醇、d-甘露醇、肌醇、可溶性淀粉不产酸。可利用甲醇、乙醇、乙酸、d-葡萄糖甘油和果胶作为唯一的碳源和能源；但不能利用l-阿拉伯糖、d-木糖、d-果糖、d-半乳糖、麦芽糖、蔗糖、乳糖、海藻糖、d-山梨醇、d-甘露醇、肌醇、可溶性淀粉、柠檬酸、乳酸、甲基胺蛋氨酸、甲烷或氢。有的菌株弱利用d-甘露糖。需要泛酸钙。可利用氨、硝酸盐和尿素作为氮源。产脲酶、氧化酶和接触酶。能在pH2.0以上和1.5以下生长。能在30℃和37℃良好生长，而不能在42℃生长。3%NaCl中不生长。细胞脂肪酸组成复杂，泛醌系统是Q_{10}与Q_9，还有少量的Q_{11}。

葡糖酸醋杆菌属（*Gluconoacetobacter*） 革兰氏阴性杆菌，单个、成对、成链或成小簇存在。运动者为周生鞭毛。光滑、柔软，形成完全的或膜状的菌落。绝大多数可氧化乳酸和乙酸为二氧化碳和水。在甘露醇琼脂上生长。由葡萄糖、甘露糖、木糖和乙醇产酸。大多数可由葡萄糖产生5酮基葡糖酸和2-酮基葡糖酸和从甘油产生二羟丙酮主要的泛醌是Q-10。细胞脂肪酸主要为含C18:1的直链脂肪酸，同时存在有含C16:1的，以及很少量的含C14:1的。DNA碱基组成的范围是54.9到66.4%G+C。

表 8-1　几属产醋酸细菌的主要特征

特征＼属性	醋杆菌属	葡糖杆菌属	酸单胞菌属	葡糖酸醋杆菌属
运动性和鞭毛	周生或无	端生或无	无	周生或无
氧化乙醇为乙酸	+	+	+	+
醋酸或乳酸氧化成水和二氧化碳	+	−	+ 或 −	+ 或 −
在甲醇中生长	−	−	+	−
在 Hoyer-Frateur 培养基上的生长	+ 或 −	−	−	+ 或 −
在谷氨酸琼脂上生长	+ 或 −	−	−	+ 或 −
在甘露醇琼脂上生长	−	+	−	+ 或 −
甘油的生酮作用	−	+	−	+ 或 −
由以下底物产酸				
D- 甘露醇		|		| 或
D- 山梨醇	−	+	−	−
棕色可溶性色素的生成	−	可变	−	可变
DNA 碱基组成（mol% G+C）	53-56	54-63	63-66	55-66
泛醌类型	Q-9	Q-10	Q-10	Q-10
细胞脂肪酸类型	C18:1	C18:1	C18:1	C18:1

引自Biosci.Giotech.Biochem..61（8），1244-1251，1997.YuzoYamada et al.:The Phylogeny of Acetic Acid Bacteria Basedon the Prtial Sequences of 16 S Ribosomal RNA：The Elevation of the Subgenus Gluconoacetobacter to the Generic Level.

从醋杆菌科以上四个属的特征可见，它们都能把酒精氧化成醋酸，主要区别是葡糖杆菌不能将乙醇最终氧化生成CO_2和H_2O，而其他属均可。其他3属细菌是酿醋时醋酸发酵过程中起主要作用的细菌，1934年方心芳从山西老陈醋醋醅中分离过醋化醋杆菌和巴氏醋杆菌。80年来，酿造工作者和科学工作者从各种酿醋厂和其他环境或基质上分离过许多转化乙醇为醋酸的菌种，曾经对这些菌种进行过鉴定并给予它们各种名称，但是采用现代分类学技术，根据最新的分类学系统对它们进行的重新鉴定，都属于醋杆菌属。当然，传统老陈醋的酿造采用的是自然发酵，并非现代化的纯种培养法，因此，我们还不能确定在酿造出老陈醋的过程中，究竟还有哪些微生物是我们目前不能在实验室培养的，我们目前还不得而知，但对老陈醋的品质会有重要影响的。

在百余年的醋酸发酵工业实践和科学研究中，尤其是现代化的液态发酵醋的生产中，人们选育出了许多具有不同特性的醋酸菌，给予了许多不同的名称，被归属在多个分类单元中，但从当代细菌分类系统来规范，大部分应该属于上述各属中。

醋酸菌在酿醋过程的醋酸发酵阶段一般可以耐受浓度为6%以下的醋酸，为了增加醋酸产量，科学家在不断改良菌种。据报道，日本学者曾分离到可以耐受10%醋酸的醋酸菌。随着对醋酸菌对酸耐受机制的进一步揭示，培育耐更高浓度醋酸的醋酸菌是有可能的。

这些菌株在今后应该通过严格的试验，适当引用到老陈醋生产的传统工艺中去，以便老陈醋的生产逐步走向规范化，并使之在保留原有特色的前提下提高劳动生产率。

除了醋酸菌外，对酿醋过程影响较大的细菌还有几类。

2. 乳酸菌

酿醋大曲中含有大量的乳酸菌，它们可以利用单糖等产生乳酸。在老陈醋中乳酸的含量相当高，乳酸菌的作用不能忽视。乳酸菌有多个种类，主要可以分为乳杆菌和乳球菌两类，还有乳链球菌、明串珠菌等。

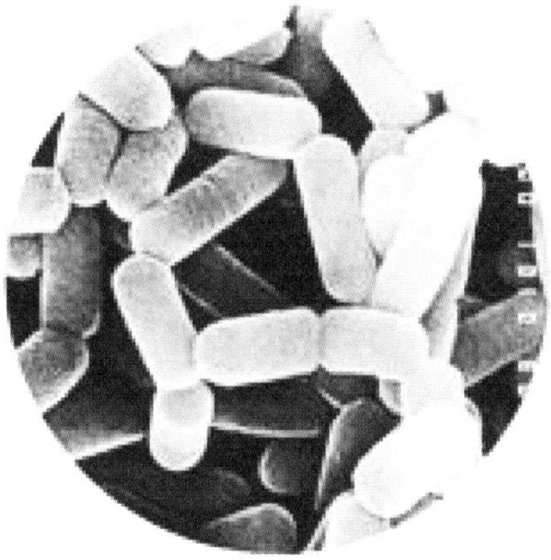

图8-12　乳酸菌

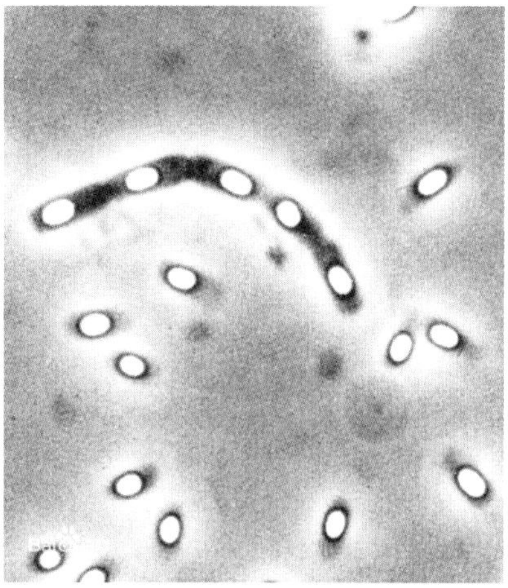

图8-13　芽胞杆菌

3. 芽胞杆菌

由于这类细菌生活能力极强，繁殖迅速，因此在制曲过程中，特别是在曲胚含水分多，温度高时特别容易生长，是大曲中含有量最多的细菌。这些细菌有较强的水解淀粉和蛋白质的能力，对老陈醋中的氨基酸和还原糖的含量有贡献。还有的芽胞杆菌会形成一些芳香类物质。

另外，在大曲制作与酿醋过程中还分离到一些放线菌，它们对酿醋的影响尚不明确。

由于制曲与酿醋过程都是在开放系统中进行的，各种微生物的侵入在所难免，致病菌的入侵也是可能的。不过，由于成品中含有大量的醋酸，致病菌的生长会受到抑制，况且食醋成品出厂前是要经过灭菌处理的，合乎国家标准的食醋产品是安全的。

附录

附录1 古代有关酿醋的若干记载抄录

《齐民要术》中的酿醋方法

这是一部综合性农书，也是中国现存最早的农书。正文摘自缪启愉校释《齐民要求校释》第二版，中国农业出版社，1998年；流程图摘自包启安、周嘉华主编《中国传统工艺全集·酿造》，大象出版社，2007年。

作酢法第七十一　凡醋瓮下，皆须安砖石，以离湿润。为妊娠妇人所坏者，车辙中干土末一掬着瓮中，即还好。

醋瓮下面必须铺砖石，以隔离潮湿。如果醋因为孕妇而变坏，就将一捧车辙中又干又细的土放到瓮里，醋就会变好。

1.作大酢法：七月七日取水作之。大率麦䴷1斗，勿扬簸；水三斗；粟米熟饭三斗，摊令冷。任瓮大小，依法加之，以满为限。先下麦䴷，次下水，次下饭，直置勿搅之。以绵幕瓮口，拔刀横瓮上。一七日，旦，著井花水一椀。三七日旦，又着一椀，便熟。常置一瓠瓢于瓮，以挹酢；若用湿器、咸器内瓮中，则坏酢味也。

在7月7日取水酿制。不经扬簸除去谷壳的麦䴷1斗，加水3斗，摊凉的粟米熟饭3斗，按此用料比例是，加入瓮中，装满为止。先放麦䴷，再放水，再放粟米熟饭。不要搅动，以用丝绵蒙住瓮口。用刀压住瓮口。第7天

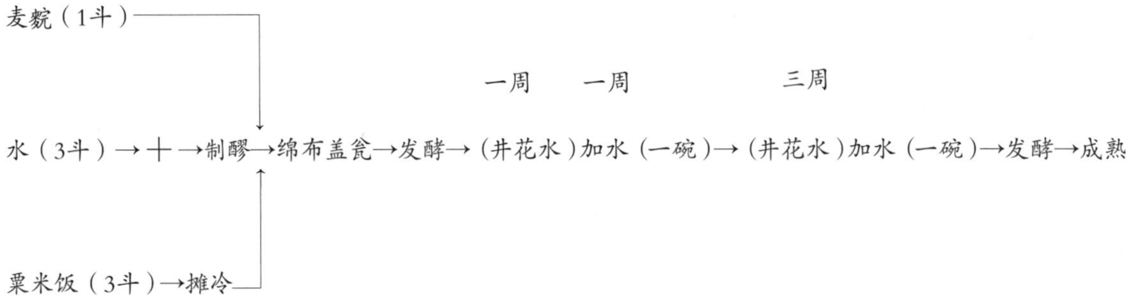

早上加入洁净井水一碗，第21天早上又加入洁净井水一碗，醋即酿成。在瓮中放一葫芦瓢，用于舀醋，如用带水或带咸味的容器，则会使醋味变坏。

2.又法：亦以七月七日取水。大率麦䴬一斗，水三斗，粟米熟饭三斗。随瓮大小，以向满为度。水乃黄衣，当日顿下之。其饭分为三分：七月初作时下一分，当夜即沸；又三七日，更炊一分投之；又三日，复投一分。但绵幕瓮口，无横刀、益水之事。溢即加甑。

也是在7月7日取水酿制。一般是麦䴬1斗，加水3斗，摊凉的粟米熟饭3斗，按此用料比例是，加入瓮中，装满为止。水和麦䴬一次放入，粟米饭则分三份加入，开始加一份，当夜即开始发酵；21天后加第二份；再过3天又加一份。用丝绵蒙住瓮口，不加刀压住瓮口。如有液体外溢，就加甑圈防止。

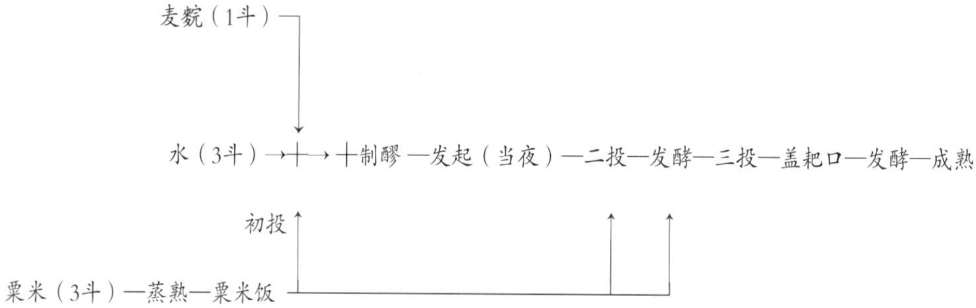

3.又法：亦七月七日作。大率麦䴬一升，水九升，粟饭九升，一时顿下，亦向满为限。绵幕瓮口。三七日熟。

也是在7月7日酿制。一般是麦䴬一升，加水9升，粟米熟饭9升，一次加入瓮中，装满为止。用丝绵蒙住瓮口，21天酿成。

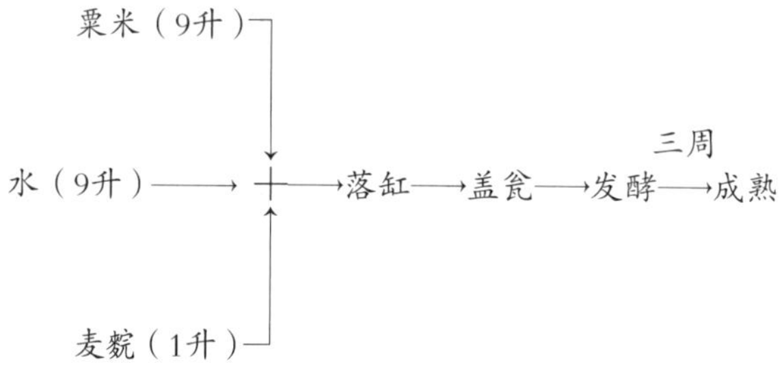

前件三种酢，例清少淀多。至十月中，如压酒法，毛袋压出，即贮之。其糟，别瓮水澄，压取先食也。

上述3种醋，一般都是上清液少而沉淀多。到10月中旬，可用毛质袋加压力过滤出液体储存。袋中的沉淀可放在另一个瓮中加水浸提后再加压力过滤出来先行食用。

4.秫米神酢法：七月七日作。置瓮于屋下。大率麦䴸一斗，水一石，秫米三斗——无秫者，黏黍米亦中用。随瓮大小，以向满为限。先量水，浸麦䴸讫；然后净淘米，炊为再馏，摊令冷，细擘饭破，勿令有块子，一顿下酿，更不重投。又以手就瓮里搦破小块，痛搅令和，如粥乃止，以绵幕口。一七日，一搅；二七日，一搅；三七日，亦一搅。一月日，极熟。十石瓮，不过五斗淀。得数年停，久为验。其淘米泔即泻去，勿令狗鼠得食。饙黍亦不得人啖之。

7月7日酿制。将瓮放在屋内南边。通常比例是麦䴸1斗，水1石，秫米3斗。如没有秫米，用粘秫米也可以。加入原料多少以瓮之大小为准，装满为止。先加水，浸泡麦䴸，将秫米淘洗干净，蒸熟，摊凉，将黏在一起的饭粒分开，不得结块。一次投料，不须重复。入瓮后，激烈搅和使成粥状。用丝布封瓮口，每7天搅拌一次。一个月便成熟。容积为10石的瓮内不过有5斗沉淀。经多次实践证明，此醋可放置数年不坏。淘米水要倒掉，不要让狗和老鼠吃到。蒸熟的秫米人也不要食用。其工艺流程可以用流程图表示：

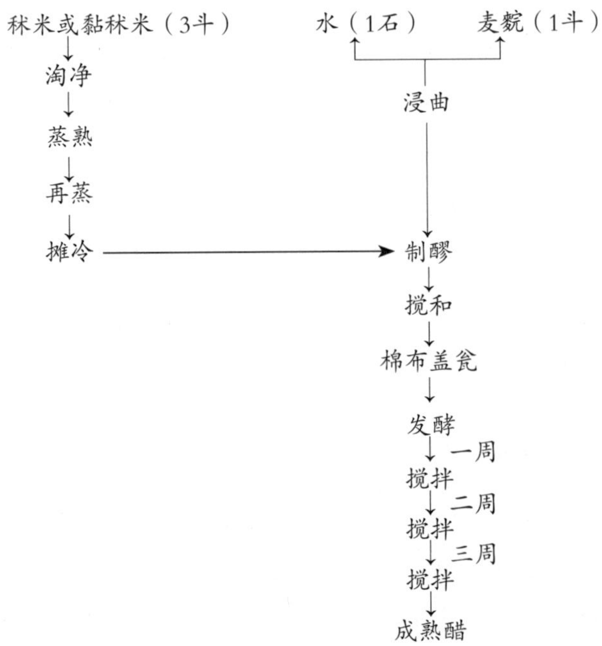

5.粟米、曲作酢法：七月、三月向末为上时，八月、四月亦得作。大率笨曲末一斗，井花水一石，粟米饭一石。明旦作酢，今夜炊饭，薄摊使冷。日未出前，汲井花水，斗量著瓮中。量饭著盆中，或栲栳中，然后泻饭著瓮中。泻时直倾下，勿以手拨饭。尖量曲末，泻着饭上，慎勿挠搅，亦勿移动。绵幕瓮口。三七日熟。美醯少淀，久停弥好。凡酢未熟、已熟而移瓮者，率多坏矣；熟即无忌。接取清，别瓮著之。

7月或3月末酿醋最适时，8月和4月亦可。一般是笨曲1斗，洁净井水1石，粟米饭1石。在开始酿醋之日前夜蒸饭，摊成薄的使冷凉。第二天日出前由井中取洁净水，用斗量取加入瓮中。把饭量取在盆中或用竹子或柳条编的盛东西的器具中，然后将其倾入瓮中，倾时不要用手拨弄粟米饭。足量量取笨曲末1斗使曲末冒尖倒在粟米饭上，小心不要搅动。用丝绵布封住瓮口。3周后成熟。醋味美而醯，沉淀少，久放不坏。如果醋未成熟，或已成熟但转移了瓮的，大多都会坏事；但醋成熟了则无碍。取出上清液乘于另外的瓮中。

6.秫米酢法：五月五日作，七月七日熟。入五月则多收粟米饭醋浆，以拟和酿，不用水也。浆以极醋为佳。末干曲，下绢筛。经用粳秫米为第一，黍米亦佳。米一石，用曲末一斗；曲多则醋不美。米唯再馏。淘不用多遍。初淘渖汁泻却。其第二淘泔，即留以浸饙，令饮泔汁尽，重装作再馏饭。下，掸去热气，令如人体，于盆中和之，擘破饭块，以曲拌之，必令均调。下醋浆，更搦破，令如薄粥。粥稠即酢克，稀则味薄。内著瓮中，随瓮大小，以满为限。七日间，一日一度搅之；七日以外，十日一搅，三十日止。初置瓮于北荫中风凉之处，勿令见日。时时汲冷水遍浇瓮外，引去热气，但勿令生水入瓮中。取十石瓮，不过五六斗糟耳。接取清，别瓮贮之，得停數年也。

5月5日酿醋，7月7日成熟。进入5月就多收集些用粟米饭泡成的酸浆水，准备加进去酿醋，不用水。浆水越酸就越好。将干曲捣成粉末，过绢筛。用秫米最好，用黍米也好。一石米配用一斗曲粉，曲太多，酿出来的醋就不好。米要煮一次再蒸一次。淘米的次数不用太多。头道淘米水要倒掉，第二道淘米水要留着泡饭，当饭把水吸完后，再装到甑里去蒸，酿成再蒸饭。端下来，摊开散热。当饭的温度和人的体温差不多时，倒到盆子里搅和，抓散成团的饭，拌上曲粉，一定要拌得很匀。加进酸浆水，再把饭粒捏碎使成稀粥状。粥太稠，酿出来的醋会减少；太稀了，酿出来的醋就会淡。放到瓮中，瓮不论大小，装满为止。7天之内，一天搅拌一次；7天之后，每隔10天搅拌一次；到30天就不用搅了。开始就要把瓮安置在北面阴凉的地方，不要晒到太阳。经常要汲取冷水把瓮的外表浇个遍，带走热气，但要注意不让生水进到瓮里去。用容量为十石的瓮酿醋，最后只不过有五六斗糟。舀取上面的清液，另外拿个瓮装起来，可以停放几年。见图：

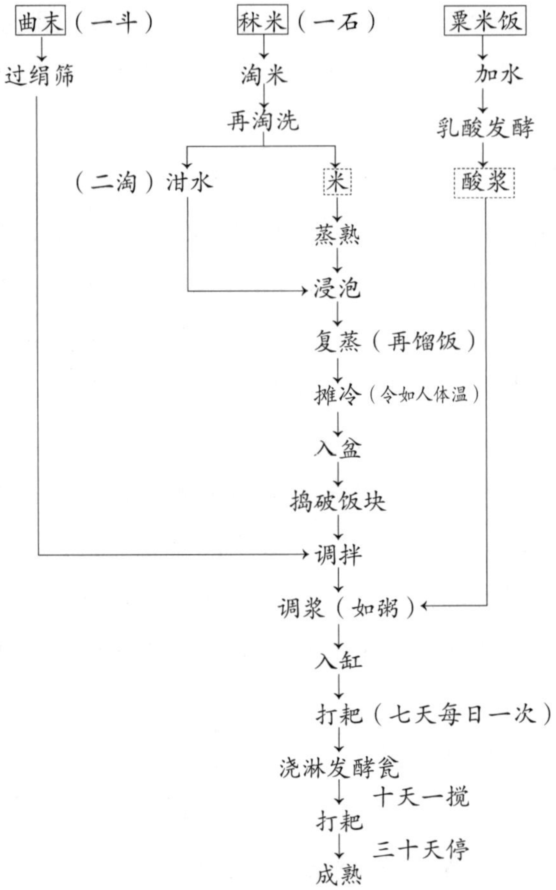

7.大麦酢法：七月七日作。若七日不得作者，必须收藏取七日水，十五日作。除此两日则不成。于屋里近户里边置瓮。大率小麦䴵一石，水三石，大麦细造一石——不用作米则利严，是以用造。簸讫，净淘，炊作再馏饭。挥令小暖如人体，下酿，以杷搅之，绵幕瓮口。三日便发。发时数搅，不搅则生白醭；生白醭则不好。以棘子彻底搅之：恐有人发落中，则坏醋。凡醋悉尔，亦去发则还好。六七日，净淘粟米五升——米亦不用过细——炊作再馏饭，亦挥如人体投之，杷搅，绵幕。三四日，看米消，搅而尝之，味甜美则罢；若苦者，更炊二三升粟米投之，以意斟量。二七日，可食；三七日，好熟。香美淳严，一盏醋，和水一椀，乃可食之。八月中，接取清，别瓮贮之，盆合，泥头，得停数年。未熟时，二日三日，须以冷水浇瓮外，引去热气，勿令生水入瓮中。若用黍、秫米投弥佳，白、苍粟米亦得。

在7月7日酿制。如果7日来不及酿，收藏所有原料，包括7日取的水。酿醋用的瓮要放在屋内靠大门的地方。一般标准是，1石小麦麴，3石水，1石粗糙加工过的大麦——因为不是用来做饭吃的，所以可以使用粗制的米。将大麦簸扬除去谷壳，淘洗干净，彻底蒸透，把热饭摊在合适的表面冷却，当冷至像人的体温时，放入发酵瓮里。用耙将其搅拌均匀，然后用丝绵蒙住瓮口。3天后就会开始发酵，发酵时要经常搅动，不搅动就会长一层白醭，长了白醭，醋的味道就不会好。用酸枣枝条伸到瓮底去搅动，这是担心有人的头发落进瓮里，那样醋就会坏。把头发弄出来，醋就又恢复原样了。在第6天或第7天，取5升粟米，粟米不要太精细，淘洗干净后蒸熟。摊开冷却，当冷至体温时，投入发酵瓮中，用丝绵蒙住瓮口。3至4天后，如果米已经全部消化了，则搅拌后品尝，如果味道甜美，就置之一边；如果味道还有些苦，就需要再煮2~3升粟米投放进去。根据情况，酌量加减。14天后就可以吃，21天后就完全熟了。这种醋香美醇厚，小小一杯，掺上一碗水即可食用。到8月中旬，舀取上面的清液，另外拿个瓮贮存起来，用盆子盖好，用泥封住瓮头，可以存放几年。在醋还没有成熟时，每隔2~3天都要用冷水浇淋瓮子外表，以便带走热气，但不要让生水进到瓮子里去。如果投放的是黍米或秫米，效果更好，白粟米和黄粟米也可以用。其过程可用工艺流程图表示：

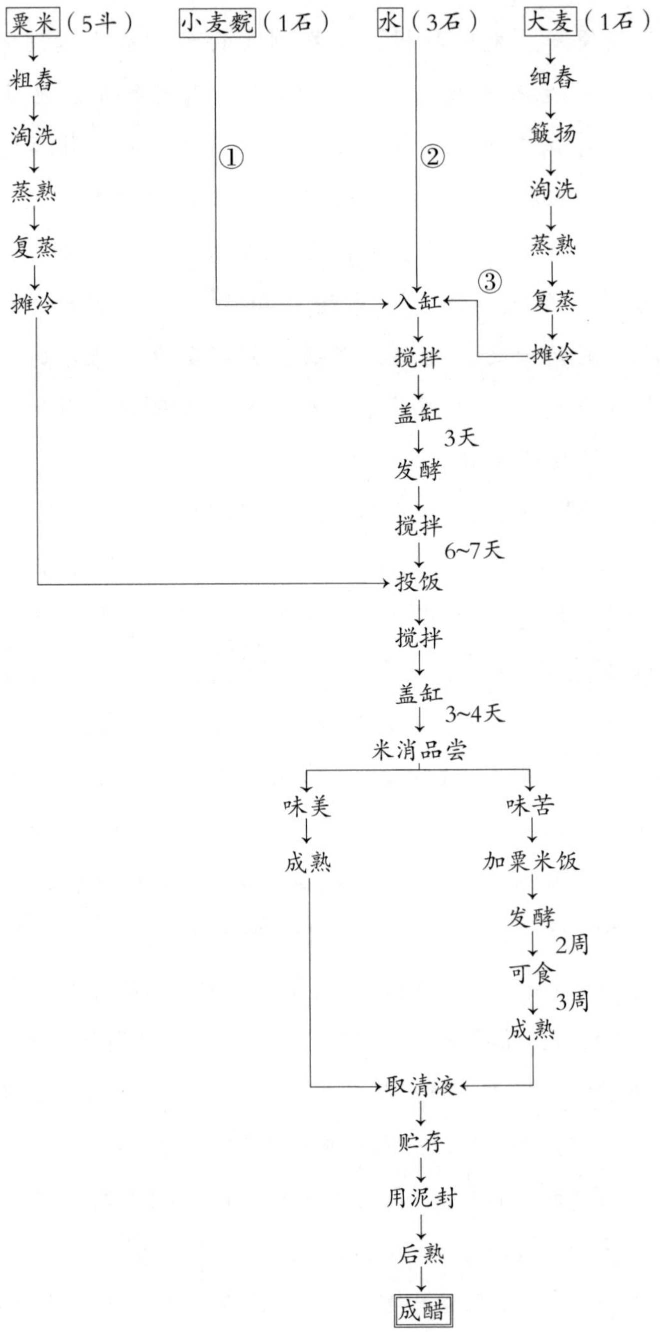

8.烧饼作酢法：亦七月七日作。大率麦䴷一斗，水三斗，亦随瓮大小，任人增加。水、䴷亦当日顿下。初作日，软溲数升面，作烧饼，待冷下之。经宿，看饼渐消尽，更作烧饼投。凡四五投，当味美沸定便止。有薄饼缘诸面饼，但是烧煿煿者，皆得投之。

也是在7月7日酿。比例是，1斗麦䴷，3斗水。根据瓮子大小，随意增减。水和麦䴷也是当天全部倒进去。开始酿的那天，将几升面粉调和得软软的，做成烧饼。等烧饼冷却后再放到瓮里。经过一个晚上，看到烧饼渐渐消融完了，再做烧饼放进去。总共投放4~5次，到醋味鲜美，不再向上冒气泡时，就不再放饼了。边缘较薄的各种麦饼，只要是经过了烧烤的，都可以放到瓮里酿醋。其过程可用工艺流程表示：

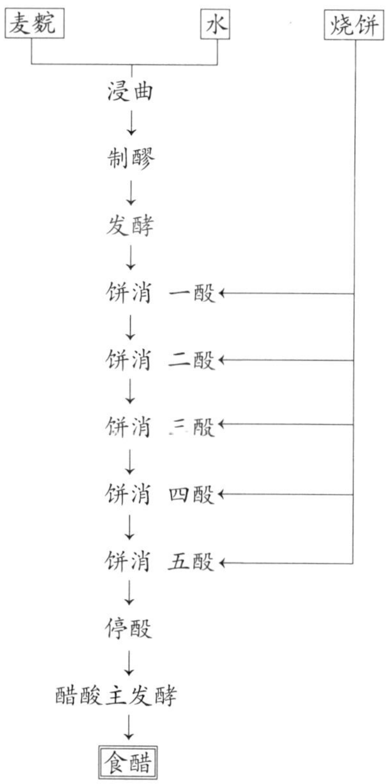

9.回酒酢法：凡酿酒失所味醋者，或初好后动未压者，皆宜回作醋。大率五石米酒醅。更著曲末一斗，麦䴷一斗，井花水一石；粟米饭两石，掸令冷如人体，投之，杷搅，绵幕瓮口。每日再度搅之。春夏七日熟，秋冬稍迟，皆美香。清澄后一月，接取，别器贮之。

凡是酿酒不得法使味道偏酸的酒，或者开始正常后来变酸而没有压滤的酒醪，都可改为酿醋。一般配料比例是：将5石未过滤的酒加入1斗粉曲、1斗麦曲和1石洁净井水，放入瓮里，再加入2石熟粟米饭，待摊冷到冷热像人体温那样时，用耙搅拌均匀，用丝绵蒙住瓮口。每天搅拌两次。春夏两季，醪约7天成熟；秋冬两季，时间稍长。但味道都香美。澄清一个月后，把上面的清液舀出来，装在另一个瓮里贮存。

10.动酒酢法：春酒压讫而动不中饮者，皆可作醋。大率酒一斗，用水三斗，合瓮盛，置日中曝之。雨则盆盖之，勿令水入；晴还去盆。七日后当臭，衣生，勿得怪也。但停置，勿移动、挠搅之。数十日，醋成衣沈，反更香美。日久弥佳。

压滤后变酸而不能饮用的春酒可用于酿醋。一般比例是将1斗酒和3斗水混合，放入瓮里。让瓮在太阳下晒着。下雨时，要用盆盖住瓮口，防止雨水流入；晴天时，揭开盖。7天后，溶液会发出臭味，表面会生成一层膜衣，但不必担心。不要挪动瓮或搅动瓮中的物料。数十天后，醋即酿成了，膜衣也沉下去了，醋反而变得芳香可口。这种醋长期储存味道更好。

11.又方：大率酒两石，麦䴷一斗，粟米饭六斗，小暖投之，杷搅，绵幕瓮口。二七日熟，美酽殊常矣。

又一种方法：大致比例是2石酒，1斗麦麴，6斗粟米饭。米饭微热时投放进去，用耙搅匀，用丝棉蒙住瓮口。14天后，醋就成熟了，而且非常甜美醇厚。

12.神酢法：要用七月七日合和。瓮须好。蒸干黄蒸一斛，熟蒸麸三斛：凡二物，温温暖，便和之。水多少，要使相腌渍；水多则酢薄不好。瓮中卧经再宿，三日便压之，如压酒法。压讫，澄清，内大瓮中。经二三日，瓮热，必须以冷水浇；不尔，酢坏。其上有白醭浮，接去之。满一月，酢成可食。初熟，忌浇热食，犯之必坏酢。若无黄蒸及麸者，用麦䴷一石，粟米饭三斛合和之。方与黄蒸同。盛置如前法。瓮常以绵幕之，不得盖。

要在7月7日将原料调配好。酿醋的瓮必须完好。把1斛制好的干的黄蒸，3斛蒸熟的麦麸，趁温热时和在一起。加水的多少，以把它们浸没为准。水放得太多，酿出来的醋味道很淡，不好。放在瓮中过两个晚上，到第3天就像压榨酒一样把汁压出来。压出来后，澄清，装进大的瓮子里。过两三天，瓮体发热，要用冷水浇淋瓮外壁，否则醋会坏。瓮内如果上面浮有一层白醭，用手将它捞去。放满一个月后，醋就可以吃了。醋刚熟不久时，忌讳将它浇在热菜上吃，那样，醋会变坏。如果没有黄蒸和麦麸，可用1石麦麴、3斛粟米饭混合，方法与用黄蒸相同。装、放也像前面方法一样。瓮口通常只用丝绵蒙着，不要盖。其工艺可用下面的流程图表示：

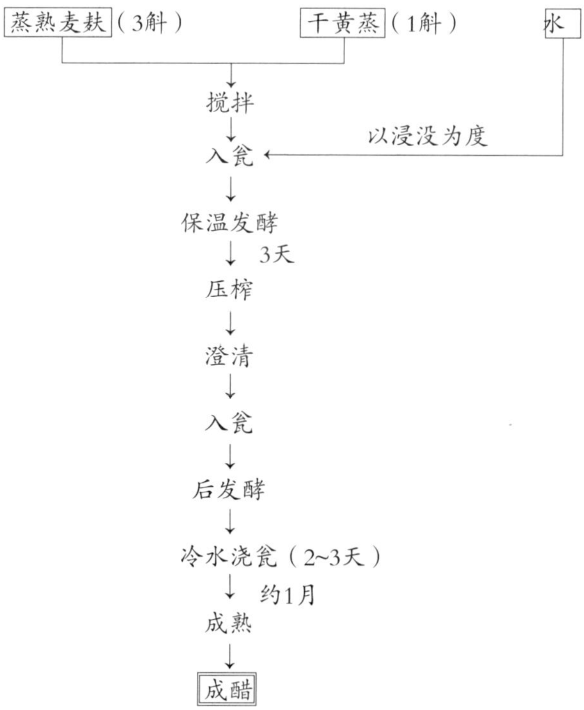

13.作糟糠酢法：置瓮于屋内，春秋冬夏，皆以穰茹瓮下，不茹则臭。大率酒糟、粟糠中半。麤糠不任用，细则泥，唯中间收者佳。和糟糠，必令均调，勿令有块。先内荆、竹篗于瓮中，然后下糠糟于篗外，均平以手按之，去瓮口一尺许便止。汲冷水，绕篗外均浇之，候篗中水深浅半糟便止。以盖覆瓮口。每日四五度，以椀挹取篗中汁，浇四畔糠糟上。三日后，糟熟，发香气。夏七日，冬二七日，尝酢极甜美，无糟糠气，便熟矣。犹小苦者，是未熟，更浇如初。候好熟，乃挹取篗中淳浓者，别器盛。更汲冷水浇淋，味薄乃止。淋法，令当日即了。糟任饲猪。其初挹淳浓者，夏得二十日，冬得六十日；后淋浇者，止得三五日供食也。

把瓮安放在屋内。无论春夏秋冬，都要用麦秸围裹着瓮底，如果不裹，酿出的醋会发臭。一般配比是酒糟和粟糠各占一半。粗糠不能用，细糠会有泥，不粗不细的最好。将糠和糟拌和均匀，不能有结块。先把一个荆条或竹篾编的滤酒的笼罩放在瓮里，使糟和糠在笼罩外面，均匀平整地用手按紧，离瓮口1尺左右就不要再装了。汲取冷水，在笼罩外围均匀地浇淋。等笼罩中的液体达到外边酒糟高度一半时就不要浇淋了。用盖子盖住瓮口。每天用碗舀取笼中的液汁淋到四周的糟糠上4~5次。3天后，酒糟熟了，放出香气。夏天经过7天，冬天经14天，舀出来品尝如果很甜美，没有了糟糠气味，这时醋便成熟了；如果还有点苦，说明醋还没有熟，还要像开始那样浇淋。等完全熟了，就舀取出笼罩内醇厚浓郁的醋，另外用器皿装着。剩下的酒糟再汲取冷水在笼罩外浇淋，直到醋味变淡为止。浇淋，应在当天全部完成。酒糟可用来喂猪。第一次舀取的较为淳浓的醋，夏天可以存20天，冬天可以存60天，而以后浇淋出来的醋，只能食用3~5天。本制法的工艺可用以下流程图表示：

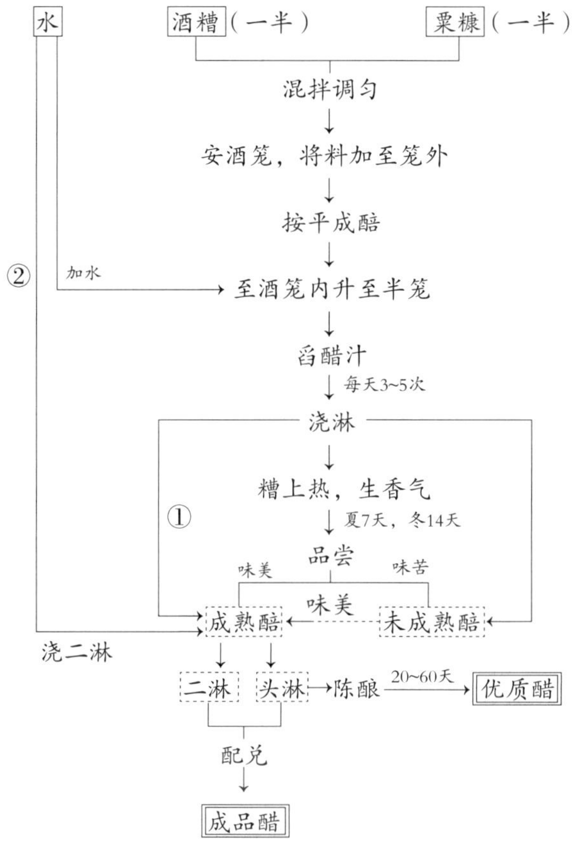

14.酒糟酢法：春酒糟则酽。颐酒糟亦中用。然欲作酢者，糟常湿下；压糟极燥者，酢味薄。作法：用石碓子辣谷令破，以水拌而蒸之。熟便下，掸去热气，与糟相拌，必令其均调；大率糟常居多。和讫，卧于酮瓮中，以向满为限，以绵幕瓮口。七日后，酢香熟，便下水，令相淹渍。经宿，酮孔子下之。夏日作者，宜冷水淋；春秋作者，宜温卧，以穰茹瓮，汤淋之。以意消息之。

用春酒糟酿出来的醋很酽，制曲酿制的颐酒糟也可以用。但要酿醋，酒糟通常要用湿糟，压榨后太干的酒糟，用来酿醋味道就很淡。具体制作方法是：用石磨将谷子磨破，用水搅拌后蒸熟即可，摊凉后和酒糟搅拌在一起，搅拌均匀。酒糟通常是要多一些。搅拌完后，放到底部有排水孔的瓮中，装满为止，用丝绵蒙着瓮口。7天后，醋醅成熟并散发香气，加水进去浸泡。过一个晚上，醋汁就从瓮底部孔里流了出来。夏天酿时，要用冷水浇淋瓮壁，春天、秋天酿时，就要保持瓮体温热，或用麦秸包裹，或将热水淋瓮外壁。要根据情况灵活处理。

15.作糟酢法：用春糟，以水和，搦破块，使厚薄如未压酒。经三日，压取清汁两石许，著熟粟米饭四斗投之，盆覆，密泥。三七日酢熟，美酽，得经夏停之。瓮置屋下阴地。

用春酒糟的原料，加水调和，将碎块捏破，使它厚薄程度就像未经压榨的酒醅。经过3天，压取两石左右的清汁，将4斗热粟米饭放进去，用盆子盖好，用泥密封，21天后醋就熟了，且又香又酽，能够存放过夏天。瓮要安置在屋下荫凉的地方。

16.《食经》作大豆千岁苦酒法：用大豆一斗，熟汰之，渍令泽。炊，曝极燥。以酒醅灌之。任性多少，以此为率。

用1斗大豆，仔细淘洗，在水中浸胀，煮熟，晒干。用未经过滤的酒浸泡。不管原料多少，都按这个比例。

17.作小豆千岁苦酒法：用生小豆五斗，水汰，著瓮中。黍米作饙，覆豆上。酒三石灌之，绵幕瓮口。二十日，苦酢成。

5斗生小豆洗净泡透，置于瓮中。在小豆上盖上一层黍米煮成的饭。再灌入3石酒。用丝绵蒙住瓮口。20天后，即成醋。

18.作小麦苦酒法：小麦三斗，炊令熟，著堈中，以布密封其口。七日开之，以二石薄酒沃之，可久长不败也。

将3斗小麦煮熟，放到瓮里，用布封住口。7天后打开，再灌进2石清酒。很久时间都不会坏。

19.水苦酒法；女麴、麤米各二斗，清水一石，渍之一宿，泲取汁。炊米曲饭令熟，及热酘瓮中。以渍米汁随瓮边稍稍沃之，勿使曲发饭起。土泥边，开中央，板盖其上。夏月，十三日便醋。

取用糯米制成的米曲和糙米各2斗，用1石清水浸泡一晚，漉取浸汁。将米和曲煮熟，趁热把它们投放到瓮中。用浸过米的汁顺着瓮边慢慢浇淋下去，不要使曲和饭浮起来了。用泥封住瓮口的边，中间开个口，用木板盖在上面。夏天，过13天就酸了。

20.卒成苦酒法：取黍米一斗，水五斗，煮作粥。曲一斤，烧令黄，槌破，著瓮底。以熟好泥。二日便醋。

已尝经试，直醋亦不美。以粟米饭一斗投之，二七日后，清澄美酽，与大醋不殊也。

取1斗黍米，加入5斗水熬成粥。把1斤曲烤黄，用槌子敲碎，放到瓮底，用熟泥封好，两天就酸了。

经尝试，这样酿出来的醋只有酸味，味道并不好。如果再放进1斗粟米饭，14天后，便清澄美酽，与好醋没有什么区别。

21.乌梅苦酒法：乌梅去核一升许肉，以五升苦酒渍数日，曝干，擣作屑。欲食，辄投水中，即成醋尔。

将乌梅的核去掉，收集1升左右的乌梅肉，用5升醋（苦酒）浸泡几天，然后晒干，捣成粉末。要食用时，把它放到水里，就成了醋。

22.蜜苦酒法：水一石，蜜一斗，搅使调和，密盖瓮口，著日中。二十日可熟也。

将1斗蜜溶解在1石水中，搅拌均匀后，用丝绵严封瓮口，放到太阳下晒。20天，醋就成熟了。

23.外国苦酒法：蜜一升，水三合，封著器中；与少胡荽子著中，以辟，得不生虫。正月旦作，九月九日熟。以一铜匕水添之，可三十人食。

崔寔曰："四月四日可作酢。五月五日亦可作酢。"

取1升蜂蜜、3合水，封存在容器里，同时放进少许胡荽子避免生虫。正月初一制作，九月初九成熟。用一铜瓢的醋添上水，可供30个人食用。

崔寔说："四月初四可酿醋，五月初五也可酿醋。"

24.桃酢法：桃烂自零者，收取，内之于瓮中，以物盖口。七日之后，既烂，漉去皮核，密封闭之。三七日酢成，香美可食。

收集成熟落地的桃装在瓮中，加盖，待其腐烂后滤除果皮和核，密封21日后酿成的果醋，香美可食。

《四时纂要》中的酿醋方法

由唐代韩鄂编，原书已失传，1960年在日本发现了明万历十八年

（1590年）朝鲜重刻本，由日本东京山本书店于1961年11月影印出版，我们现在看到的便是这本重印本的影印复制件。这本书记载了不少农产品加工的方法。以下内容摘自该书“秋令卷之四”。

（四三）米醋法：又，先六月中取糙米三五斗，炊（似是“炒”字之误）了，细磨，取苍耳汁和溲，踏作曲，一如麦曲法。又取三五斗糙米，炊了，隔宿于瓮中热汤浸，来日早蒸，蒸了，摊开，蒿覆如黄衣法。至造醋时，又炒糙米三五斗，向星露下，以沸汤泼，经宿，来日蒸之，亦无剩水，依常炊饭，候熟，每斗用汤一斗，亦蒸米了，便下汤中。待如人体，即下黄衣及曲末，大约每斗米用黄衣、曲末共二斤，三七日成。放至四十九日成，更佳。造用寅、辰、戌日。

暴米醋，这里所谓的“暴”，是指操作较简单、酿造周期较短，这种工艺也以糙米为原料，经焙炒，用热汤润软后蒸熟，制醅，用曲为根霉饼曲，粉碎后使用。原文如下：

（四四）暴米醋：糙米一斗，炒令黄，汤浸软后，熟蒸。水一斗，曲末一升，搅和。下洁净瓷器，稍热为妙。夏一月，冬两月。密封头。日未足，不可开。

（四五）医醋：凡醋瓮下须安砖石，以隔湿气。又忌杂手取。又忌生水器取及醎器贮。皆致易败。

又醋因妊娠女人所坏者，取车辙中土一掬著瓮中，即还好。

（四六）麦醋：取大麦一石，舂取一造，——取一半完人，一半带皮便止。取五斗烂蒸，罨黄，一如作黄衣法。五斗炒令黄，熟浸一宿，明日烂蒸。摊如人体。并前黄衣一时入瓮中，以蒸水沃之，拌令匀，其水于麦上深三五寸即得。密封盖。七月便香熟。即中心著篘取之，头者别收贮，余以水淋，旋吃之。

《齐民要术》云：“造麦醋，米酘之。”此恐难成，成亦不堪，盖失其类矣。

（四七）暴麦醋：大麦一斗，熟舂插，炒令香、焦、黄，磨中掣破。水拌湿后，熟水一斗五升冷如人体，以曲一升搅和，入罂瓮中，封头断气。二七日熟。淋如前法。

（四八）醋泉：面一石，七月六日造，淡溲，作飥、飥，熟煮，漉出，箔上摊曒，令干，勿令虫鼠吃著。收飥、飥汤八斗已来，小麦曲末二大斗，结尖量，于二石瓮中，先下飥、飥一重，即下曲末一重，又下飥、飥、曲末，如此重重下之，以尽为度。即一时泻飥、飥汤八斗入瓮中，更不得动著。仍先以砖石磹瓮底，夏月令日照著。

先以七介纸单子：初下日，一重纸单子盖头，密系之；一七日，加一重；至四十九日，七重足。又七日，去一重厚衣。以竹刀割作二孔，南北对开，须贴瓮唇。每以胡芦勺南边取一勺，北边入一勺新汲水。每日长出五升，即入水五升。如此至三十年不竭。

然则须一手取，切忌殗污，立坏。又初造时，忌人吃着飥、飥片子，切防家人背食之，即不成矣。造多少，在临时。

《太平御览》中的酿醋方法

这是宋代一部著名的类书，为北宋李昉、李穆、徐铉等学者奉敕编纂，始于太平兴国二年（977年）三月，成书于太平兴国八年（983年）十月。本段文字摘自《太平御览·饮食部》中国商业出版社“中国烹饪古籍丛刊”系列丛书中的一册，1993年出版。版式略有调整。

卷第八百六十六　饮食部二十四　醯

《释名》曰[①]：苦酒[②]，淳毒甚者，酢且苦[③]也。

《周礼》曰[④]：醯人掌共五齐七菹[⑤]，凡醯物以共祭祀之齐菹[⑥]，凡醯酱之物，宾客亦如之[⑦]（齐菹，酱属。醯人者，皆须[⑧]醯成味）。王举[⑨]，则共齐菹醯物，六十瓮[⑩]；共后及世子[⑪]之酱、齐、菹；宾客之礼[⑫]，共醯五十瓮。凡事共醯[⑬]。

《仪礼》曰[⑭]：醯醢百瓮，夹碑十以为列[⑮]。

《礼》曰[⑯]：宋襄公葬其夫人[⑰]，醯醢百瓮。

又曰[⑱]：大功之丧[⑲]，不食醯酱[⑳]。父母之丧，又期而大祥[㉑]，有醯酱[㉒]。

《论语》曰[㉓]：子曰：“孰谓微生高直[㉔]？或乞醯焉[㉕]！乞诸其邻而与之[㉖]。”

《史记》曰[27]：通邑大都[28]，酤千酿醯[29]。

《汉武内传》曰：西王母仙上药有风林鸣酢。

《魏名臣奏》[30]曰：刘放[31]奏云："今官贩苦酒，与百姓争锥刀之末[32]，宜其息绝[33]"。

《吴录·地理志》曰：吴王[34]筑城以贮醯醢，今人俗呼"苦酒城"。

《晏子春秋》曰：兰本三年而成[35]，湛之苦酒[36]，则君子不近[37]，庶人不佩[38]。

《风俗通》曰[39]：酢如蓂荚[40]，按萤味酸，工者取以调味[41]。

《博物志》曰[42]：酒暴熟[43]者酢、醯酸者宜臭[44]。

又曰[45]：龙肉以醯渍，则文章生。

葛洪《肘后方》[46]曰：治齿痛用三年酟酢[47]。

《唐书》曰[48]：初，薛仁杲拔秦州[49]，召富人磔于猛火之上，或以醯灌鼻求其金宝[50]。

又曰[51]：任迪简万年人[52]，举进士，初为天德军使李景略判官[53]：性重厚[54]。常有宴，行酒者误以醯进[55]，迪简知误，以景略性严，虑坐主酒者[56]，乃勉强饮尽之[57]，而伪容其过[58]，以酒薄[59]白景略，请换[60]之。于是军中感悦[61]。

注释：

①此节选自《释名·释饮食》。

②苦酒：醋。《食经》有作苦酒法："用乌梅以苦酒渍之，曝干作屑，欲食辄投水内。""卒成苦酒，其法取黍米一斛，以热粥浇其上，二日便成酢。"

③酢且苦：又酸又苦。酢，酸，亦为醋之名。

④此节选自《周礼·天官·醯人》。

⑤醯人：官名，掌醯酱。五齐：即五齑，即昌本、脾析、蜃、豚拍、深蒲。七菹：即韭、菁、茆、葵、芹、菭、笋菹。

⑥齐菹：即齑和菹。

⑦宾客亦如之：招待宾客与祭祀用的醯酱一样。

⑧须：《御览》作“酒”。

⑨王举：帝王进食。杀牲盛馔曰“举”。

⑩瓮：又作“缶”。

⑪后：王后。世子：太子。

⑫宾客之礼：言接待宾客。

⑬凡事共醯：有事所需即供以醯。

⑭此节选自《仪礼·聘礼》。

⑮夹碑：在鼎中央。十以为列：十瓮一排。

⑯此节选自《礼记·檀公上》。

⑰宋襄公（？—前637）：即子兹甫，前650—前637年在位。公元前638年，领兵与楚战，言要先礼后兵，屡失战机，在溃败中受重伤，困辱而死。夫人：《御览》作“大人”，误。

⑱此节选自《礼记·间传》。

⑲大功之丧：功指丧服，有大功小功之分，系指布的精密程度而言，小功精于大功。

⑳不食醯酱：指不加调味品，淡食服丧。

㉑期而大祥：祥为丧祭之名，有小祥大祥之分。《礼记·间传》此句前有“期而小祥，食菜果”一语。父母丧时，蔬食饮水，不食菜果。至小祥之期，可食菜果。大祥之期，便可用醯酱。半月之后，便可饮醴酒、食干肉。

㉒有醯酱：言不必淡食，可用醯酱调味。

㉓此节选自《论语·公冶长》。

㉔孰谓微生高直：谁说微生高这个人品行正直?孰，谁。微生高，鲁人，姓微生，名高。

㉕或乞醯焉：有时还跟别人讨醋吃呢。

㉖乞诸其邻而与之：向他的邻居讨醋，邻居给了他。

㉗此节选自《史记·货殖列传》。

㉘通邑大都：四通八达的都市。

㉙酤千酿醯：《史记》本作“酤一岁千酿，醯酱千瓨。”指在一个都市里，一年卖出的酒有千瓮、醯酱有千瓶之多。酤，卖。酿，酒。瓨，长

颈罂。

㉚《魏名臣奏》：今不见传

㉛刘放：人名。

㉜锥刀之末：微小的利益。《左传·昭公六年》："锥刀之末，将尽争之。"

㉝宜其息绝：应当停止。停止官贩，让百姓自由买卖。

㉞吴王：当指春秋吴王夫差。

㉟兰：兰草，香品。三年而成：生长三年而香气宜人。

㊱湛之苦酒：把醋洒在兰草上。

㊲不近：不会靠近。言这样的兰草就无人欣赏了。

㊳庶人不佩：平常的人也不会佩戴它了。

㊴此节为《风俗通义》佚文，本引自《孝经》。

㊵蓂荚：古指瑞草。

㊶此句后本有"后以醯醢代之"一语。工者，或作"王者"。调味，调作酸味。

㊷此节为《博物志》佚文。

㊸暴熟：指酿造时间很短。

㊹臭：腐败。

㊺此节见今《博物志·卷四》。

㊻《肘后方》：又名《肘后备急方》，八卷。晋葛洪撰。

㊼三年醶（yàn，音验）酢：放了三年的陈醋。三年，又作"多年"。帕：酢浆。《集韵》云："或云卤味，或云酸味。"

㊽此节选自《旧唐书·薛举列传》。

㊾薛仁果（？—618）：《御览》作薛仁果，为隋末地方割据首领，河东汾阴（今山西万荣西）人。与其父薛举起兵，父称帝，他为太子，后被杀于长安。拔：攻占。秦州：随时治所在上邽（今天水市）。

㊿召富人磔于猛火之上，或以醯灌鼻求其金宝：《唐书》作"取富人倒悬以酢注鼻以求财"，磔（zhé，音哲）：古代分裂肢体的酷刑。

51此节选自《旧唐书·良吏列传》。

㉜任迪简：人名。万年：县名。治所在长安城内。

㉝天德军使：官名。李景略：人名。判官：官名。

㉞性重厚：秉性率直。

㉟行酒者误以醯进：斟酒的人误把醋当酒斟给了任迪简。

㊱虑：考虑；估计。坐主酒者：治斟酒者的罪。

㊲乃勉强饮尽之：勉强将醋当酒喝了下去。据《唐国史补》，“李景略严暴，发之则死者多矣”，为免行酒人一死，不得已喝醋。

㊳伪容其过：掩饰主酒者的过错。伪容，掩饰。

㊴酒薄：酒味不醇。

㊵换：更换酒。其实是换醋。

㊶军中感悦：军士们听说后都十分感动。据《唐国史补》，任迪简饮醋后吐血而归。

《事林广记》中的酿醋方法

这是一部日用百科全书型的古代民间类书。南宋末年建州崇安（今属福建）人陈元靓撰，经元代和明初人翻刻时增补。

1. 麦黄醋　小麦不计，净淘，用清水浸三日，漉出，控干，蒸熟，于暖处摊开，搁起芦席上，楮叶盖之，三五日黄衣上，去叶，日中晒极干，簸净下入缸内，水拌匀，上面可留一拳水，封闭四十日可熟。

2. 糟醋法　腊糟一石，水泡，粗糠三斗，麦麸二斗，（右件）和匀，温暖处放，罨盖，勤拌捺，发热时，须用拨开，恐至太热则坏了（这是为了供给醋酸发酵时醋酸菌所需之氧，并借助翻拌以散热，控制品温不致过高）。候气香咂尝有酸味，依常法制造淋之。按四时添减，春秋用糠四斗半，麸二斗；夏糠三斗，麸二斗；冬糠五斗，麸三斗，觑天气加减造。

3. 梅子醋法　乌梅去核一升许，以酽醋五升浸，晒干为末，欲用，以少许投水中成香醋，甚美。

4. 麸醋　每料用麦麸三斗，湿糟一斗，粟米一升，水一斗，煎作米汤，热用麸糟拌匀，装在瓮内或盆中，按令极实，每日搅拌三次。直候苦味尽，煎水二斗浇下醋为度，秋冬三日，夏二日可出头醋，再出一次尚妙。

5. 饧糖醋　饧稀一斤，水三斤，先将水入锅煎数沸，豁出倾入饧，搅匀，候温入白曲末二两，同搅匀，装净瓶内，纸封，日晒，春秋一月，冬四十五日。夏二十日，熟甚香美，下了。到二十日，之上有一层白醭面子，休搅动，至自落时乃成熟也。若不日晒，只安顿静处，勿得动摇，任其自然尤好。

6. 又法　于腊月内下雪时广收净雪，实踏约一石许，入缸装约五寸厚，入饧稀一层，再踏入雪，又浇饧稀至十斤，净为度。以盆盖泥封至向前四月八日开，其味极是香美。饧稀即饧母也，此醋愈久愈酸。

7. 投醋法　将头醋装入瓶，每瓶烧红木炭火一块约二寸许急投入瓶中，掺入炒小麦一撮，箬叶包瓶口，纸封泥头，永不坏。或有入烧盐者，反淡了醋味。

8. 长生醋法　大麦五斗，磨擂作曲片子发过后，捣为细末。次用良姜三两，又胡椒三两，水一檐，入瓮内封就。日晒三七日后方熟。每取时，三升醋却还水三升入瓮，更入姜椒些小，甚香美须用五六月造。

9. 千里醋法　无糖蒸饼曝干投酽醋中。□□取出再曝再浸，大约蒸饼三枚用醋一斗，以渗尽为度。曝令内外通燥收之。每行醋用即擘少许以水研开供之。今军戍间率用此法。

《农桑衣食撮要》中的酿醋方法

这是一部元代月令类农书。作者鲁明善，名铁柱，维吾尔族人。本段摘自农业出版社1962年版，王毓瑚校注。

1. 做麦醋　大麦一石或三五斗炒过，取一半细碎，取一半完全。先以细碎者浸一宿，次日蒸成饭，用楮叶盖，盦成黄子。七日后，以完全者浸一宿，炊成饭，以炊汤半镬候温，将黄子同酿，密封盖。如不密封则生虫。过七日后则成醋，二七日后出头醋，煮过收贮，二糟有味，再酿之。

2. 做老米醋　陈仓秫米三斗或五斗淘净，水浸七日。每日换水一遍，七日后蒸熟，候饭冷，于席箔上摊开，以楮叶盖覆。发黄衣遍，晒干。临下时簸净。每黄子一斗用水二斗，入瓮内；又用红曲一合，温水泡下，将瓮口封闭。二十日看一遍，候白衣面坠下；或白衣不下，澄清；以味酸为度，去白衣。将醋锅内熬一沸，又炒盐少许，候冷，用洁净瓶瓮收贮，以泥封之，可留一二年。

3. 做米醋　用秈谷三斗，每日换水，浸七日。蒸熟摊开，盦成黄子，曝晒干极。三伏内以糙糯米一斗五升，水略浸，蒸熟候冷，以谷黄擣碎，拌和蒸熟糯米。缸底先用蓼子数茎，然后入缸内。用米五升，上又用蓼子数茎，以米糠盖之，密糊封闭一月，然后篘出，用乌梅数个，盐少许，同入瓶内，煮数沸，泥封收贮。切忌生水，湿器盛顿。

4. 做莲花醋　白面一斤，莲花三朵擣细，水和成团，用纸包裹，挂于当风处。一月后取出，以糙米一斗，水浸一宿，蒸熟，用水一斗酿之，用纸七层密封定。每层写七日字，遇七日揭去一层，至四十九日，然后开封篘出，煎数沸，收之。如二糟有味，用滚水再酿，尽有日用，忌生水，湿器收贮。

《居家必备事类全集》中的酿醋方法

这是一部元代集体编写的日常生活百科全书。

1. 造七醋法　假如黄陈仓米五斗，不淘净。浸七宿，每日换水二次。至七日，做熟饭。乘热便入瓮，按平，封闭，勿令气出。第二日，翻转动。至第七日开，再翻转，倾入井华水三担，又封闭。一七日搅一遍，再封。二七日再搅，至三七日即成好醋矣。此法甚简易。尤妙。

2. 造三黄醋法　于三伏中，将陈仓米一斗，淘净作熟硬饭，摊令匀，候冷定，饭面上以楮叶盖，或苍耳、青蒿皆可。罨作黄衣，上去掩盖之物。番转过，至次日晒干，簸去黄衣，净器收贮；再用陈米一斗，作熟硬饭晒干，亦用净器收贮。至秋社日，再用陈米一斗，作熟饭，与上件黄衣、干饭拌，和匀下水，饭面上约有四指高水，纱帛幪头，至四十九日方熟，慎勿动着，待其自然成熟，此法亟妙。

3. 造小麦醋法　陈仓米一斗或糯米亦可用。水浸一宿，炊作饭，摊温冷。粗曲二十两，捣细，火焙干，以纸衬地上，出火气。拌饭匀，放净瓮内。入新汲水三斗，又拌匀，擂，捺平。用纸两三层密封瓮口，勿见风，向南方安。候四十九日开。用小麦二升炒焦，投入瓮内。少须，取醋于锅内筒沸，入瓶了。上用炒麦一撮，醋久不坏。取头醋了，再用水一斗半酿第二醋，旬日可取食之。第二醋了，又用水七升半酿第三醋，更数日取食之。第三醋了（二三醋欲食，须用炒焦麦半升许入瓮内搭色），犹可取第四醋，味尚如街市中卖者。此醋妙不可言。米醋热者，盖谓炒米耳。此法用炊米，所以性平。

4. 造麦黄醋法　小麦不拘多少，淘净。用清水浸三日，漉出，控干，蒸熟。于暖处摊开，铺放芦席上，楮叶盖之。三五日，黄衣上，去叶晒干，簸净，入缸，用水拌匀。上面可留一拳水。封闭。四十九日可熟。

5. 造大麦醋法　大麦仁二斗，内一斗炒令黄色，水浸一宿，炊熟，以六斤白面拌和，于净室内铺席，摊匀，楮叶覆盖七日，黄衣上，晒干。更将余者一斗麦仁炒黄，浸一宿，炊熟，摊温，同和入黄子，捺在缸内，以水六斗匀搅，密盖。三七日可熟。

6. 造糟醋法　腊糟一石，水泡，粗糠三斗、麦麸二斗。右件和匀，温暖处放，罨盖。勤拌、捺。须气香，咂尝有醋味，依常法制造淋之。按四时添减。春秋用糠四斗半，麦、麸二斗；夏糠三斗、麸二斗；冬糠五斗、麸三斗。觑天气加减造之。

7. 造饧糖醋法　饧稀一斤，水三斤。先将水入锅煎数沸。豁出，倾入饧搅匀。伺温，入白曲末二两，同搅匀，装瓶内，纸封，日晒。春秋一月，冬四十五日，夏二十日熟。甚香美。下了，到二十日，之上有一层白醭面子，休搅动，至自落时乃成熟也。若不日晒，只安顿净处，勿得动摇任其自然尤妙。

8. 造千里醋法　乌梅去核，一斤许，以酽醋五升浸一伏时，曝干。再入浸浸，曝干。再浸，以醋尽为度。捣为末，以醋浸蒸饼，和为丸，入鸡头大。欲食，投一二丸于汤中，即成好醋矣。

9. 造麸醋法　初取面麸，先以五斗，用水和匀，可作团即止。上甑蒸，盦作黄子，须楮叶盖，两日后成黄，即打聚作一堆。盦过夜晒干。先量起五升黄，留作二醋。然后用陈米一斗二升，五升亦不妨。浸一夜，次早和先留麸皮五斗用和匀蒸饭熟，稍冷与黄子入缸一处。打拌，入水约五升瓶或二十瓶，以上搅匀。用芦席一片，如缸口裁圆，中开方一尺窍，草布且糊一边四外芦与缸缘悉糊了，置日中晒。次早以杖物入搅翻，如此三日止。须看潮候糊了，三面草布。三伏晒一月。如日阴，多誊晒十数日。却榨下锅煎数沸。以净洁瓶盛，每瓶入炒麦一撮。纸厚封。纸上放草灰一把，愈客气置高处，勿着地气。二醋榨头醋。先一日煎下熟汤十瓶，次早以先留黄子五升与头醋糟和匀，以所煎冷汤搅，如前封盖，却不须三打晒七。

10. 造糠醋法　每糟二十斤，用水一石，不拘冬月，浸一宿搅匀，以烂为度，如是新糟使水一石半，稻糠随水拌糟，须按令极匀，装入瓮。将满摊平，以糠盖，或用荐盖瓮口。频频看觑，候热发，便倒入别瓮，热不得太过，太过则损味，如未热不得动，依前盒盖。热候四度，逐旋随次，按匀再入淋瓮中，踏令极实，虚则不中，煎汤淋之，为头醋，再煎汤淋取第二醋。如要亟醋，即将头醋煎，重淋新糟，其酸极佳。如此欲得酸，只将第二醋煎沸淋新糟，已是重淋醋，若更将逐瓮头醋再淋，恐太酸了。造成用川椒装入干瓶泥起。不可近湿气。煎了候冷装。造醋之法，惟要酸，酸之诀在发热时，不可发过。化糟时短着水淋下，再淋自然妙也。

11. 收藏醋法　但凡收醋，须用头出者装入瓶，每瓶烧红炭一块投之，掺炒小麦撮，箬封泥固。或有人烧盐者，反淡了味。

《易牙遗意》中的酿醋方法

由元代韩奕（字公望）仿《古食经》编撰而成，上卷为酿造。本段摘自包启安、周嘉华主编《中国传统工艺全集·酿造》，大象出版社2007年出版。

1. 醋　用粳、糯米，不拘糙与白皆可。以七升五合，水浸三日，炊饭，白曲一斤半，秤水二十五斤和匀，入瓮，厚纸五层密封。五十日熟。二醋下水十二斤，三醋下水八斤。春秋二社皆可造，亦有以米罨成黄子者。

2. 又法　正立秋日，粳米糙白皆可，粞亦可。五斗水浸，一日一换水，七次，炊饭入瓮内。候七日下水，其饭一斗，对水一斗，下后每日打耙二次，候熟。滤过醋糟，煎过入瓶内，放糙米一撮尤妙。

3. 又法　二斗米浸二日，蒸饭，和麸皮一斗，罨成黄子，晒干，再用米炊饭二斗，乘热和前黄子，十分捺实在缸内。一斗米下二斗水，缸上用盖密封，候其熟，用茴香煎煮入瓶，须正伏中造。

《醒园录》中的酿醋方法

这是清乾隆壬戌进士李化楠所撰的一部饮食专著。本段摘自中国商业出版社1984年出版的版本。

1. 做米醋法　赤米不用舂，洗净蒸饭，拌曲发香，用水或用酒泼皆可发，越久越好。乃将酒渣节节添入（即熬酒之熬桶尾），俟月余可用。如有发霉，用铁火针烧极红淬之，每日一二次，仍连罈取出晒之。

又法　糙米一斗，浸过夜，取出蒸熟成饭，晾冷透装入罈内，三日酸透，入凉水三十斤，用柳条每日搅数次。七日后不须搅。过一月不动，俟其成醋，滤去糟粕，入花椒，黄柏少许，煎数滚收罈内听用。

2. 做极酸醋　五月午时，用做就粽子七个，每个内各夹白曲一块，外加生艾心七个，红曲一把，合为一处，装入瓮内，用井水灌之，约七八分满就好。瓮口以布塞得极紧，置背阴地方。候三五日过，早晚用棍子搅之，尝看至有醋味，然后用乌糖四五圆，打碎，和烧酒四五壶，隔汤炖至糖化，取起候冷，倾入醋内，早晚仍不时搅之，俟极酸了可用。要用时，取起醋汁一罐，换烧酒一罐下去，永吃不完，酸亦不退。

3. 千里醋法　乌梅去核一斤，以酽醋五升，浸一伏时，晒干，再浸再晒，以醋取尽为度。醋浸蒸饼，和之为丸，入芡实大。欲食时，投一二丸于水中，即成好醋矣。

4. 焦饭做醋法　蒸饭后锅底铲起焦饭，俗称锅巴。投入白水罈装，置近火暖热处。时常用棍子搅之。七日后，便成醋矣。凡酒酸不可饮者，投以锅巴，依前法作醋，用绍兴酒更好。

以上古代文献，内容有所重复，为保持原文，本书没有删节，读者可以由此探寻某些工艺的传承与发展。

附录2　山西醋

孙颖川　方心芳

录自黄海化学工业研究社调查研究报告 第11号
1934年6月出版

（编著者按，方心芳在80年前所撰写的这篇调查报告，是我国近代第一篇以现代发酵学知识写出的有关传统法酿醋的文章。这篇报告为我们留下了当年只能靠口传手教传承的老陈醋酿造技术的宝贵记录。岁月流逝，旧文难寻，现照录于此，以便查考。本文除采用简体汉字修订了个别错别字外，其他一仍原状，以存原貌。为使本文内容完整，文中未详述之制曲及烧锅结构两部分，原载黄海化学工业研究社调查研究报告第7号，即《汾酒酿造情形报告》，亦同时附录于此。）

（一）引言

醋之发明与应用颇早，于我国古籍，可屡见之。唯古时多用酢字，亦间用酰、醶、苦酒、截等字；炼丹家则称谓华池左味（见说文与本草纲目）。刘熙释名云："醋措也，能措置食毒也。然所称谓食毒者，不知何所指。"

醋为嗜好调味品之一，因其制造简便，成本低廉，虽穷乡鄙野，农工贫民，亦多食用。食用者广，制造者众，方法以之面多，种类以之而繁。有以产地名之者，如山西醋、镇江醋等，有以原料名之者，如米醋、麦醋、葡萄醋等，有以制造法名之者，如淋醋、打缸醋等。然山西醋内有麦醋、米醋，淋醋内有高粱醋、红薯醋，是各名称复杂错综，初无界说可明也。本篇所述为山西清源太原介休等地酿醋之方法与其出品之成分。因以上三处，为山西醋之名产地，故以山西醋名之。

山西醋膏亦为特产，我国他处似无制造者。然闻介休人谈，出售之醋膏，皆系速成（假做）者，无甚价值。地道醋膏皆民家所制，非金钱所能交易。虽购有醋膏一罐，亦未分析，盖其不能代表地道山西醋膏也。附记于此，告以后研究醋膏者，勿以售品作试料可也。

此次调查清源等地之制醋法，多蒙刘丕谊先生帮助，报告内之制造方法一章，又劳彼请太原醋坊校正，特此声明致谢。

（二）原料

山西酿醋用高粱（亦有用小麦小米者），而水与酒曲亦为主要原料。至于米糠等，关系非深，于兹不论。

（甲）高粱

高粱学名Andropogon sorghum Bort，而蜀黍、芦穄、芦粟、木稷、荻粱等皆其俗名。种类甚多，在我国最普遍者有三：即普通高粱、鸭颈高粱与箒高粱是也。我国种植面积甚大，每年产量在一万万石之上，除酿造酒醋外，多用作食料，北方细民，皆利赖之。

山西植高粱近千万亩，年产十万万斤，居该省主要作物之第三位，故价值极廉，百斤仅值一元而已。至所植种类，据晋农言，有“一把抓”等五种云云。

对于选择高粱，山西醋坊，尚不十分注意，只求其粒子大而杂质少者即可，至于成分优劣，犹未之顾。

（乙）水

据谈山西清源水佳，产品亦优，他县用同一方法，所酿之醋不久清源云。至其水好至如何程度，因未加分析，不敢拟断。唯依其色相气味论，诚不失为好水。

（丙）曲

酿醋之曲，我国各地皆用酒曲代替。山西酒曲到处皆制，唯以晋祠镇、徐沟县、文水县等处者为优，制曲原料皆用大麦、豌豆或小豆，制法与唐山东三省者相似。本社所出第三报告高粱酒之研究与第七报告汾酒酿造情形等内已详述之，于此不赘。

用酒曲酿醋，初视之似有问题在焉，然详察我国酒曲，含菌之复杂，即知为可行之事。盖用淀粉酿醋，其变化大致可分三步：淀粉受糖化酵素之力变为可发酵糖类，后者受酒精酵素作用复变为酒精（乙醇），在空气供给充分之环境内，醋酸菌变乙醇为醋酸。我国酒曲内部能分泌多量之糖化酵素之丝状菌有：Aspergillus oryzae Cohn Thermoascus aurantiacus H.Miche，Monascus purpureus Went，Rhyzopus japonicus Rhysopus Tonkinensis等；司发酵之酵母菌有Saccharomyces mandshuricus Saito，Form2，Form3及Form4等等种；至于醋酸菌则有Bacterium aceti Hansen Bacterium acetigenum Hbg等，（K.Saito:Rep.cent.lab South Manchuria Railway co.，No.1，1914）。酒曲有以上三种菌类，自可用之酿醋。

（三）酿造方法

山西醋种类众多，原料方法各有不同，兹所述者代表区域之酿造法也。

原料高粱十大斗（每斗约重二十七八斤），用石磨碾碎，每粒破为4瓣，粉末甚少，加水约二百斤，拌匀，渍浸二十小时左右，入甑蒸熟。甑与汾阳烧锅所用甑之形式相同，唯甑桶为木质，且无冷缩锅耳。该甑式已详本社第七报告，于兹不赘。装甑方法，亦不能一次装入，分作数次，每次装寸余，待气冒出后，再装寸余，装满为止。如此可免蒸熟不均。甑装满蒸汽冒出后，燃线香一条，（约烧一小时余之久）待香烧完，高粱即熟。取出分置于六七个木槽中（槽约长六尺宽三尺深七寸），加沸水百斤，拌搅使成软饭。冷凉十余小时，不时翻拌。加入曲面百六十斤拌匀，运入发酵室倾于大瓮中。瓮高三尺七八寸直径二尺上下，每瓮可盛原料三四斗，十斗高粱可分置三瓮中。每瓮内加冷熟水（煮沸冷凉之水）百斤，稍拌搅，加盖待其发酵。发酵室内置熏醋醅炉，温度颇高，约二十七八度。故熟高粱置于大瓮内，翌日即冒泡发酵，三日后主发酵过去，置石盖，再用纸糊缝使不泄气，待其继续后发酵作用。后发酵时间清源长至十六七天，太原则止六七日耳。过此时期后，去石盖，瓮内液体虽仍有气泡冒出，但上已现澄清液四五寸深，味辛酸，盖淀粉已变成酒，且小部分之酒已成醋矣。挹此酒醪分置于三十个小坛内（坛高二尺口径一尺五寸），每坛加米糠一斗五升，拌匀堆成凸形，每日早晚各搅拌一次，三日后上火，五日大火，六七日灭火，八日成醋。以后即渐渐温冷，停止拌搅，酒味已去，酸味大增。上大火时，用手探醅觉热，但不能感到“烫手”。如觉“烫手”，即上火太高，须即冷却，否则醋味即改，而收成量亦减矣。此步手术甚为重要，成败在此。故醋师傅十分注意，调节温度，供给空气，以促醋酸菌之作用。盖醋酸菌之作用适温，多在三十至三十四五度之间，过高过低皆不相宜。但清源酿醋，温度有高至四十度上下者，是酪酸菌，乳酸菌必起作用。而实际山西醋之气味别致，亦可证明醋酸菌以外细菌作用。醋师父调节温度方法在调动坛内醋醅之形式。即欲使之上火，醅面成凸形，使之下火则成凹形。如遇特别事故，温度或过高过低时，则调节发酵室内温度，以促其速冷或速热。至于供给空气，则唯拌搅耳。醋醅内加糠三倍以上，糠质硬而片大，故使醋醅蓬疎，面积增大，每日拌搅二次，以供给氧气，缘醋醅发酵为氧化发酵之一，四十六公斤乙醇变成六十公斤醋酸，需要三十二公斤氧气，约合百立方公尺之空气。由此数可知醋酸发酵与供给空气之关系。故研究醋酸发酵者，莫不注重空气之充分供给。德国之速酿法，亦即供给空气便利且充分有以致之。山西醋醅内虽加糠使之蓬松，犹恐空气供给之不足。

醋醅在小坛内第八日加入食盐约四五十斤使之落火。十日后恢复常温。取出一半（十五坛）置于熏醅瓮内熏蒸。熏醅瓮置于炉上，炉多筑于发酵室之中央。每炉置熏瓮二个，瓮内装醋醅。瓮底用文火徐热，瓮口盖一瓦盆，（或石板盖），并不糊缝，故醋酸逸去甚多。凡正熏醋醅之发酵室内，醋味之重，窒息呼吸。调查时在内摄影一幅，仅费时数分钟，而已觉大为不适矣。一昼夜后早晚上下翻转各一次再继续熏蒸，醋醅色相变深，即可止火，取出浸水上淋瓮。

置未熏蒸之半数醋醅于五个淋子中，共家属千斤（夏季八百斤）浸渍醋酸，淋子系定做之小瓮。底缘有一孔，孔内插一竹筒，筒口一塞，以使泄醋。醋在淋子内浸渍十二小时，去塞淋醋。将淋出之生醋倾入铁锅中煮沸，捣出置于已装入熏醅之淋子五个中，浸渍十二小时，淋出澄清，即可出售。亦有将生醋与熏醅分别浸淋，而后混合者。法将未熏之醋醅加水四五百斤，浸渍十二小时淋出，醋色黄淡。如法将熏醅浸淋，醋色浓厚。二者混合出售。

淋醋所用之水冬季须先煮沸，稍冷后倾入醋醅，然淋后不必再煮沸杀菌。夏日则可用凉水，唯须将淋出之醋煮沸，以免变坏。又夏季用水较少，醋质较优，亦为防腐之意。

好醋淋出后，再加水于淋子中，浸渍半日，去塞淋出，称“淡醋”。或代替下次淋醋之水，或兑于浓醋内出售。亦有单独出售者。

十斗高粱冬季出醋千斤，夏日八百斤，约值洋三十余元。

醋向外运发多用篓盛。篓内除糊血料外，再涂生漆一层，以免泄醋。

醋制成后即出卖者，称“新醋”，陈放后者称“陈醋”。陈醋之制法可分加工与不加工两种。不加工者，即将原醋入瓮陈放，天长日久自可成色浓味重之老陈醋。加工者系于三伏天，将醋置于日下暴晒，使水分等蒸发逸去，冬日置于户外，醋中水分结冰，浮于液面，随时取出，此可称谓日晒抽冰法。凡经此一冬三伏之醋，色浓体重，亦称陈醋。若经三年以上，则可谓加工法之上好陈醋矣。

（四）醋之成分

分析样品，皆系在山西采集，共有六种，计介休县两种，清源两种，余两种系太原出品。又在天津塘沽各购一种，同时分析，俾作比较。兹将样品之产地，原料等分列于后，以便参考。

号数	产地	原料	陈放时间（据商家言）	其他
1	太原益源庆	高粱	5年	
2	太原宝丰斋	同上	不详	此家在太原最有名
3	介休通德如	小麦	40年	老陈醋
4	同上	同上	10年	伏晒陈醋
5	清源永泉玉	高粱	数日	
6	清源聚庆成	同上	数日	
7	塘沽玉泰号	同上	数月	
8	天津 万康	不详	不详	

依《酿造便览》（台湾酿造研究会编）及Pacottet:Eaux-De-VieetVinaigres等书之方法，分析山西醋之成分如下：

号数	比重	醋酸（克）	酒精	食盐（克）	游离无机酸	灰分（克）
1	1.121	76.8	极微量	37.2	无	72
2	1.093	71.4	无	29.0	无	50.0
3	1.160	73.0	极微量	70.0	无	83.4
4	1.110	46.8	极微量	27.0	无	41.0
5	1.062	66.0	微量	18.1	无	28.0
6	1.063	63.6	微量	18.7	无	27.6
7	1.040	21.0	少量	12.2	无	19.2
8	1.040	27.8	少量	–	无	–

（五）尾声

我国之醋最著名者，首推山西醋与镇江醋。镇江醋酽而带药气，较之山西醋犹逊一等。盖上等山西醋之色泽气味因陈放长久，醋之本身起化学作用而生成，初非假人工而伪制，不愧为我国名产。然酿造山西醋亦有急待讨论者，为用曲量多与熏蒸醋醅是也。盖用曲多成本加高，熏蒸醅时醋酸损失必大。解决之法，唯在添加酒曲内短少之物质以减其用量，改良熏蒸器具，避免醋酸之挥发，有志改良山西醋者，曷一试之。

曲

汾酒用大麦曲，或自己制造，或购自他县。查山西酒曲名产地为晋祠镇、徐沟县、文水县等地。原料皆用大麦豌豆或小豆。大麦之选择当以粒子充实，且芒少者为佳。豌豆有灰绿二种，绿豌豆在芒种前后成熟，制曲

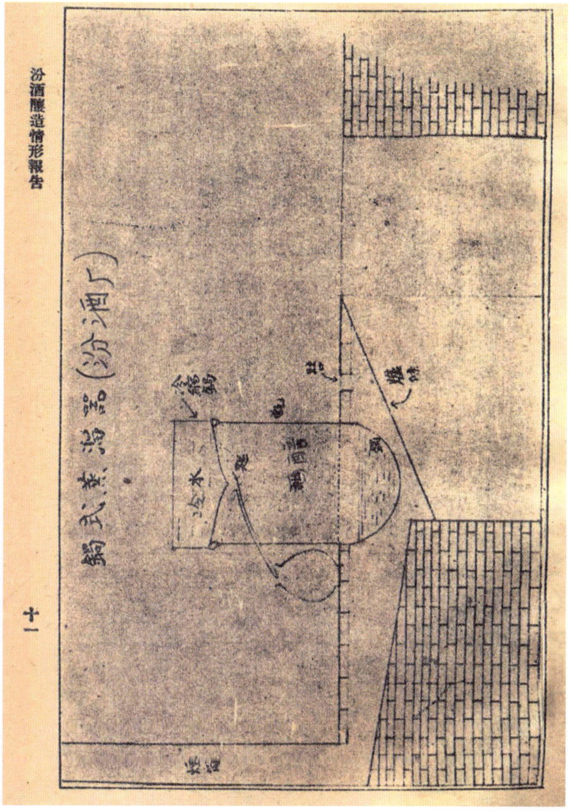

多利用之；若豌豆价昂，可用小豆代替。豌豆与大麦之比例为三七，即豌豆三成大麦七成也。亦有用二八比者。

曲子之制法，大致与唐山东三省等地者相同。法将原料用骡挽石磨磨碎二遍，大者如小米，泰半为细粉，不可太粗，因粗则曲子上火高而易干，然过细水分不散，曲子易腐，亦非相宜。加适量之水于原料中，糅合均匀后，揶入木模内（模约内长八寸半，宽五寸半，高二寸）。经过十人（亦有二十人者）之踏踹，出模运入曲室，门窗全闭，待生“糜子”。翌日曲皮上先现小白斑点，点渐增大，至将近接住时，开窗放冷。开窗之多

少与方向，当视天时风向而定，开背风之窗，使热气徐徐散去为其要领，因通风过猛，曲必生病，如出汗之人，遇风即伤风是也。以后每日翻转一次，使曲子上下左右调动，且同时增宽曲间距离，以便水气之发散，一月后水尽曲成。

每块曲重二斤二两，至二斤十两不等，生原料重量与熟曲之比约为十分之七。

最好之曲为清茬曲，纵横断面全呈白色，此曲制造经过，温度均匀，上火缓和，无恶菌繁殖机会。“一条线”曲，为曲之横断面，中心呈一金红线，品质中等。“单耳”曲乃翻曲者懈怠，翻转过少，移动不均，至曲子左右上火不同。“双耳”与“金圈”曲，皆为上火较高之征，曲皆中用。曲子表面生黄黑毛者，为潮湿过大，干皮者系空气过干，均不相宜；而后者曲皮特厚，尤为下劣。至于最劣之曲，则为上火为高，曲子被烧而褐化，或水分不散而心腐，干后呈灰褐色，此等曲子绝不能用，因其出酒既少，且与酒及酒糟以恶味，不能出售。

闻曲师夫工资颇高，每看曲三千得洋十元，且吃食招待，烧锅无不尽力为之，因曲子本钱既贵，与出酒关系以大也。有好曲师者，能依主人之要求，而看成一定之曲子，其技术之精，闻之叹服。

附录3　古抄本《看曲论》和白话译文

这是1987年第5期《中国酿造》上刊登的由孟乃昌先生点校的古抄本《看曲论》，以后被多方抄录。本文摘自《中国酒曲》（黄平主编，中国轻工业出版社2000年出版）。文中错别字、异体字不少，因未见抄本原件，基本照原。为帮助读者理解文意，特将一篇今译文字附后。本文年代久远，写作在现代科学诞生在中国之前，今天只宜看作为历史文献，不宜作为制曲指南。

一、上本看曲总论

看曲最要者，忌大火。凡坏曲，俱是火大之过，学者谨记，万万不可曲有时刻火大耳。造曲宜造坚硬者，要拌均匀，足踏结实。切忌浆水大软浓，踏不结实，拌不均匀，内藏干面，为害不小。

造曲宜造凹心曲为妙，亦不可甚凹。万万不可贪重图厚，使造高心之曲。凡未成之曲，或成就之曲，切就日头晒。看曲论火大小，是用手摸曲；或冰手，或烫手，忽论曲房冷热。用手摸曲，宜摸上数层，检火大者深摸。只要火势合适，勿令火大，永远无害。纵有寒、冷、凉曲，不过晚成几日，有何患乎？且曲初造之时，宁晾几日，勿论不晾。要看天道冷热，随时尔等关上窗户。曲霉要早生为妙。拉霉后总要速起胎火，使水气出现。万万不可迟误日期，使水在内糟沤，看曲使火，前后不一。如曲在胎火之时，宜用急速温火，专出水气。如曲到干火之时，亦用温火。如曲将成之时，须用微末之火，不可断绝。

曲起干火之时，后味常馨香不断，而曲终久无患。不可使有恶醭，臭味钻鼻。看曲宜赖自日而成，若白日常常摸看，时时用合适温火而曲自成矣。如黑夜，岂有为看曲而不睡觉之理。只宜将窗户闪开，教曲寒冷无碍，不过晚成一日。万万不可熬夜使合适温火。倘人睡觉不醒，一时火大，曲必坏矣。到立秋后看曲，一起干火，总要清底，将地下打扫洁净，铺上秫秸，不生虫蛆。曲在胎火之时，用手摸曲，宜每日常有温乎之火，不可一时火大，烧糊曲皮，亦不可使火断绝。曲到干火之时，用手摸曲，只觉温手，正然合适，永远无害。万万不可一时有烫手之火，为祸不小。纵三日、五日无火，不过晚成三日、五日耳，何患之有？曲到将成之时，中心微剩不多剩面，不论昼夜，宜时时摸看。勿使温火、大火，勿使无火，须用微火，不可断绝。大抵曲到将成之时，内中生面不多，水气全无，此正易生、易烧时。若使一时无火，终久不能扶起，准剩中心生曲一块。然此为患犹可，如一时火大为尤深，且不止烧坏中心，即外边好曲，俱要烧坏。曲既成就，抬出曲房，宜层层垫上秫秸，花垛起来，切不可实垛，恐异日反火，为害不小。磨糳曲面，要看粟粮轻重。如浮轻粟粮，面少皮多，宜糳细面；如沉重粟粮，面多皮少，宜糳粗面。曲面要在干处盛放，用脚踏实，终久不能发热恶醭。造曲以大麦为主，有搀小豆者，有搀豌豆者，有搀芸豆者。勿论搀诸豆等粟，大抵加四为止；如搀黑豆者，加三为止。只许少搀，不宜过多，如再多加，反为不美。糜谷杂粟等粮除去油粮，皆可造曲。只要审粮轻重，如沉重之粮，宜造温火；倘遇浮轻之粮，只有微末之火可也。曲粮要干净，粟粮不可有土腻，湿粮搀在内中。宜先晒干，收什（拾）洁净，而后糳曲面，永远无患。

总论终

二、看曲捷径法中本看曲八论

第一论　曲粮

曲粮要成实、干净。曲粮成实，而曲到底无患。干者，不潮也，使粮不能发热、恶醭，而且不止糳粮不发热，则糳成曲面，亦保久远不发热、恶醭。净者，洁净也，无土腻、邋遢曲粮，待曲成之后，查口到底明亮。

若使浪汤（荡）、邋遢、湿糊粃粮造曲，为害不浅，如腐烂粪土一般，岂能成良曲乎？

第二论　曲面

磨犁曲面，宜犁精细均匀，曲到终永保无患，虽然也不可过细。若十分甚细，总要始初曲皮不干犹可，若等曲火既起，闪开窗户再晾，曲生紧皮之病；如仍然不晾，曲犯悠皮之病。犯此二症，外火不能攻于内，内火不能攻于外，非烧即生，不可不防。若粗面造曲，为害更大。曲始之时，火起甚急，必犯烤皮之症。如初火未起，又有风催口，准生干皮之症。大抵曲面粗而粗病多，与虚弱之人一般，见风而寒病起，见火而热病生。倘遇粗面，须当常用微火，不可断也。盛放曲面。宜在干处盛放，用脚踏实为妙，永不发热、恶醭。

第三论　水

造曲使水，宜用清洁井水为妙，有益无损，曲查终久明亮。若使浑浊之水，造曲有损无益，查口不明，颜色不正，则河、热水，亦宜忌之。若遇寒冷之时，造曲恐凉水冰手冰脚，造曲之人必要热水，总要看曲人时时防他，许用微温水，使伊不冰手脚可也。不用河水者，大抵河水浑浊者多，清净者少，而况炎热之天，太阳日晒，河水岂有不热之理？但河水造曲，为患犹小，若雨水之水造曲，为害更大，而曲必臭，学者宜详耳。

第四论　造曲

造曲亦不宜浆水甚小，造成干曲。若曲干必坏。造曲宜造坚硬，搅拌均匀，足踏结实，而曲到底佳妙。亦不可贪图厚，装十分饱满。估摸若拌不均匀，有干面裹在内中，必须烧成灰烬矣。若造曲暂图光活好看，使浆水甚大，造成软浓之曲，卧在曲房，无火不成，见火必压，亦有压坏者，即有压古龙者，亦有压大头小尾者，为害不浅。造曲要不惜银钱，唯求多人踏实，方保始终无害。有等不明之人，不用多人踏曲，只图先省微末之利，造不结实，不管后坏无数粟粮，学者须当谨记。

第五论　曲初

造曲前，宜先知天道冷热。如立夏前、立冬后造曲，要临造曲前三日，用木炭生火，烘暖曲房，将窗户护封严谨。到造曲之时，用麦秸上地，或谷草铺地亦可。上边用席子苫盖严谨，不使有透风之处。四角一用木炭生火，或煤弄火亦可。到第三、四日，看曲合适，正是一闪芝麻霉。将席子除去，不用再苫。若立夏后、冬至前造曲，不用席子苫盖，须荞麦皮铺地亦可，高粱谷亦可，青草马蔺等物俱可铺地。不用四角弄火，而曲自能挂霉起火。若二、三日，仍然无霉，再弄火不晚。且天道冷热，并无一定之理，勿论立冬、立夏，不过言其大略。若立夏前岂有日日常冷之理，究竟亦有温暖之时；譬如立夏后，亦无日日常暖之理，到底亦有寒冷之目。总要学者临时通变，看天道冷热，用火万万不可执一耳。卧曲要卧周正。若遇炎热之时，卧曲不可卧密，越稀越妙，看曲要看天道冷热。如天寒之时，将曲造就，窗户关闭严谨，内中不可有透风之处，用木炭生火，或煤火亦可。如遇温暖天道，造曲用不着大火，只用谷糠煨火，沤烟而已。若遇天道炎热之时，将曲造就，窗户自然不关，或晾一日，或晾两天。总以关窗户，总要次日，曲上生霉。如次日无霉，须等再日。如再日仍无动静，速弄火引之，或沤烟引之，切不可延误日期。曲无霉者，不美；霉大者，有害。总要一闪霉为佳。或日：霉大霉小，是曲自生，岂由人乎？予日：不然。总要看曲者脚勤，每日到窗户外，用鼻闻味。觉有酒糟之味，再进去观看。看曲上无霉，仍然不可开放窗户，必须再等时候。若看曲霉合适，正是一闪芝麻霉，速将窗户闭开，不可使曲上再生重霉，或晾半日，或晾两天。等曲皮坚硬不浓，急关窗户，不可教曲皮于。曲皮要不于不浓，曲霉不厚不大，永远无害。

第六论　曲胎火

胎火者，潮火也，自曲拉霉为始，引到干火为终。拉霉者，是曲霉，不大不厚，正是一闪芝麻霉。将窗户闭开晾之，或晾半日。或晾一、二天不等。总要看曲皮不浓、不干，永不复生重霉，再关窗户。如今关上窗户，次日曲起胎火。如次日无火，须等一日，如再日仍无动静，宜急速弄火又引之，切不可迟缓日期。曲在胎火之时，用两手摸曲，总要常有温火为妙。每日要将窗户关闭严谨，不可时有透风之处。每遇清晨起来，将上边窗户，微微闪开。严谨每日如此，不过十日上下，曲中水气出尽，曲房潮气全无，而曲自起干火，何难之有？大抵曲在胎火之时，使水气出尽为妙。虽是如此，也须要用手摸曲，勿论火大。倘一时火大，烤糊曲皮，而外火不能攻于内，内火不能现于外，为害不小，不可不防。

第七论　曲干火

凡曲临起干火之时，要预先早早提防，勿令无火干皮，勿使大火烤皮，宜用两手摸曲，有微火，不可断也。倘一时火大，或烧坏曲皮或内火烧圈，使外火不能攻于内，内火不能攻于外，为害不小。若用微火，永保无患。忽然干火既起，曲房内已无潮气，曲子成近三分厚，宜先知曲粮高低，曲面粗细，要量其材料使火。譬如曲粮仳，曲面粗，须要微火以成之；若曲粮高，曲面细，宜每日尽温火可也。万万不可大火，要大火者，一时一刻而曲必臭必坏。须冷寒数日数夜，到底永保无妨无碍。每到黑夜临睡之时，总要到曲房去看一回。用手摸曲，如曲微火全无，窗户又是半掩半开，心中不要慌忙，万万不可关闭窗户，只管睡去无妨。早晨起床，再关窗户不晚。如黑夜临睡之时，窗户仍是半掩半开，用手摸曲，而曲正是温火，火势正然合适，需要将窗户大大开放，只管睡去无碍。不论白日黑夜，或要睡觉，或去办紧急之事，切不可照常时，合适或温火，临去总要将窗户大大开放，纵寒数日，也无妨碍，不过晚成数日。如曲一日无火，晚成一日，两日无火，晚成两日，有何患乎？曲在干火之时，始终无时大火，日日温火合适，而曲满房善味馨香。倘一时火大，恶味熏人，而曲自臭矣。若论曲每日火起几次，实难定准。盖因天道冷热不均，须看有风无风，如遇无风安稳天道，酉时必起大火，学者宜早提防。凡曲到将成之时，中心微剩一点生曲面，大如核桃，若火断绝必生，如仍照常用温火必烧，总要看曲者脚勤，时时不可断微火，曲自成矣。

第八论　曲房

凡盖曲房，宜在敞亮之处，不可倚墙靠屋，挡住风头，地深宜内外一平，不可内凹外高，不可外洼内高。草房、瓦房，宜举架六尺五，高至边檩至地六尺五寸之数，不宜太高，亦不宜太低。窗台宜四尺五高，窗台宜二尺高。若盖平房，宜举架七尺五寸为妙，不可甚高，不宜低，总要边檩至地七尺五寸之数，窗户宜五尺五寸高，窗台宜二尺高。勿论平房、草房，人身宜浅不宜深，窗户宜宽不宜窄，墙捶宜窄不宜宽。总要墙捶窄，窗户大为妙。间量不拘多少，或三间，亦可四、五、六、七等间俱可造盖，总要每间必有前后对照窗户，使风南来北往，北来南去，东入西出，西进东走，不可教有窝风、窝火之处。予之所论，不过撮其大要，岂能事事悉言，总要学者自谅，不可以浅近而忽之也。

中本八论终

三、捷径看曲法下本

冷热虚实干湿六证论

冷证论　冷证者，寒病之谓也。是曲初之时，曲面甚细，天气寒冷，曲房透风，不能扣火；而看者速当弄火以烘之。若不弄火，寒病显然。或外生红霉，如鲜血者；或外长白霉，如官粉者。如曲面甚粗无霉，皮干，此谓曲初之寒病也。如曲火既起之后，或三、五日无火，而曲必坏。

热证论　热证者，火病之谓也。是曲始之时，天道炎热曲面太粗，造曲甚干，而曲火易起。看者不明此理，仍照常使火，用火紧急，使曲霉未生，而曲火先起，将曲皮烤糊，水气不能外散，为害不小。此谓曲始之热病也，则胎干火，亦不宜火大为妙。倘一时火大，将曲内烧成黄圈、黄块者，有烧成黑圈、黑块者，有烧成烂浓如泥者，为害不小。

虚证论　虚证者，不实之谓也。是曲粮甚秕，曲面太粗，踏不结实，使曲皮易干，而曲霉难生。犯此证者，邪风易人，邪火易起，曲内时寒时火，万病皆生，此谓不实之病也。学者不可不防。

实证论　实证者，结实之谓也。是曲粮沉重，曲面太细，造曲使水甚大。宜不关窗户大晾，使风吹之，曲皮坚硬为妙。若窗户关闭太早，或曲生皱霉，或曲霉太厚，为害不小。如曲潮火既起，勿使见风，见风则紧皮裂缝，内火不能进，而曲自成矣。大抵实证之说，是曲面过于甚细之故，不可认作踏实之过，造曲踏结实更妙，何病之有?

干证论　干证者，干之谓也。是曲面太粗，造曲浆水甚小，拌不均匀，有干面裹在其中。宜紧闭窗户，勿令皮干。若窗户早未关闭，使风吹干曲皮，宜用微火成之。倘看者不明此理，仍照常用合适温火，或烤糊曲皮，或内里烧圈，为害不小。

湿证论　夫湿证者，潮之谓也。是曲面太细，造曲浆水甚多，宜预先开窗户大晾。如不早晾，曲生毫毛，曲霉厚大，为害不小。况且曲子软浓，不晾必压，或有压坏者，或有压蛊降者，有压大头小尾者，遇此压证者，宜用微火而成，万万不可照常使温火。大抵逢曲既压，内中必空，与虚证相仿。学者不可不察。

冷热虚实干湿六论终

四、论曲内外病源诸论须知

1. 论曲外证

曲有红霉者，是寒潮之故也。皆因天道寒冷，而曲不能起火，看者又不大弄火以引之，使糟沤日数甚多，以致有此红霉之证耳。

曲有绿霉者，是曲皮成就，曲火断绝，而看者仍不弄火，使曲寒数日甚多，曲房内地潮，以致有绿霉之证。

曲有黄霉者，皆潮湿之故，而看者不关窗户大晾，以致生毫毛，终变黄霉之证。

曲有皱霉者，皆曲软之故，而看者用火紧急，以致生皱霉之证。

曲有白霉如官粉者，皆曲潮火悠之故，以致有此等之证。

曲有黑霉者，皆因下雨之日造曲，使曲着雨，以致生黑霉之证。

曲有烧皮者，是皮干火急，以致有烧皮之证。或胎火甚大。

曲有生干皮厚者，皆因曲初之日，风吹时，以致胎火，开窗风吹，以致有皮厚之证。

曲有水湮皮者，是曲软浓，卧曲甚密，而看者不开大晾，用火紧急，以致有湮皮之证。

曲有大厚霉者，皆不开窗户之故，以致有厚霉之证。

大抵曲生外病，皆因曲始之时，失时调理，以致曲生外病，或胎火弄不合适，与干火之日，毫无干涉。

2. 论曲内证

凡论曲查口，人言黄查者善，青查者美。以愚之见，勿论青查、黄查，总要查口明亮为佳。

曲有白查，如生面者，皆因胎火甚大，曲皮太干，将曲皮烤糊之故，使外火不能进于内，以致有白查生面之证。

曲有微红查，如高粱查色者，皆胎火甚大，不开窗户门，曲房内热气不能外散，如笼屉蒸曲一般，以致曲有微红查之证。

曲查有乌暗不明者，皆因胎火火大，或水浑浊不清，或粟粮不净之故，以致曲查乌暗不亮。

曲有白查如葫芦瓤者，皆因曲面太粗，面少粃多，造曲浆水甚小，宜用微火，迟缓日期以成之。倘看者不明此理，仍照前一样用火，使曲内火乱不整，内外一齐乱成，以致有白查如葫芦瓤之证。

曲内有黄圈不浓者，皆因曲在干火之日，看者不小心之故。倘一时火大，以致曲内有黄圈之证。

曲内有黑圈不浓者，亦有曲在干火之日，看者不小心之故。皆因曲面太粗，而曲干火大之故，遇一时火大，以致曲有黑圈之证。

曲内有黄圈如烂泥者，皆因干火甚大，以致烧成黑浓泥圈之证。俗言臭曲，此之谓也。学者不可不察。

曲内有大小黑块者，皆因曲面甚粗，造曲拌面，又无拌匀，有干面裹在其中，或粟粮不净，曲到干火之日，又用大火之故，以致有烧成黑块之病。

曲内有大小黄块者，亦因曲在干火之日，用火甚大，火气聚在一起，以致有烧成黄块之证。

曲内有杂色点者有无暗不明者，皆因曲粮甚粃，又土腻不净，曲面太粗，而曲空虚之故，易寒易烧，万病皆生，以致有杂色杂点之证。

此篇论曲内之症，但讲火大之病，未详寒冷之疾。盖因曲本无寒冷之故耳。于前篇言过，曲寒一日，晚成一日，曲寒十日，晚成十日，何论之有。纵有寒冷之证，亦与干火之时，毫无干涉。皆因曲初之时，或胎火之时，寒冷数日，甚多未出透汗，水气在内，糟沤日久，再使火起，以致曲内有红斑长点之证。若使始终无火，将曲晾干，虽然无证，内生黑穗。谓之生曲与坏曲仿佛。

3. 捷径论

尝见看曲者，不讲看曲正理，专以谬言惑人。予设此本，削去谬说，撮其大要，实论二备哉。使学者明晓，故曰捷径看法。谬言者，如后续造曲，吉日忌风歌诀。盖曲或臭或烧，皆看者失时调理之故，与吉日凶日何干？忌风歌言，春忌东风，夏忌南。譬如夏日炎热之时，曲房房内窗户大开，而曲火甚大，吾恐求风而尚且不得，或有南风岂肯舍之。学者不可认作真有造曲吉日、忌风之说。此皆看者恐人易晓，专以谬言惑人耳。予书末之后，又续二端谬说，特使学者明日后莫被谬言瞒过。

4. 续曲论

或曰此本处处防火，火之证，言无寒冷之疾，此论到底未敢尽信。如曲造就，将曲放在外边几块，使曲寒冷无火，试之而曲皮理也。

有黄圈如烂泥者再将干火曲放在外边，而曲里又有红斑红点，黄霉黑肖黯者，非寒证而何？予曰，此时炎热之时，曲虽无火，而不甚寒，以致糟沤日久之故。吾预先言过，曲寒一日，晚成一日，譬如冬天剩食日久无妨，夏天剩食一日即坏，又如烙饼用之，但能有火，则无糊臭之理。若用大火，难免糊沤之患。此理极明，有何疑乎？

造曲吉日

辛未乙未庚子三伏日忌六甲勾蛇

忌风歌

春忌东风夏忌南，秋忌西风保曲安；

冬季北风君须忌，学者详察莫轻传。

下本终

“捷径看曲法”今译及说明

这段文字摘自纪文海编著《山西清徐老陈醋》（轻工业出版社，1959年）。那本古籍的来源，一直不很清楚，笔者从纪文海的书中，可以推断是1959年来自清徐曲醋厂的老工人。这更证明山西醋曲与酒曲的同源性。现作为附录于此，供读者参考。

曲质量的好坏对醋质量的影响很大，这是毋庸置疑的，因此，酿醋者从来就十分重视曲的质量也是不无道理的。因为酿醋的原料要经糖化作用和酒精发酵作用的过程，这些作用进行的速度和程度，除了受温度等因素的影响外，首先决定于曲的质量，如曲中生长的微生物种类及其数量等，而曲的质量除了受原料种类及其配合比例和粉碎程度等因素的影响外，首先决定于看曲者的管理技术，即根据具体情况掌握好温度和湿度等条件，诱使或控制微生物的生长和发育。因此，多少年来，看曲一直被看成是一项专门的技术，过去的看曲者的经验和技术，都被看作神秘莫测，被当成家传法宝而不轻易外传，现有历史较久的著名醋坊或酒坊的看曲者，大都是代代师徒相传下来的。

我在清徐曲醋厂，拜访了看曲老工人并向他们请教学习之后，发觉尽管他们在整个看曲过程中的管理技术虽不无值得商榷之处，但总的说来，他们的看曲经验是很丰富的，有许多地方是符合于科学原理的，因此这一经验是十分宝贵的。老工人还慷慨地拿出了他们老师傅祖传的一册《捷径看曲法》，因未写明年代，无法确知著于何时，但根据老工人的口述推算，估计当在百年以上。书已陈旧破损不堪，但阅读之下，觉得确如书中所说的实论两备，虽不无问题，但却值得参考，因此不厌其烦摘其大要，以供参考。全书共分看曲总论、看曲八论、冷热虚实干湿六证论、曲内外病源诸论须知及捷径论等几部分，今分别用今文摘要如下，以尽量不伤其原意为原则。

看曲总论

造曲要拌均匀，曲块内藏干面为害不小。曲块要踩踏紧实，不可贪重图厚。不论是未成或已成的曲块，都切忌日晒。看曲要论火的大小，以冰手、烫手、温手各种程度来判断。只要火力合适，永不为害。火小，不过晚成几天，并无妨碍。曲入曲房要使霉早生为妙。上霉后要速起胎火，使水气出现，不可迟误日期。看曲使火，前后不一。在胎火期宜用急速温火；至于火期，也宜用温火；但至曲将成则宜用微火。

看曲主要依靠白天的检查管理。在黑夜岂有看曲者不睡之理，只须将窗户打开，稍冷无妨。切不可在黑夜仍用温火，倘看曲者睡着不醒，一时火大，势必坏曲。立秋后看曲，一起干火，要清扫地面并铺上秫秸，才不致生虫生蛆。曲在胎火期，宜有温手的感觉，不可因火过大烤糊曲皮，也不可使火断绝。曲到干火期，如有烫手感觉，为祸不小。到曲将成时，中心微剩不多生面，水气全无，易生易烧，如无火则中心部分必夹生块；但如一时火大，为患尤深，不但烧坏中心，连外边好曲也被烧坏。曲成出房以后，宜用秫秸间隔堆垛起来，不可垛实不留空隙，以免日后返火。为害不小。

碾磨曲面要看曲粮轻重。轻浮的原料面少皮多。宜磨成细面；沉重的原料面多皮少，宜磨得粗些。造曲以大麦为主，有掺小豆、豌豆、芸豆等，最多加四成为止，如掺黑豆最多三成，只许少不许多。曲粮要干净，湿粮不可掺杂在内。

看曲八论

第一论　曲粮　曲粮要成熟、饱满、干净，才不致发热败坏，磨成的曲面也易保存。用潮湿不净的原料造曲，为害不浅，不可能造出好曲。

第二论　论面　曲面宜磨得精细与均匀。但也不可过细。过细容易发生紧皮和缩皮的毛病，犯此二病，外火不能攻于内，内火不能攻于外，其结果不是烧曲就是曲生，不可不防。曲面过粗为害更大，容易发生烤皮和干皮的毛病，一般的情况是曲面粗则曲病多。

第三论　论水　造曲宜用清净的凉井水，有益无害；用浑浊之水有害无益，颜色必然不正。大致河水浑浊者多清净者少，且经烈日晒，河水发热，故切忌使用河水。如因缺水而用雨水，则为害更大，曲必发臭。在寒冷天时造曲，怕凉水冰手冰脚，许用微温之水。

第四论　造曲　曲面和水宜用量合适，曲面过干曲必坏。曲面和水必须搅拌均匀，踩踏结实，不可贪重图厚。曲面搅拌不匀，内有干面，必然烧成灰烬。造曲者如只图光滑好看，用水过多，曲块软而不实，入曲室后，无火不成，见火必压得不能成形，为害不浅。故踩曲要求多人踩踏紧实，否则浪费粮食。

第五论　曲初　造曲首先要根据天气冷热灵活掌握。在立夏前立冬后造曲，要在前三天生火烘暖曲房并将窗户严密封闭。入曲时用麦秸或谷草铺地，上用席子盖严，四角用木炭生火（煤火也可），至第三、四天见曲长出芝麻霉时，揭开席子。在立夏后立冬前则不用席子盖曲，只用荞麦皮、谷糠或蓼草、马连等物铺地，不用生火，而曲自能挂霉起火，如仍然无霉，再生火不晚。但天气并非固定不变，时有冷热，应该根据具体情况灵活掌握。

排曲要整齐，在炎热天气，不可过密，越稀越好。

看曲要看天气冷热。天冷时，入曲后要严闭窗户，不可有透风之处，并用木炭或煤生火，如是温暖天气，只用谷糠喂火，不用大火；如天气炎热，曲不盖席，窗户大开，将曲潮气晾去再关窗户，但不可使皮过干，也不必生火，但如数日仍无霉发生，则应速弄火引之，不可迟误日期。

曲上长霉过多过少都不好，以一闪芝麻霉（即指曲块表面均匀布满星星点点的细小白色菌丛）为佳；看曲者要勤加检查，曲上无霉，不可开放窗户，如见霉则速将窗户打开，不可使曲再上重霉。待曲皮坚挺不软时再关窗户，但不可使曲皮发干，要求不干不湿，霉菌不厚不大。

第六论　胎火　胎火指自生霉后开始至干火为止的一段时期。如今日关上窗户，次日便应起胎火，如两三日仍无动静，应速生火引之。曲在胎火期，以用手摸曲老觉温手为好，每天要将窗户关闭，不可透风，每天清晨稍开天窗。如此不过十天左右，曲中水气出尽，曲房里潮气全无，则曲自起干火。曲在胎火期，不论原料好次，曲面粗细，要求经常保持温火情况。要注意切勿因火大烤糊曲皮，使外火不能攻于内，内火不能现于外，则为害不小。

第七论　干火　凡曲临起干火时，要注意掌握火候，有微火不断即可，不要因无火干皮，也不要因火大烤皮。如火过大，烧坏曲皮或内火烧圈，使外火不能攻于内，内火不能攻于外，为害不小。

用火要看原料的好次和曲面的粗细。凡原料不饱满而曲面又粗，宜用微火成之；如粮好面细，可用温火。每天临睡时应检查一遍，如曲无火，窗户又是半掩半开，心中不必慌忙，不要关闭窗户，只管睡去无妨，清晨起来再关窗户不晚。如曲正是温火，则必须将窗户开放再去睡觉。

曲在干火期，不论白天黑夜，或睡觉或办紧急之事，临去时要将窗户开放，虽寒数日不过晚成数日，倘一时火大，恶味熏人，曲便发臭。若谈每日火起几次，因天气冷热无常，实难推定。

曲到将成之时，中心剩余一点生面大如核桃，如火断绝必然绝生，如用温火必然烧坏，微火不断即可。

第八论　论曲房　凡盖曲房宜在敞亮之处，不可倚墙靠屋挡住风头。房内地面宜平整，不可内洼外高或外洼内高。草房瓦房，从边檩至地面以高约六尺五寸为宜，不宜太高也不宜过低。窗户宜高四尺五寸，窗台高二尺。若盖平房，以高七尺五寸为宜，窗户高五尺五寸，窗台高二尺。

不论平房草房，房子不宜过宽，窗户宜宽不宜窄。间数不拘多少，但要每间有前后相对的窗户，使风南来北往，北来南去，东入西出，西进东走，不可有窝风窝火之处。

冷热虚实干湿六证论

冷证论　冷证即寒病。初入曲房，由于曲面甚粗，天气寒冷，曲房透风，看曲者必须迅速弄火烘之，否则外生色如鲜血状的红霉或外长如宫粉状的白霉，都是寒病之证，如曲面甚粗而无霉和皮发干也是寒病，如曲火既起后三五天无火则曲必坏。

热证论　热病即火病。初入曲房，由于曲面人粗，曲块过干而天气炎热，曲火易起。如看曲者不明此理，仍照常用火，则曲霉未生，而曲火先起，将曲皮烤糊，水气不能外散，为害不小。在胎火或干火期，火不宜过大，否则将曲烧成黄圈、黄块或黑圈、黑块，均为害不小。

虚证论　虚证即不实。曲粮不饱满，曲面太粗而又踩踏不实，使曲皮易干，曲霉难生，曲内时冷时热，万病皆生。

实证论　实证即结实。由于曲粮沉重，曲面太细而又用水过多，则不宜关窗，使风吹晾曲皮稍干为妙。若窗户关闭太早，曲生绉霉或曲霉太厚，为害不小。实证主要由于曲面过细之故，不可认为是踩踏紧实之故。

干证论　是曲面太粗，用水过少而又拌不均匀，内有干面之故。宜紧闭窗户，勿令皮干；若窗户关闭过晚，因风吹干皮，则宜用微火，如看曲者不明此理，仍照常用温火，必烤糊曲皮或内部烧圈，为害不小。

湿证论 是曲面太细而又用水过多之故。宜开窗大晾，否则曲生毫毛，曲霉又厚又多，为害不小。况且曲块过软必发生压症，曲块既然受压，内中必空，与虚证相仿。遇此情况宜用微火成之，不可照常使用温火。

曲内外病源诸论须知

论曲外证 曲生红霉是因寒潮，曲不能起火，而看曲者又不弄火引之，致使沤的日数过多之故。

曲生绿霉是曲皮已成，曲火断绝，而看曲者仍不弄火，致使曲寒日数过多以及曲房地面潮湿之故。

曲生黄霉是因潮湿，而看曲者不关窗户仍然大晾，以致曲生毫毛，最后变成黄霉。

曲生绉霉是因曲过软，而看曲者又用火过急之故。

曲生白霉如宫粉是因潮火小了之故。

曲生黑霉是因下雨天气，造曲者使曲着雨之故。

曲有烧皮是皮干火急或胎火过大所致。

曲有干皮是因初入曲房风吹之故。

曲有合皮是曲块过软，排曲过密而看曲者用火过急之故。

曲霉过多过厚，是因不开窗户之故。

大致曲生外病，都是初入曲房的调理失时或胎火弄不合适，与干火期无关。

论曲内证 曲有白渣如生面，是因胎火过大，曲皮太干，将曲烤糊，使外火不能进于内之故。

曲有微红色渣，是因胎火过大，而又不开窗户，曲房内热气不能外散之故。

曲渣乌暗不明，是因胎火过大，或所用的水浑浊不清，或原料不净之故。

曲有白渣如葫芦瓤，是因曲面太粗而用水太少，宜用微火成之，倘看曲者不明此理，仍照样用火，使曲内外火乱不整之故。

曲内有黄圈，是因在干火期看曲不小心，致使一时火大之故。

曲内有黑圈，是因在干火期看火不小心，或因曲面太粗，干火过大之故。

曲内有黄圈如烂泥，是因干火过大，以致烧成此状，俗称臭曲。

曲内有大小黑块，是因曲面过粗，拌面不匀，有干面在内，或原料不净，而曲到干火期又用火过大之故。

曲内有大小黄块，也是因曲在干火期用火过大，火气聚在一处而烧成这样。

曲内有杂色点块，是因原料不饱满而又不净，曲面太粗而曲空虚之故。这样易寒易烧，万病皆生。

若曲始终无火，将曲晾干，虽然无病，却为生曲，与坏曲仿佛。

捷径论

常见看曲者恐人知晓，不论看曲正理，专以谬言惑人，如吉日、忌风歌、盖曲诀等。实际上曲或臭或烧，都是看曲者失时调理的缘故，与吉日、凶日根本无干。忌风歌有“春忌东风夏忌南”的句，但炎夏制曲，曲房窗户大开而曲火仍嫌过大，求风尚且不得，即使是南风岂有舍之不用之理，故造曲吉日及忌风歌等不可当真，学者不要被谬言所蒙。

附：忌风歌

春忌东风夏忌南，
秋忌西风保曲安；
冬季北风君须忌，
学者详查莫轻传。

附录4　颜景宗访谈录

颜景宗先生是太原著名的资深酿醋技师，他生于1928年10月21日，原籍安徽亳州，1940年定居山西。耄耋之年的颜老身体依旧健康，精神矍铄，虽已退休多年，仍在家中设立了试验车间，继续进行老陈醋酿造的试验。2012年11月21日，山西金醋生物科技有限公司庞莉女士等在颜老的寓所就老陈醋为主题采访了他，两个多小时的访问，颜老十分健谈，内容丰富。现据录音整理成文，并经颜老审定，作为程光胜先生编撰的《山西老陈醋》一书的附录。

谈到山西醋，先要谈谈醋是什么开始有的。我的看法，基本上从春秋战国时期就有了，我们的酿造历史是从黄河流域开始的。山西醋开始可能出现在山西临汾、晋南地域，因为那里离黄河很近。先秦期间，醋发展成为一种贵重物品，由国家控制，不能随意酿造、买卖。

酿醋的原料有秫米、大麦、豌豆、小麦等等，《齐民要术》中记载了20多种酿醋方法。粟米酿醋是山西老陈醋的做法。有三种方法，浓醪发酵法、固态发酵法、混合发酵法（半固态发酵法）。

酒精发酵完成后，根据酒精度的高低适时转换成醋酸发酵。醋酸发酵要大量氧气，所以在发酵醪中要加上辅料。20世纪50年代初，100斤高粱加70斤谷糠作为辅料，加的麸皮很少，所以出醋量只有250~300斤，4.5度的醋就合格了。后来通过学习技术，进行技术改造，1958年产率从300多斤提高到450斤左右，增加了100多斤。当时只是在工艺上知道这一点，还没认识到多加辅料就能提高出醋量。20世纪80年代开始，出醋率从400多斤提高到500多斤，又上了一个新台阶。后来改为固体发酵法，出醋率由450斤提高到700斤，这个提高幅度相当大。在这个时候我们又采取新的措施，第一是除大曲外增加麸曲（新的糖化曲）的加入量，第二是加进纯种的酵母菌，由此产率又提高到了800斤（5度的醋）。这个数字就相当可观了。出醋率从300斤提高到800斤，是靠技术革新，所以我们要相信科学的力量。不过，100斤原料出醋率在400斤的时候，醋的浓度要大一些。如果出800斤，酸度就要低一些，但是总的来说产酸率还是提高了。

以前，酿醋工人的检测方法是眼看、嘴尝、鼻闻、手摸、耳听，老师傅用的过去的方法现在改成化学分析的方法，我们的技术就提高了。但是现在有些人只考虑酸度，不考虑醋的内在质量。我们规定的标准是：酸度达到8~10度，同时含有氨基酸0.2%，还原糖1.5%，这样营养成分就有保证。同时其中的固定酸（不挥发酸）含量要有较高的比例，挥发酸则不能过高。这样老陈醋的质量标准便定下来了，过去的标准有某些不合理的地方。

过去除了蒸料外，酒精发酵、醋酸发酵、熏醅，都是在一个房间里进行，室内温度很高，生产条件差，工人基本上都是光着膀子，带着围裙进行操作。

过去有个说法，说酿酒车间是凉的，榨油和酿醋的地方是热的。现在经过改革，酿醋时已经做到了三隔离，就是酒精发酵隔离（酒精发酵需要低温）、醋酸发酵隔离、熏醅隔离。改革以后，出醋率又提高了，最高时能够达到850斤左右。

检测醋的好坏用化学分析的方法。我开始酿醋时就是搞化验的。醋的质量必须拿化验数据来说事，但是直到现在，很多地方化验设备都跟不上，我就没法分析。没有化验，做好了也不知道经验在哪，做坏了也不知道教训在哪。酿醋要做到三勤，即勤检查、勤发现问题、勤采取措施，最后来一总结，在每道工序上都必须做到。例如勤测量温度，室温过低、品温过低都不行，酒精发酵时室温为25℃，品温28℃，醋酸发酵室温28℃，品温38℃；还要勤测量酒精发酵完成时酒醅的酒精度，低了就得找原因。一般酒精度要在9度以上，达不到9度再找原因，100斤原料应该产出700~800斤5度的醋，达不到这个指标就要找原因。勤检查就容易发现问题出在哪里，是室温问题、品温问题、操作问题，还是配料问题，找到原因后就要采取措施及时改进。通过试验摸索以后，采取有效措施，如果有效，就在反复试验验证后，把改进了的工艺步骤纳入操作规程，这就提高了一步。

酿醋是和微生物打交道，没那么简单，比照顾老人、小孩还难。原因是老人会说话、小孩会哭，容易知道哪有不合适，但是醋不一样，哪个指标不合格，都酿不出好醋。通过实践，我还总结出一个“三化原则”，这就是卫生制度化、质量标准化、管理科学化。和上面说到的“三勤”一起，都是我的经验总结。但是在具体实践中贯彻比较难，要多和工人沟通。亲自示范给工人看，通过比较，现实可以教育工人。

过去酿醋的人都是没文化、没技术的人，没办法了才从农村出来酿醋。据我所知，在山西寿阳人酿醋的最多，当时酿醋很难。要掌握酿醋的诀窍很不容易。醋醅的水分大了不行，小了也不行，有时醋醅上层温度过高，底下就变得干枯了。醋醅的水分以61%~62%最合适，就是100斤醋赔拌上的辅料后含有61~62斤的水。

我这几十年中，开始的几年很辛苦，当年由于年轻，有经验的老工人不愿意听我的意见，最后只能拿实际效果来说服他们。

我有两个好师傅，当年都是资本家，现在都不在了，他们都是我永远怀念的人。第一位是正大饭店的副经理王传征，他虽然没有亲自在车间做过醋，但是他爱钻研，没事就实验，找出规律了，就让工人照做，开始工人都不相信他，只好再试验，用实际效果说服他们。我那时相信科学，很相信他。第二位是赵近山，他那时虽然年纪已经很大了，有胃病，每天捂着肚子，但是他做工作特别细致，一看醋醅颜色就知道发酵情况，鼻子一闻味就知道发酵好坏，手一摸就知道水分怎么是否合适，温度是否适当。有点科学知识的人，领会东西会非常快。

还有两个师傅是张桂庆、赵雨芳，他们是靠实际成长起来的，他们既有理论知识又有实践经验，我当年在酿造厂能学到这个技术跟他们的教导有很大的关系。

我当年在太原酿造厂工作。那是20世纪50年代中期，这家工厂是公私合营时，由太原市45家食品行业组合成的，叫新型食品酿造厂，意思就是改造旧商业，后来改名为太原酿造厂。

我年轻的时候，因为有点文化，基础要好一些。那个时候我不懂可以问。当时条件也差，交通条件也差，跟着几位师傅每天骑着自行车，从早上8点上班起，要跑11个车间，上午转5个，下午转6个。清早从太原出发去晋源、北格、小店，下午再在太原市内转。因为转的地方多，看的也多，在上面那些师傅帮助下，我提高很快，感性知识要多一些。

原来我也觉得酿醋很容易，做出酸来就行。后来知道酸和酸不一样，有挥发酸和固定酸（不挥发酸）。师傅对我们要求很严，一句话说不对都会立即纠正。

我有点技术，一是因为相信科学，二是用科学的方法武装自己。这是我收获最大的问题。当年我还戴着资本家的帽子，很不好受，但是我也年轻，二十多岁。所以虚心向师傅们学习。师傅们的经验是非常宝贵的，我学着他们，后来一摸、一看、一闻、一尝就知道挥发酸和固定酸大概有多少，还原糖和氨基酸是不是达到了标准。

过去酿醋是完全用谷糠当辅料，后来用麸皮，但开始的时候有人不愿意用。为什么用谷糠时出醋率只有250~300斤，而后来大幅度提高了呢？原因在用了麸皮，因为新鲜麸皮里含糖化酶，麸皮里又含有丰富的蛋白质，这样醋酸发酵会进行得更好。这样一来，100斤原料的出醋率便由50斤提高到70斤，再提高到100斤，现在更保持到130~150斤。出醋率的提高在于辅料比例配方上有了改进。

现在夏天醋醅中加麸皮的总量都要达到170~180斤。麸皮的使用很有讲究，磨麦子时，麦子要洗了然后再用水泡够时间，甩干水再去磨，这样磨出来的新鲜麸皮是大面麸皮。过去的麸皮好，因为100斤麦子只出70多斤的面粉，现在的都能出80多斤面粉，麸皮都成干的了。磨的太干净了，提高了出面率，麸皮里的糖化酶、氨基酸等物质就少了，所以现在麸皮用得多了，要不断加麸皮。当时我们理解不了这个，后来才发现这个问题。

我们用作辅料的麸皮要经过蒸，蒸了以后就是热的了，夏天要冷却，冬天趁热加入醋醅中就可以帮助发酵升温，也会提高出醋率。这样做，酿醋的工人都很欢迎。

王传征师傅很认真，有一次他发现熏醅的操作不规范，质量有问题，他就挖出一块醋醅去找领导说事，让领导把小组人员狠狠批评了一通。当然这种工作方法不太好，使得工作开展的不够顺利，但这样做是为了保证产品质量。再比如我们要根据产品的化验结果来改进配方，进一步提高出品率。用化验结果指导生产，针对化验结果发现的问题，采取措施，再通过试验，最后形成操作规程，这样才能提高的更好一点。过去在历史的过程中，开始的时候的确很多困难，但是在困难中我们也摸索出了一些规律，从1958年以后产量逐步提高，人们也能正确地对待酿醋的。

最后我想谈谈具体的酿醋工艺要点。这就是原料、配比、处理过程、使用工具，酿造的过程。

酿醋的原料主要是高粱，辅料主要是谷糠、麸皮。当年我们用的辅料就是谷糠和麸皮。原料的配比是：100斤高粱，62.5斤大曲，300斤水，70斤谷糠，30斤麸皮。工艺路线是：先将高粱粉碎、用水润料，润料的水过去用凉水，现在改成温水。高粱要粉碎成四六瓣，面粉要尽量少一点，混匀用热水闷6~8小时为好，过后看水分是否能达到61%~62%，中间要翻拌一次，使水分均匀。然后开始用蒸汽加热，上汽应该一层一层上，圆汽后再蒸2小时，停汽后再闷1个小时出锅。出锅时要事先准备好一锅沸水，按100斤原料加40~70斤沸水的比例浸泡蒸过的高粱糁糁（即蒸熟的高粱粒），当颗粒都泡开了以后，取出来放到晾堂上冷却，一般要凉5~6个小时，夏天得7~8个小时，温度才能降到32度。晾完后，100斤原料加62.5斤大曲（我们当年不加酵母菌），先加大约50斤凉水，前3天每天还要加底水，总共要加进300斤水，混合均匀，装入酒精发酵缸。那时是稀态发酵，发酵醪成稠面糊糊状态。在缸里开口发酵三天，每天上午、中午和下午各搅拌一次，三天后发酵结束，搅拌均匀后封缸。封缸时要将缸边擦干净。封缸后再发酵15天，共18天，酒精发酵的过程就结束了。18天完了后便是醋酸发酵。开始醋酸发酵前要测量酒精度，这时表面有3寸深的棕红色的液体，我们当年还没有塑料布，是用石板盖，周围拿泥和草纸和成的稀泥，把缸边封住，石盖压上，人在上边踩一下，后来才改用塑料布封，这就是封缸。封缸发酵15天以后，打开后上面有一层清液，那是酒精液，一掀开缸时非常香，有酒香、有酯香，还稍有点酸香的味道，太酸了就不行。尝起来又苦又涩，说明酒精发酵好了。只要生成的酒液苦一点、涩一点这才能酿好醋。当时酿醋的缸直径65厘米、高50厘米，都是小缸；酒精发酵缸都是大缸，直径大概80厘米，120厘米高，能装200~300斤原料。酒精发酵完了，打开缸先要化验，酒精度9度以上、酸度大约0.8~1.2，达到这个指标以后就可以进入醋酸发酵阶段。

在醋酸发酵阶段，原先我们每100斤原料要加进70斤谷糠、30斤麸皮，后来麸皮最多增加到180斤制成醋醅。醋醅的水分含量是61%~62%，酒精度4度以上，装在酿醋缸里，先培养醋酸菌。这个过程要经过接火、移火、抽醅、调醅。用手抽醅以后，开头不能翻，3天以后才能翻。当50%以上的醋酸发酵缸里的醋醅来火以后才能翻醅，原来都是用手翻醅，现在用铁锹翻。翻醅有讲究，要做到有虚有实、虚实并举，注意调配。温度过高了，醋醅就要翻动得多些，这就是实一点；温度过低了就应该少翻动，也就是虚一点。调配是指把发酵快慢不同的缸中醋醅互相调换，有的缸中醋醅的温度上升缓慢，就要和温度已经迅速升高的醋醅互相调换，这样第二天那些温度上升缓慢的醋醅就会升温了。我把培养醋酸菌这个过程的工艺要点总结成：接火、移火、抽醅、翻醅、有虚有实，虚实并进，注意调配。

在醋酸发酵阶段，还要注意一个问题。这就是在前16个小时，不能抽醅，因为醋酸菌有个繁殖过程，在16小时前把它们取出来就妨碍了醋酸菌的繁殖。在我从事酿醋事业五六十年的时间中，80%~90%的时间都放在醋酸发酵这方面。因为没有控制好醋酸菌，即使酒精发酵顺利也酿不好醋。要使酿造出来的醋中固定酸较多、挥发酸较是比较难的。凭我的经验，能够做到，酒精挥发得也少，香气特别好。

现在的年轻人不容易下我当年那样的苦功夫。我有个徒弟，真不错，在瑞福来带了他四年，技术相当好。最近，他还改革了一个配方。他的记忆力好，哪一年的产品，原料的含水量都记得非常清楚。有一次他遇到问题了，来向我求教。我一看就知道问题出在哪里。原来他只加了20%的大曲，我要他增加到40%，但是结果还是不大好，后来发现是因为水分太高，抽醅不到位、醋酸菌培养的不好。

至于原料，高粱和小麦都应要求颗粒饱满、含淀粉量一般要在65%左右。做大曲的时候要用大麦，不能用小麦。在工艺管理上一定要跟上去，还要求用最好的醋酸菌，如果把连续用了20年的种子和半年的种子搭配起来，醋醅闻起来就不一样。

在酒精发酵过程中，要买好一点的大曲。大曲应该从汾阳买，咱们现在自己做的曲还不行，将来要实现自己做曲。做曲的方法要改进，用60%的大麦、40%的豌豆，这些原料要精选除沙，还可以加点麸皮。大曲的配比要合适，我的经验是清茬曲30%、后火曲（发酵后温度再提高）40%、红心曲30%是最佳配比。红心大曲中心的两边呈现灯笼红色，非常好看。我可以自己在家做。曲胚干了，再提高温度，曲胚外面比较干，微生物往里长，就变成了红心曲。做成红心曲后再在炉子上烤，就成了后火大曲。

醋酸发酵完成后，100斤醋中夏天加入1.5斤食盐，一般季节加1斤就可以了，现在有人增加了比重，这样不行。

最后是熏醅，以前熏醅的炉子是用地火，传统工艺中火都烧到缸上了，现在改成炕，缸坐在炕上，烧砖不烧缸，能节约50%的煤，不冒黑烟了，低碳经济，煤的利用率高了。采用这个方法，四年不烂一个缸。

传统的工艺中，淋出的醋要冬捞冰。醋中的水分大，水结冰了，醋不结冰。水结冰是白色的，醋是褐色的，冰捞出来了，醋的浓度就增加了。醋有头醋、二醋、三醋、四醋。是指淋醋的先后不同而得到质量不同的产品，一般头醋质量最好。

我做山西老陈醋的时间有60多年了，老陈醋就是我的一切。我写了个“山西老陈醋三字经”，不怕大家见笑，公布出来请大家批评指正。

一、赞

老陈醋　精酿造　源流长　数千年　晋阳城　醋飘香　传古今　四海扬

色棕红　醋香浓　入口绵　回味长　先觉酸　后绵甜　味鲜美　津液生

夏不霉　冬无冰　久储之　成极品　氨基酸　有机酸　矿物质　无伦比

富营养　能保健　酸碱平　防邪毒　消积食　护胃肝　强筋骨　促循环

养容颜　抗衰老　降三高　防感冒　多喝醋　寿延年

二、秘

酿好醋　须牢记　八必须　八要求　人必精　水必甘　器必洁　缸必湿
粮必实　曲必时　火必缓　量必准　严管理　环境美　勤净化　讲卫生
室温宜　品温当　做工细　记录明

三、料

老陈醋　选料精　曲为骨　水是血　主辅料　无污染　红高粱　草大麦
花豌豆　小麦麸　粗谷糠　加酵母　高粱米　清水洗　热水淘　水控净

四、蒸

蒸料前　料要碎　四六办　莫成粉　含水分　六十二　蒸煮时　气要圆
糊化完　不夹生　要闷水　二点二　用开水　细拌匀　润料透　再上甑
速冷却　加大曲　混均匀　再进缸

五、酵（酒精）

在缸里　发酵起　发酵室　常通气　保室温　二十五　保品温　三十度
勤开耙　疙瘩净　严封缸　十八天　为优质　可更久　酒醪熟　香气浓
酒精度　超过九　酸度值　一点二

（醋酸）

酒醪熟　加辅料　拌谷糠　加麦麸　酒精度　四至五　含水分　六十二
醅入缸　接醋种　保室温　二十八　日抽醅　移火当　生醋酸　要空气
翻醅时　讲虚实　几十缸　步调齐　前中后　控适温　十余日　醋酿成
加细盐

六、熏

老陈醋　要熏醅　色泽浓　香气增　经六日　熏醅成　醅黑亮　红醅成

七、淋

红白醅　各半份　要分开　各自淋　浸泡透　细细淋　每道潲　要分清
头潲浓　二潲淡　三四道　不能混

八、陈

酿造醋　需陈酿　产物多　富营养　夏伏晒　冬捞冰　一春秋　曰陈醋
三春秋　老陈醋　醋浓酽　酸柔和　齿留香　色挂杯　风格特　国之宝

附录5　关于振兴山西醋业的建议书（参考提纲）

一、山西醋的历史概况

1.最早的典籍和实物证据，起源。

2.新中国成立前的状况（要求查历史档案，明确产地，产量，流通情况及科研）。

3.新中国成立后的发展（要求有确实的统计数字，在几个重要历史时期的升降情况，特别是改革开放20多年来的变迁以及科研成就）。

二、山西醋业当前面临的严峻形势

1.世界潮流：食醋产品已经突破原有调味品的狭窄空间，成为保健饮料的新兴产业（需要有足够的数据和实例，特别是日本的醋业现状）。

2.国内形势：镇江醋业的飞速壮大，其他地方，特别是沿海发达地区发展很快，醋饮料、醋吧和醋保健新产品不断出现。

3.山西发展醋业的优势和劣势

（1）优势：品牌的无形资产巨大，古老而高超的技术，独一无二的产品内涵（成分分析表明与镇江醋相比，有机酸含量特别高），有待发掘的保健用途，小杂粮大省为发展醋业而可能影响到的农业产业改革，省内市场潜力大。

（2）劣势：市场局限，技术保守，规模分散，管理混乱。

三、山西醋业发展缓慢的原因

政府或行业管理部门缺少关注，假冒伪劣产品充斥市场，生产技术革新缓慢，科研力量薄弱，投入不足或投入目标和预期效益不明确。

四、发展山西醋业的几项建议

1.解放思想，把醋业的发展和三农问题联系起来，全面发展山西的小杂粮以及水果开拓的深加工途径。

2.开阔视野，面向世界，充分认识山西醋的巨大潜力，准确把握品牌影响，以独特的民族产品推向国际市场。

3.组织力量研讨山西醋业发展规划（行业的地区分布，酿造厂规模，农家自酿的比例，个体小作坊生产的数量、产量和质量）。

4.加强行业管理，制订统一的质量标准和规范的生产规程，法定卫生标准和包装标准。

5.加大对假冒伪劣产品的打击力度，切实整顿市场。

6.将山西醋的科研列入省内科研的重点。

7.用市场机制进行大规模集资，高起点，努力采用高科技和高标准发展现代醋业。

附录6　山西老陈醋的工艺精华和质量特色

（本文发表于《中国酿造》2004年第05期）

王元太　太原市上肖墙10号山西轻工行管办，太原030002

程光胜　中科院微生物研究所，北京100080

摘要　该文以1934年方心芳先生对“山西醋”的工艺总结为依据，将传统工艺与现行工艺对比，并以1985年《日本食品工业学会志》刊登的11种中国醋成分的分析与比较，阐明山西老陈醋的质量特色，以区别于当前市场的假冒伪劣产品，进一步提出山西老陈醋传统工艺改进和创新的初步设想。

关键词　山西老陈醋　工艺精华　质量特色

史料记载，山西老陈醋的传统工艺始创于明时（1368年）清源县“美和居”作坊的重蒸法，其质量的特色为“绵、酸、香、甜、鲜”，至清顺治元年（1644年），“美和居”为鼎盛时期，而蜚声海内外。现将山西老陈醋的工艺精华和质量特色总结如下：

一、山西老陈醋的工艺精华

1934年，我国著名微生物学和酿造学专家方心芳先生，曾对山西醋的传统工艺进行写实和总结[1]，笔者以此为依据对照现行工艺，山西老陈醋的传统工艺的精华，可以概括为六点：

1. 制醋原料用高粱和麸皮

传统的制醋原料所用高粱品种为“大狼尾”“一把抓”等，麸皮为地产小麦加工后的下脚料；谷糠（或称谷壳）是粟加工脱出的颖壳，是固态醋酸发酵的最佳填充料。高粱、麸皮和谷糠构成了北方食醋典型的芳香，以区别于南方以稻壳为填充料的米醋。加之当地富含钙盐的水质资源，奠定了山西老陈醋作为我国北方的代表醋的风格特点。

2. 使用大曲为糖化发酵剂

清源是山西大曲生产的重要发祥地，主要的大曲品种为“红心”“清茬”“后火”（高温）三种大曲，今清徐县尚保存有清代秀才总结的《看曲论》，主要描述“清茬曲”的制法，杏花村汾酒厂“红心曲”的制法，也是总结清徐曲师的操作。山西的醋用和酒用大曲，对制曲原料有严格的要求，地产大麦要求淀粉含量高，含皮壳适中；豌豆品种为“青麻脸”“花脸狼”等杂色豌豆；白皮豌豆次祖之，不宜使用起火慢的青皮豌豆，更不得使用“三不吃”等小粒品种的豌豆。醋用大曲的大麦和豌豆配比，要求豌豆比例占30%~40%，曲料粉碎要求皮粗面细，踩制曲坯既有疏松性，又有保水性，用辊式粉碎的曲料比较接近传统驴拉磨的粉碎度，众多曲户使用“一风吹”锤式粉碎机，粉碎的曲料皮细面粗糁粒多，是产生劣质大曲的主要工艺原因之一。“红心曲”的“红心”主要是红曲菌，因有多种优良的酿造性能，如酯化酶等和多种保健功能一直被酿造界看好，山西醋用大曲以“红心曲”为主，为兼顾曲香味和糖化酶发酵力，也配比一定量的高温“后火曲”和较低温度培养的“清茬曲”。山西的大曲微生物种群，早在20世纪60年代初中科院微生物研究所开始研究，后经“汾酒试点”、东湖牌山西老陈醋集团、山西省食品工业研究所等多次分离鉴定和计数，现已基本搞清，形成了当地特有的微生物种群。根据方心芳先生的记载，1934年山西老陈醋的大曲用量为高投料量的58.1%，超过一般酿造醋和其他特色醋。

3. 酒精发酵为液态浓醪发酵

山西老陈醋的传统工艺，采用固态蒸粮，加熟冷水冷却，液态法酒精发酵，按当时的记载，高粱与总含水量之比为1：2.91－2.92，即小于1 :3，比现行酒精生产工艺浓醪发酵的加水量还略少，加之用曲量很大，所以酒精发酵开始几乎是半固态的。方文记载“主发酵3天完成，清源醋继续发酵16~17天。”其余时间应为酯化养醪期，为醋酸发酵积累了多种前体物质。

4. 固态高温醋酸发酵

行业内称“高温引火，高温醋化”。“引火”指接种微生物。方文指出“酒醪分置于30个小坛内，每坛加米糠1斗5升，推成凸形，每日早晚各搅拌1次，3日后上火，5日大火（不烫手，否则温度太高），一般为30~35℃较好，清源醋高至40℃，酪酸菌、乳酸菌必起作用，山西醋之气味别致，亦可证明醋酸菌以外的细菌作用。醋酸发酵8天，第8日加食盐40~50斤，使之落火，10日后恢复常温。”笔者为验证上述结论，曾将成熟醋醅进行微生物分离计数，发现其中醋酸菌和乳酸菌的比例约各半，还有较多的芽胞杆菌，红曲菌也大量存在，并有少量耐高温假丝酵母和犁头霉等。因此，在固态高温醋酸发酵的同时，也进行乳酸杆菌发酵，能伴随生成多种复杂的发酵产物。

5. 熏醅

熏醅是山西醋获取熏香味的重要工艺措施，也是醋液色泽主要来源。山西醋业界有王来福首创熏醅工艺之说，因此，不论是山西老陈醋，山西陈醋，山西熏醋，都要熏醅。方文指出：“从每次投料的30坛成熟醋醅中各取15坛分别作白醅和熏醅，即白醅和熏醅的比例为1：1，用白醅淋子加水浸泡白醅12小时，所淋出的白醋再加热，入熏醅淋子浸泡熏醅12小时，所淋出的棕红色醋液称为熏醋，也称原醋。”

6.“夏日晒，冬捞冰”陈酿

老陈醋的精粹在于突出一个“陈”字。指的是原醋陈酿。传统工艺称为“夏日晒，冬捞冰”。通过这道工艺过程，日晒而使醋液不断蒸发，捞冰而使水分不断渐少，同时香味成分得以逐渐在代谢物质转化过程中突显，不溶物得以沉淀而使醋液澄清。最后获得陈化老熟的成品。按行业成规，除“山西熏醋”可以不必陈酿外，“山西陈醋”的陈酿时间要在半年以上，“山西老陈醋”则要在9~12个月以上。根据方文记载，太原宁化府“溢源庆”熏醋也要陈酿5个月，清源的山西老陈醋有贮陈10年的，介休的老陈醋有的长达40年。原醋陈酿1年左右，总酸（以乙酸计）由6~7克/100毫升增至10克/100毫升以上，每斤高粱产原醋3.6~4.0斤，夏季只产3斤。陈酿后3斤原醋只得1斤陈醋。可见成本之高，出品率之低。

二、现行生产工艺与传统工艺的比较

笔者有幸涉足山西醋业，国内许多业内知名人士也曾到山西醋界专访，认为目前基本能达到1934年方心芳总结的工艺要求的，只有“东湖牌”“美和居”山西老陈醋集团公司一家，其余企业都存在不同程度的差距。差距主要表现为：

1. 大曲质量、品种和用量的差别

许多老陈醋生产企业自身不产大曲，而是从个体制曲户收购，而后者生产的产品多是用“一风吹”粉碎曲料生产的不合格产品，其中豌豆占曲料比例不足20%，甚至添加霉变的麸皮、带土块和杂物的高粱、玉米等。这些劣质大曲存在干皮厚，曲心窝水，空心鼓胀和霉变等异常品质。即使从专业曲厂收购，也基本上是单一的“清茬曲”，还常见劣质曲块。这些劣质曲给成品醋带来霉苦味，苦涩味。有时用曲量严重不足，只有要求量的40%，或者用40%麸皮曲，加10%大曲。这种也被冒称为大曲制造的老陈醋。如果配料时麸皮用量再减少，则产品中氨基酸态氮含量将达不到最低要求。

2. 陈酿时间和陈酿设备的差别

许多企业酿造老陈醋的陈酿时间和陈酿设备达不到传统工业“夏日晒，冬捞冰”所得产品的质量要求。某些投资数千万元的重点企业，采用不锈钢大罐密闭储存，且陈酿时间不足。在这种储存条件下，由于大罐密闭，水分和乙酸很难挥发，也很难转化生成香味成分，结果产品带有明显的刺激性酸味。还有的企业采用简易的减压浓缩设备（据说是通过了科技鉴定的），试图达到“夏日晒，冬捞冰”的效果。但是，常压和减压条件下各种挥发性成分的挥发系数差异较大，减压浓缩设备未充分考虑原醋中芳香物质的回收，况且减压浓缩只浓缩到原体积的3/4，即浓缩倍数仅为1.33，离传统工艺浓缩系数为3的要求相当远。

3. 熏醅所占比例过低，添加色素

许多中小醋厂所用熏醅比例不到40%，甚至更低。由于熏醅不足而提高熏醅温度或延长熏醅时间，使熏醅质量低劣，色泽严重黑变。这样酿

成的老陈醋口味焦苦，并带涩味。尽管熏醅颜色变深，由于比例严重不足，原醋颜色依旧过浅，为了达到老陈醋的色泽要求，便添加色素，而用淀粉糖浆加尿素或铵盐熬制的人工色素（含有亚硝酸盐等致癌物）便成了首选。

4. 品牌与实质相距甚远

据不完全统计，山西醋的总产量达到23至25万吨，为全国醋产量的1/10左右。按传统工艺生产"山西醋"的成本较高，某些企业大搞低成本扩张和低价位竞争容易引起"山西醋"市场品牌紊乱，也使假冒伪劣产品有机可乘。在央视曝光的可能只是极端的实例。现以"老酰儿"牌的所谓老陈醋为例，该企业自己并不生产原醋，而是收购个体专业户用麸皮、活性干酵母加糖化酶制成的低品位原醋。该原醋总酸不足2.5克/100毫升（以乙酸计），为达到酿造食醋酸度标准，通常添加工业用廉价冰醋酸。再添加多为禁止在食品中添加的人造色素、植物蛋白酸水解液等，而且配制包装环境卫生条件不合格。所以这种产品色泽异常，闻香刺鼻，尝之则苦涩。化验结果显示其中重金属超标，还含有某些致癌致残有毒化合物。然而这种假冒品公然以山西老陈醋的商品名上市，居然还能贴上了质量安全标志。这些产品一方面严重危害食品安全，另一方面也毁坏了山西老陈醋的信誉。

三、传统山西老陈醋的质量特色

究竟什么是山西老陈醋，山西地方标准（DB14/84－1999）[2]表达的定义是："以特定的原料和工艺酿制，区别于一般食醋和其他特色醋的食用醋。该产品以高粱、麸皮、水为主要原料，以稻壳或谷壳为辅料；以大麦、豌豆为原料所制得的大曲作糖化发酵剂，经酒精发酵后采用固态醋酸发酵，再经熏醅、陈酿等工艺酿造而成的食醋，统称为山西老陈醋。"按该标准规定，区别于一般食醋和其他特色醋的感官质量的特色为色泽褐紫，体态均一，质浓稠，熏香、酯香、陈香浓郁和谐，口感柔和，食而绵酸，醇厚绵长，微鲜，有余香。理化指标特色为相对密度大，无盐浸出物浓度高，总酸、不挥发酸、总酯、总糖和氨基酸态氮含量高。1985年《日本食品工业学会志》曾发表过对11种中国醋的分析结果[3]。这些样品包括米醋、香醋、高粱醋等。在常规分析项目中，山西老陈醋有10项在全部分析样品中居首位。它们是：总酸度（以乙酸计）10.38%，pH3.87，相对密度1.194，还原糖11.25%，总糖12.82%，无盐浸出物30.47%，总氮1.22%，灰分9.42%，食盐5.33%，吸亮度12.62。在分项的系统分析中，18种游离氨基酸总量是2270.7毫克/100毫升，含量仅次于彰德陈醋中不挥发有机酸总量为1040.7毫克/100毫升；16种芳香组分（包括醇、醛、酯、3羟基丁酮、双乙酰等）总含量10342.9微克/100毫升，也仅次于彰德陈醋。上述各项分析结果表明，涉及质量的各项指标，山西醋明显优于各种香醋和米醋。特别值得注意的是，山西老陈醋中琥珀酸含量高达78.7毫克/100毫升，明显高于其他分析样品，在不挥发有机酸中，乳酸含量最高，它们与氨基酸和其他有机酸共同作用，可使食醋的pH值有所增加，酸性得到一定程度的缓冲，因而在味觉上减少刺激感，入口而觉绵软。琥珀酸赋予山西醋酸味柔和的功能，在笔者试验中曾得到证实。因此，琥珀酸应作为山西醋的重要特征成分之一。

四、山西老陈醋传统工艺的改进和创新

山西老陈醋是中华民族的宝贵民族遗产，对于坑害消费者健康的假冒伪劣产品，首先必须引起各级政府部门的高度重视，加大打击力度，严格执行QS标志的市场准入审批制度；其次要把规范各类山西醋（包括山西老陈醋、山西陈醋和山西熏醋等）的工艺规程和质量标准，以法规的形式强制执行；其三是名牌和大型企业要自强自律，团结一致，共同执行工艺规范和质量标准；其四是要承认山西落后，更新观念。传统工艺只有更好，没有最好，必须与时俱进。山西醋业的发展，不能只靠不锈钢大罐和微机显示而到处炫耀，而要不断地技术创新。目前山西醋业需要博采众长，许多相关行业和同行业的新工艺、新技术、新设备、新菌种，由于落后保守思想阻碍而没有得到充分利用，或因信息闭塞不知道应用。例如密闭式通

风制曲，采用先进的酒精生产技术进行蒸煮糊化技术，糖化、冷却和发酵技术，食醋酿造各工艺过程的微机监控，而不是单纯的显示。利用多种优良微生物强化大曲和用多种微生物制造麸皮曲，酒母代替大曲酿制优质食醋的微生物培养技术。固态醋酸发酵翻醅、熏醅和淋醋工艺机械化，精品调香调味醋的生产和勾调技术，超滤，反渗透、微波老熟等高新技术在食醋稳定性、陈酿等工艺中的应用和研究等。总之，目前山西老陈醋的传统工艺，还有许多不够科学合理，与现代科学技术不相适应的地方，必须依靠技术进步提高质量和食醋的出品率，以求降低产品成本，取得更大的经济效益。不能走靠假冒，配制的邪门歪道。观念落后，故步自封，夜郎自大，将使山西醋业面临更大的困境。

注释：

[1] 孙颖川，方心芳 . 山西醋 . 黄海化学工业研究社，1934

[2] 山西地方标准（DB14/84 – 1999）“山西老陈醋”1999 年

[3] 崔玲玲（译）: 中国醋成分的分析与比较，译自《日本食品工业学会志》1985 年发表，刊于《山西食品发酵》1986 年 2 月。

附录7　关于促进山西醋产业加快发展若干意见的通知（山西醋八条）

晋财建〔2009〕524号

各市财政局、经信委、商务局、质监局：

为贯彻落实《山西省食品产业调整和振兴规划》（晋政发（2009116号）），充分发挥中小企业发展专项资金、技术创新专项资金、企业技术改造专项资金和流通企业发展资金等专项资金的引导和推动作用，按照资金渠道不变、资金使用单位不变和资金使用方向不变的原则，适当集中、形成合力，共同向醋产业倾斜，支持我省醋产业做大做强，着力打造山西老陈醋品牌和声誉，并带动相关产业发展，增加居民收入，促进我省由产食醋大省向醋业强省转变。现就促进我省醋产业加快发展提出以下意见，请各市、县认真贯彻执行，并结合实际，整合相关资金，制定详细具体的鼓励扶持政策，共同扶持我省醋产业加快发展。

一、支持山西老陈醋品牌建设和市场营销

充分挖掘并发挥山西老陈醋的历史作用，支持省食品工业协会申报“山西老陈醋”证明商标，质监局对山西老陈醋实施地理标志产品保护，创建山西老陈醋公共品牌。策划在央视等中央级媒体推出“山西老陈醋”公共品牌宣传，进一步提升山西老陈醋的知名度和美誉度。同时，对经考评达到标准的企业产品，授权许可使用“山西老陈醋”证明商标和“山西老陈醋”地理标志保护专用标志。

积极引导企业增强品牌意识，用市场化手段推动品牌形象建设，以品牌建设带动企业发展。鼓励企业创建名牌产品，对获得中国驰名商标、中国著名品牌的企业，对经商务部新认定的“中华老字号”企业，对国家质

检总局新认定的“山西老陈醋地理标志”产品，对获得山西省标志性名牌产品、山西著名商标的品牌企业，优先安排中小企业发展专项资金和企业技术改造资金。支持醋企业在央视、省外卫视等国家及省外媒体开展品牌宣传，省财政对品牌推广的费用给予10%~15%的补贴。

积极扩大市场营销。协调和鼓励支持民航、宾馆、饭店、餐饮、娱乐场所等宣传消费我省生产的醋产品，重点向消费者推介保健醋、醋饮料等高端产品。率先在我省各类航班和星级饭店普遍消费保健醋和醋饮料。

支持大型醋企业及重点流通企业拓展市场，提高市场占有率和覆盖率。鼓励大型醋企业和重点流通企业采取灵活多样的手段在全国地级以上城市开设品牌店、形象店、直营店、旗舰店和连锁店等。省财政实行以奖代补，根据盈亏平衡点的具体情况每店补贴5~10万元。支持建立山西老陈醋网络销售平台，发展电子商务，开展网络营销和网上购物。支持企业进一步拓展国际市场，努力扩大出口，企业参加境外宣传、认证及展洽活动时所发生的费用，省财政按规定予以补助。

二、制定和完善行业标准，加强山西老陈醋质量管理，确保产品质量

安全认真贯彻《中华人民共和国食品安全法》，完善老陈醋质量检测手段，落实老陈醋安全主体责任。逐步在原料、生产、加工、储运、销售等环节实现良好农业规范（GAP）、良好生产规范（GMP）、良好卫生规范（GHP）和危害分析控制点技术（HACCP）等先进老陈醋质量安全规范。借鉴国际食品安全管理的先进经验，鼓励生产企业建立召回制度和流通企业建立老陈醋追溯源制度。

进一步建立完善山西老陈醋标准体系，支持行业管理部门加快制定、修订醋产业质量、安全、工艺和技术等标准，严格控制老陈醋的质量和品质。支持建设山西老陈醋国家级产品质量检测中心，确保老陈醋的质量品质。

支持醋企业开展包括GAP、GHP、IS09001、IS09002、IS014001等

在内的相关的国际通行认证，提高山西老陈醋质量安全标准。每通过一项认证，省财政补助5~10万元。支持醋企业有关人员参加安全质量、质量管理和技能培训等，省财政给予一定费用的补贴。

同时，支持质检系统联合有关部门开展质量检查，严厉打击制售假冒伪劣产品等违法行为，维护消费者权益，维护山西老陈醋的品牌威望。

三、加大研发力度，大力开发和推广高附加值醋产品

鼓励企业加大研发投入，拓展山西老陈醋在保健、特殊功效、化妆品、医药、生物、日化等方面应用的技术开发和产品生产、市场推广，鼓励醋糟在饲料配置、沼气利用、化工原料等方面的综合利用，提高醋产业的价值增值发展空间。鼓励醋企业引进新技术、新工艺。企业为开发新技术、新产品、新工艺发生的研发费用，未形成无形资产计入当期损益的，在按照规定据实扣除基础上，研发费用50%加计扣除，形成无形资产的按照无形资产成本的150%摊销。对开拓老陈醋新应用领域并形成新产品的，经认定有广阔市场空间的产品，其研发费用省财政给予一定比例的资助。

支持重点醋企业成立技术中心、研发中心，并鼓励企业申报建立国家级、省级技术中心、研发中心。对达到国家级的技术中心、研发中心，除国家补助外，省财政再给予一倍的资金奖励。对醋企业国家级、省级技术中心的开发项目，优先安排支持。

四、鼓励和支持醋产业集群化、园区化发展

积极引导和鼓励醋产业向集约化、规模化方向发展，尽快形成特色鲜明、具有比较优势的原料醋、食用醋、保健醋、醋饮料、醋洗涤用品、醋化妆品、醋旅游和醋品包装等产业集群发展。在我省形成数百上千的醋企业，壮大醋产业规模。同时，鼓励醋产业园区化发展。对各类醋工业园区的基础设施建设（包括“五通”：通路、通电、通水、通讯、排污，“一

平”：场地平整）所需的银行贷款财政给予贴息。

建立项目库，及时掌握原料醋、食用醋、保健醋、醋饮料、醋洗涤化妆品、醋品包装等企业的基本情况及发展状况，积极向国家和省级有关部门推荐申报项目，争取国家和省级相关资金支持，支持醋企业向纵深发展，不断发掘醋相关产业的价值，以点带面，努力形成醋产业竞相发展的局面。

五、支持晋醋文化公共平台建设，大力弘扬山西老陈醋文化

动员各方力量深度挖掘醋的历史价值，不断丰富醋文化内涵。支持申报“中国老陈醋文化艺术之乡”，创办“中国老陈醋文化节”，定期在省外举办“山西老陈醋中华行”，组团参加各类有影响力的展洽会，打造晋醋整体形象。开展以振兴山西醋业为主题的课题研究、文物普查和市场调研等，鼓励创作、拍摄、编排各种形式的以醋为载体的醋歌、醋剧、醋舞等作品，举办醋文化周、研讨会、高峰论坛等不同形式的醋文化宣传活动。

由省、市、县政府出资，吸收社会资本，共同打造集文化博览、展销交易、物流配送、技术交流、质量控制、信息服务、价格监测等综合性功能为一体的“中国醋都”。同时在“中国醋都”定期举办醋王赛、醋品鉴赏等活动。鼓励企业建设各具特色的醋博园、醋博馆等，积极与省内外旅行社联系推介醋文化旅游，通过展示传统老陈醋酿造技艺，传播醋文化，普及醋知识，倡导健康生活新理念，拉动醋消费，推动醋产业发展。

六、推广公司+基地+农户模式，带动相关产业发展，促进农民增收

推动生产企业跨地区、跨所有制兼并重组，鼓励生产企业与上下游企业、研发机构之间结成战略联盟，培育一批产品优势明显、核心竞争力强

的大型龙头企业。

依托龙头企业，按照国家和省级有关标准，对分散的小醋坊进行集中连片改造，经有关部门验收合格后，作为示范基地推广。同时，对农户的家庭小作坊标准化改造给予奖励。经验收合格的每个农户醋作坊奖励1万元。同时积极与省内外旅行社联系，推介开展酿醋基地村旅游。

积极鼓励品牌企业与经标准化改造的农户醋作坊建立长期合作关系，逐步形成龙头企业带动、生产基地规范、广大农户增收的运营模式。

七、建立醋产业融资平台，鼓励醋企业资本市场融资

切实解决醋产业融资难的问题。结合中央财政中小企业信用担保补助资金，设立我省的中小企业信用风险基金，积极协调各金融机构、信用担保公司等，建立政府、银行、信用担保公司和企业四方风险共担机制。对经省有关部门联合审核认定的重点醋产业项目，省、市中小企业信用担保公司可采取联保等方式优先给予贷款担保，银行给予重点扶持。对贷款中按照银行业要求比例设立的风险准备金由银行、信用担保公司和政府三方共同负担。同时定期或不定期举办大型招商引资洽谈会，引导上市公司、战略投资者、私募基金投资山西醋业，对洽谈会所发生的费用给予适当补助。创造条件，引导优势醋企业上市融资。对挂牌上市企业给予一定奖励。

八、鼓励行业协会完善公共服务功能，解决产业发展共性问题

建立行业内部的信息共享平台，开展醋行业信息发布制度。加强国内外、省内外同行业发展动态信息的收集、整理和发布，及时反映行业发展中存在的重大问题。加强行业内部建设，提高行业整体素质；开展山西老陈醋企业诚信体系建设，建立企业不良记录的搜集、管理和通报制度，完善行业退出机制。

组建山西老陈醋产业技术联盟，跟踪国际、国内醋产业最前沿技术、加强行业内部的技术交流。整合现有科技研发和技术创新方面的资金，推动重点醋企业与省内外科研院所搭建新技术创新平台，开展公共性技术研发和关键性技术攻关。

山西省财政厅

山西省经济和信息化委员会

山西省商务厅

山西省质量技术监督局

二OO九年十二月三日

（本文来自2010-09-28 07:38山西醋产业协会网上发布）

附录8　中华人民共和国国家标准
地理标志产品　山西老陈醋

ICS 67.220.10
X 66

中华人民共和国国家标准

GB/T 19777—2013
代替 GB 19777—2005

地理标志产品　山西老陈醋

Product of geographical indication—Shanxi extra aged vinegar

2013-12-31 发布　　2014-10-01 实施

中华人民共和国国家质量监督检验检疫总局
中国国家标准化管理委员会　发布

前　言

本标准按照GB／T 1.1—2009给出的规则起草。

本标准根据GB／T 17924—2008《地理标志产品标准通用要求》及中华人民共和国国家质量监督检验检疫总局颁布的2005年第78号令《地理标志产品保护规定》制定。

本标准代替GB 19777—2005《原产地域产品　山西老陈醋》，与GB 19777-2005相比，除编辑性修改外，主要技术变化如下：

——将标准名称由《原产地域产品　山西老陈醋》改为《地理标志产品　山西老陈醋》；

——将标准属性由强制性国家标准改为推荐性国家标准；

——增加了部分规范性引用文件（见第2章，2005年版的第2章）；

——增加了部分原辅材料的质量要求；（见5.1.1、5.1.2，2005年版的5.1.1）；

——修改生产用水的规定范围（见5.1.3，2005年版的5.1.2）；

——删除了食品添加剂的要求（见5.1.5，2005年版的5.1.4、5.1.6）；

——补充了对生产加工过程卫生的要求（见5.3）；

——重新描述了主要工艺流程（见5.4.1，2005年版的5.3.1）；

——完善了感官特性中香气、滋味和体态特性的描述，尤其体态中注意到GB2719《食醋卫生标准》4.2中“无沉淀”的要求，因具有独特工艺的山西老陈醋成品中沉淀物是由乳酸钙、残余淀粉、蛋白质等人体有益物质构成，因此本标准感官指标规定“允许有少量沉淀”，这一规定的特殊性与适用于所有食醋GB2719普遍性无实质性矛盾（见5.5.2，2005年版的5.4）；

——在理化指标中，取消规格（见5.5.3，2005年版的5.5）；

——增加了特征指标川芎嗪(四甲基吡嗪)、总黄酮（见5.5.1）；

——增加了理化指标氨基酸态氮、pH、食盐的要求（见5.5.3，2005年版的5.5）；

——修改了净含量的要求（见5.5.5，2005年版的5.7）；

——修改了感官特性检验方法（见6.1，2005年版的6.1）；

——增加了川芎嗪(四甲基吡嗪)的检测方法（见附录B）；

——增加了总黄酮的检测方法（见附录C）；

——增加了氨基酸态氮的检测方法（见6.2.5）；

——增加了pH的检测方法（见6.2.9）；

——增加了食盐的检测方法（见6.2.10）；

——修改了抽样方法，补充了抽样方式和数量的方法（见7.2，2005年版的7.2）；

——补充了出厂检验项目（见7.3.2，2005年版的7.3.2）；

——修改了出厂检验判定规则和复验要求（见7.5.1，2005年版的7.5.2）；

——修改了型式检验判定规则和复验要求（见7.5.2，2005年版的7.5.2）；

——补充了标志的规定（见8.1，2005年版的8.1）。

本标准的附录A、附录B、附录C、附录D、附录E为规范性附录。

本标准由全国原产地域产品标准化工作组（SAC/WG 4）归口。

本标准起草单位：山西老陈醋地理标志保护办公室、山西省醋产业协会、山西省食品工业研究所、山西老陈醋集团有限公司、山西水塔老陈醋股份有限公司、山西紫林食品有限公司、山西金醋生物科技有限公司。

本标准主要起草人：郑淑芳、曹文杰、刘晓刚、岳子泉、王永亮、何于飞、阎正恒、赵静、王振刚。

本标准所代替标准的历次版本发布情况为：

——GB19777-2005。

地理标志产品　山西老陈醋

1　范围

本标准规定了地理标志产品山西老陈醋的术语和定义、保护范围、要求、试验方法、检验规则及标志、包装、运输和贮存。

本标准适用于经国家质量监督检验检疫部门根据《地理标志产品保护规定》批准保护的山西老陈醋。

2　规范性引用文件

下列文件对于本文件的应用是必不可少的。凡是注日期的引用文件，仅注日期的版本适用于本文件。凡是不注日期的引用文件，其最新版本（包括所有的修改单）适用于本文件。

GB/T 191　包装储运图示标志

GB/T 601　化学试剂 标准滴定溶液的制备

GB 2715　粮食卫生标准

GB 2719　食醋卫生标准

GB 5461　食用盐

GB 5749　生活饮用水卫生标准

GB/T 6682　分析实验室用水规格好试验方法

GB/T 7652　八角

GB 7718　食品安全国家标准 预包装食品标签通则

GB/T 8231　高粱

GB 8954　食醋厂卫生规范

GB/T 10460　豌豆

GB/T 11760　裸大麦

GB/T 13662　黄酒

GB 18186　酿造酱油

GB 18187　酿造食醋

SB/T 10040　花椒

JJF 1070　定量包装商品净含量计量检验规则

国家质量监督检验检疫总局令[2005]第75号 定量包装商品计量监督管

理办法

3　术语和定义

GB 18187界定的以及下列术语和定义适用于本文件。

3.1　山西老陈醋 Shanxi extra aged vinegar

产自本标准第4章规定范围内的一种风味独特的酿造食醋，以高粱、麸皮为主要原料，以稻壳和谷壳为辅料，以大麦、豌豆为原料制作的大曲作为糖化发酵剂，经酒精发酵后采用固态醋酸发酵，再经熏醅、陈酿等工艺酿制而成。

4　地理标志产品保护范围

山西老陈醋地理标志产品保护范围限于国家质量监督检验检疫主管部门批准划定的位于山西省中部，处于北纬37° 16″ ~38° 02″ ，东经112° 18″ ~113° 10″ 的区域，即山西省太原市盆地的太原市清徐县、杏花岭区、万柏林区、小店区、迎泽区、晋源区、尖草坪区、晋中市榆次区、太谷县、祁县，保护范围图见附录A。

5　要求

5.1　原辅料

5.1.1　原料

高粱应符合GB/T 8231的要求，麸皮应符合GB 2715的规定，主要来自忻定盆地和太原盆地及周边地区，不得使用玉米等其他粮食或代用粮食。

5.1.2　辅料

5.1.2.1　食用裸大麦应符合GB/T 11760、豌豆应符合GB/T 10460的要求，主要来自忻定盆地和太原盆地及周边地区，所用谷壳、稻壳应清洁，不得有霉变、结块现象，并经除杂和清蒸处理，符合相应的国家标准和有关规定。

5.1.2.2　食用盐应符合GB 5461的要求。

5.1.2.3　花椒应符合SB/T 10040，八角应符合GB/T 7652的要求，其他香辛料应符合相应的国家标准和有关规定。

5.1.3　生产用水

取自山西老陈醋地理标志产品保护区域内的水，应符合GB 5749的要求。

5.1.4　大曲

山西老陈醋生产所用大曲是以大麦、豌豆为主要原料，按传统工艺制成，贮存期以3~6个月。

5.2　酿造环境

为第4章规定保护范围内，气候特征为，四季分明，冬季寒冷干燥，春季多风干燥，夏季炎热多雨，秋季短暂凉爽，炎热气短，空气流动性大，湿度偏低，光照充足，降水集中。

5.3　生产加工过程卫生要求

应符合GB 8954的规定。

5.4　传统工艺

5.4.1　主要工艺流程

水 ↓（粉碎→蒸料）　大曲 ↓（酒精发酵）　麸皮、谷糠 ↓　接种 ↓（高温固态醋酸发酵）

高粱→粉碎→蒸料→酒精发酵→高温固态醋酸发酵→熏醅→淋醋→陈酿→勾调→成品

5.4.2　主要工艺特点

山西老陈醋以高粱、麸皮为主要原料，以大曲为糖化发酵剂，经酒精发酵、高温固态醋酸发酵、熏醅、淋醋，入缸或池伏晒、捞冰陈酿，陈酿期12个月以上。

5.5　质量要求

5.5.1　特征指标

5.5.1.1　川芎嗪（四甲基吡嗪）含量应不低于30mg/L。

5.5.1.2　总黄酮含量应不低于60mg/100g。

5.5.2　感官特性

感官特性应符合表1规定。

表 1 感官特性

项　目	特　性
色泽	深褐色或红棕色，有光泽
香气	以熏香为主体的特殊芳香、酯香、陈香复合，和谐，香气持久，空杯留香
滋味	食而绵酸、口感醇厚、滋味柔和，酸甜适口，味鲜、余香绵长
体态	体态均一、较浓稠、澄清，允许有少量沉淀

5.5.3　理化指标

理化指标应符合表2规定。

表 2 理化指标

项　目		指　标
总酸（以乙酸计）/（g/100mL）	≥	6.00
不挥发酸（以乳酸计）/(g/100mL)	≥	2.00
氨基酸态氮（以氮计）/(g/100mL)	≥	0.20
还原糖（以葡萄糖计）/(g/100mL)	≥	2.00
可溶性无盐固形物 /(g/100mL)	≥	9.00
总酯（以乙酸乙酯计）/(g/100mL)	≥	2.50
pH		3.60 ~ 3.90
食盐 /(g/100mL)	≤	2.50

5.5.4　卫生指标

应符合GB 2719的规定。

5.5.5　净含量

应符合《定量包装商品计量监督管理办法》的要求。

6　试验方法

6.1　感官特性

6.1.1　色泽、体态

将样品摇匀静置后，取20mL放于比色管中，在白色背景下观察其色泽和体态。

6.1.2　香气

用量筒取样品50mL放于150mL锥形瓶中，将瓶轻轻摇动，嗅其气味。

6.1.3　滋味

用刻度吸管定量，吸取样品0.5mL滴入口内，反复吮咂，鉴别其滋味优劣及后味。第二次品尝时，须用清水漱口后进行。

6.2　理化指标

6.2.1　川芎嗪（四甲基吡嗪）

按附录B规定的方法测定。

6.2.2　总黄酮

按附录C规定的方法测定。

6.2.3　总酸

按GB　18187中规定的方法测定。

6.2.4　不挥发酸

按GB　18187中规定的方法测定。

6.2.5　氨基酸态氮

按GB　18186中规定的方法测定。

6.2.6　还原糖

按附录D规定的方法测定。

6.2.7　可溶性无盐固形物

按GB　18187中规定的方法测定。

6.2.8　总酯

按附录E规定的方法测定。

6.2.9　pH

按GB/T　13662中6.5规定的方法测定。

6.2.10　食盐

按GB　18187规定的方法测定。

6.3　卫生指标

按GB　2719的规定执行。

6.4　净含量

按JJF　1070规定的方法测定。

7　检验规则

7.1 组批

同一天、同一班次灌装生产的同一品种、相同规格的产品为一批。

7.2 抽样方式和数量

7.2.1 抽样方式

从成品库同批产品的不同部位随机抽取样品。

7.2.2 抽样数量

每批产品的抽样基数不得少于200个最小独立包装，抽样数量为12个独立包装（总量不少于2000 mL），将所抽样品分成两份，一份用于检验，一份留样备用。

7.3 出厂检验

7.3.1 产品需经生产企业检验合格并签署质量合格证后方可出厂。

7.3.2 出厂检验项目包括净含量，标签，感官特性，理化指标中的总酸、不挥发酸、氨基酸态氮、还原糖、可溶性无盐固形物、总酯、pH、食盐和安全卫生指标中的游离矿酸、大肠菌群、菌落总数。

7.4 型式检验

7.4.1 型式检验应每半年进行一次，或有下列情况之一时进行检验：

a）生产地址、生产设备、生产工艺或原辅料有较大改变，可能影响产品质量时；

b）新产品投产或老产品转厂生产时；

c）产品停产3个月以上，恢复生产时；

d）出厂检验结果与上次型式检验结果有较大差异时；

e）国家食品安全监管部门提出型式检验的要求时。

7.4.2 型式检验项目为本标准质量要求中规定的全部项目。

7.5 判定规则

7.5.1 出厂检验

7.5.1.1 出厂检验项目全部符合本标准，判为合格品。

7.5.1.2 出厂检验项目中有一项指标不符合本标准，可以加倍抽样复检，复检后如仍不符合本标准，判为不合格品。

7.5.1.3 卫生指标中的微生物指标和游离矿酸指标如不合格则不得复检。

7.5.2　型式检验

7.5.2.1　型式检验项目全部符合本标准，判为合格品。

7.5.2.2　型式检验项目有一项不符合本标准，可以加倍抽样复检，复检后如仍不符合本标准，判为不合格品。

7.5.2.3　卫生指标中的微生物指标和游离矿酸指标如不合格则不得复检。

8　标签、包装、运输和贮存

8.1　标签

8.1.1　标签内容应符合GB 7718、GB l8187的要求。标签上标注产品实际总酸。

8.1.2　标签上应标注符合本标准规定的产品名称，并按规定使用地理标志产品专用标志。不符合本标准规定要求，或未取得山西老陈醋地理标志产品保护注册登记的产品，不得使用本标准规定的山西老陈醋产品名称。

8.1.3　外包装应标注“易碎物品”“怕晒”“怕雨”标志并符合GB／T 191的规定。

8.2　包装

包装材料应符合相应国家标准和有关规定。

8.3　运输

产品运输应注意防晒、防淋雨，严禁与不洁或有毒有害物品混运。

8.4　贮存

产品应贮存在阴凉干燥的食品专用库内，严禁与不洁或有毒有害物品混贮，产品离墙离地。

附录A

(规范性附录)

山西老陈醋地理标志产品保护范围图

山西老陈醋地理标志产品保护范围见图A.1。

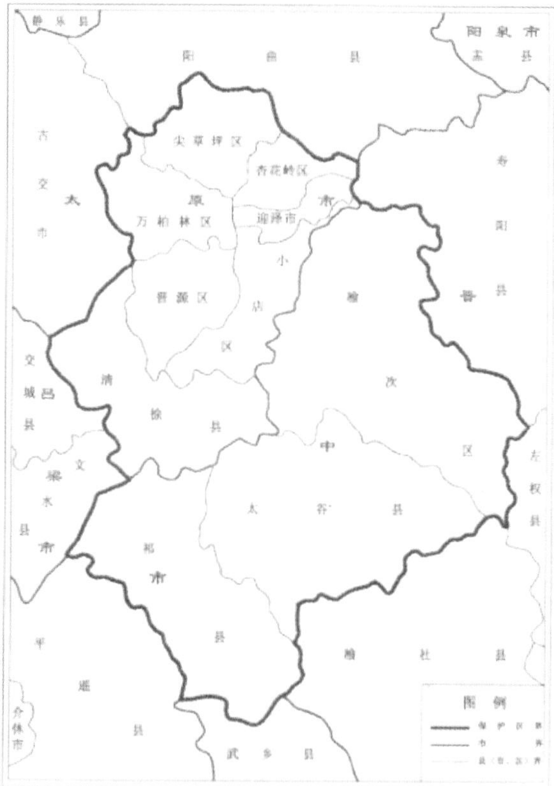

附录B

(规范性附录)

川芎嗪（四甲基吡嗪）的检测方法

B.1　范围

本附录规定了测定山西老陈醋中川芎嗪（四甲基吡嗪）的高效液相色谱法。

B.2　原理

醋样调至碱性条件下，有机溶剂萃取、分离后，样液经0.45μm微孔滤膜过滤，采用ODS-C18柱，以磷酸二氢氨与甲醇为流动相，用高效液相色谱仪在C18色谱柱上分离，于279nm处经紫外检测器检测，用外标峰面积法定量。

B.3　试剂

检测川芎嗪（四甲基吡嗪）所用试剂如下：

a）盐酸川芎嗪标准品，中国食品药品检定研究院；

b）甲醇：色谱纯，其余所用试剂均为分析纯；

c）试验用水为重蒸水或同等纯度的水，经0.45μm滤膜真空抽滤；

d）盐酸川芎嗪标准溶液：精确称取50.0mg盐酸川芎嗪标准品，用重蒸水定容50 mL。

B.4 仪器

检测川芎嗪（四甲基吡嗪）的仪器如下：

a）高效液相色谱仪，配紫外检测器；

b）高速离心机；

c）125.0 mL分液漏斗；

d） 玻璃离心管。

B.5 样品处理

准确量取待测样品10.00 mL，用氢氧化钠调pH＞8.0，入分液漏斗加三氯甲烷5 mL，混匀萃取，静止分层或离心机以4000 r/min离心15min，转移三氯甲烷层；重复上述加入三氯甲烷以后的操作，合并三氯甲烷层，以0.2moL /L 盐酸分两次萃取三氯甲烷相，每次4.5 mL，合并水相，用重蒸水定容10.00 mL,0.45μm滤膜过滤备用。

B.6 色谱条件

检测川芎嗪（四甲基吡嗪）的色谱条件如下：

a）色谱柱：Shim-pack CLC-ODS C18柱(0.15m×φ6.0 mm)；

b）流动相： 0.2m moL/L磷酸二氢铵 ：色谱甲醇=6:4；

c）流速：0.8 mL /min

d）柱温：室温（20℃）；

e）进样量：10μL；

f）紫外检测口检测波长：λ=279nm。

B.7 标准曲线的绘制

精密吸取盐酸川芎嗪标准溶液0.05 mL、0.10 mL、0.25 mL、0.50 mL、1.00 mL，用重蒸水定容至10 mL（相当于每毫升含盐酸川芎嗪5.0μg、10.0μg、25.0μg、50.0μg、100.0μg）；分别进样10μL，于

279nm处测量峰面积，每个浓度重复进样2~3次，取平均值，以质量浓度为横坐标，峰面积平均值为纵坐标，绘制标准曲线。

B.8　试样测定

在与绘制标准曲线相同的色谱条件下，取处理好试样10μL进入色谱仪，根据曲线，求出样品中川芎嗪（四甲基吡嗪）的含量。

B.9　结果计算

见式（B.1）

$$X=\frac{c\times V_2\times 1000}{V_1\times 1000} \quad \cdots\cdots\cdots\cdots\cdots (B.1)$$

式中：

X——样品中川芎嗪（四甲基吡嗪）的含量，单位为毫克毫升（mg/L）；

C——由标准曲线求得样液中川芎嗪(四甲基吡嗪)质量浓度，单位为微克每毫升（μg/mL）；

V_1——分析所取试样体积，单位为毫升（mL）；

V_2——试样最后定容体积，单位为毫升（mL）。

计算结果保留小数点后两位数字。

B.10　精密度

在重复条件下，获得的两次独立测定结果的绝对差不得超过算术平均值的10%。

附录C

（规范性附录）

总黄酮的检测方法

C.1　方法摘要

在中性或碱性及亚硝酸钠存在的条件下，黄酮类化合物与铝盐生成螯合物，加氢氧化钠溶液后显红色，与芸香苷（芦丁、芸香叶苷）标准系列比较定量。

C.2　试剂

本试验方法中，所用试剂除特殊注明外，均为分析纯；所用水应符合GB/T 6682中三级水的规格。

C.2.1　乙醇溶液：体积分数为60%。

C.2.2　氢氧化钠溶液：10g/L,称取10.0g氢氧化钠，用水溶解后定容至1L。

C.2.3　亚硝酸钠溶液：50g/L,称取5.0g亚硝酸钠，用水溶解后定容至100mL。

C.2.4　硝酸铝溶液：100g/L，称取10.0g硝酸铝，用水溶解后定容至100mL。

C.2.5　氢氧化钠溶液：200g/L,称取20.0g氢氧化钠，用水溶解后定容至100mL。

C.2.6　芦丁标准贮备溶液：2.00mg/mL,称取0.2000g（精确至0.0002g）经120℃减压干燥到恒重的无水芦丁（芸香苷、芸香叶苷，已知质量分数大于95%），置于100 mL容量瓶中，用乙醇溶液（C.2.1）溶解并定容至刻度，摇匀。

C.2.7　芦丁标准使用溶液：0.20mg/mL,吸取10.00mL芦丁标准贮备溶液（C.2.6）于100容量瓶中，用水定容至刻度，临用现配。

C.3　仪器与设备

实验室常规仪器、设备见下列各项：

a）分光光度计；

b）具塞比色管：25mL；

c）分析天平：感量0.1mg。

C.4　分析步骤

C. 4.1　试液的制备

称取经混匀试样5.00g于100mL烧杯中，以氢氧化钠溶液（C.2.2）调至中性，再多加2滴，移入100 mL容量瓶中，用水定容至刻度，摇匀，备用。

C. 4.2　工作曲线的制备

吸取0.00 mL、0.50 mL、 1.00 mL 、2.00 mL 、3.00 mL、4.00 mL芦丁标准使用溶液（C.2.7），相当于0.00 mg、0.10 mg、0.20 mg、0.40 mg、0.60 mg、 0.80 mg 无水芦丁，分别置于25mL具塞比色管中，补

水至约10mL，加1.0mL亚硝酸钠溶液（C.2.3），混匀，放置6 min；加1.0 mL硝酸铝溶液（C.2.4），混匀，放置6 min；加4.0 mL氢氧化钠溶液（C.2.5），再加水至刻度，混匀，放置15 min。用1cm比色皿，以试剂空白调节零点，在波长510 nm处测定吸光度。以吸光度为纵坐标，芦丁的质量为横坐标，绘制工作曲线或计算回归方程。

C.4.3　测定

吸取2.0mL样品溶液（C.4.1）两份，分别置于25mL具塞比色管中补水至约补水至约10mL，以下步骤按C.4.2操作，其中一份不加硝酸铝溶液，做样品空白；以试剂空白调节零点，在波长510 nm处测定吸光度。测得样品吸光度减去样品空白吸光度，以工作曲线上查出或用回归方程计算出样品溶液中总黄酮的质量m1。

C.5　结果计算

样品中总黄酮含量（以芦丁计）按式（C.1）计算：

$$X=\frac{m_1\times 100}{m\times\frac{2}{100}}=\frac{m_1\times 10\ 000}{m\times 2} \quad \cdots\cdots\cdots\cdots\cdots\cdots\ (C.1)$$

式中：

X——样品中总黄酮（以芦丁计）的含量，单位为毫克每100克（mg/100 g）；

m_1——由工作曲线查出（或以回归方程计算出）试液中总黄酮（以芦丁计）的质量，单位为毫克（mg）；

m ——样品的质量，单位为克（g）。

计算结果保留小数点后两位数字。

C.6　精密度

在重复条件下，获得的两次独立测定结果的绝对差不得超过算术平均值的10%。

附录D

（规范性附录）

山西老陈醋

还原糖的检测方法

D.1　范围

本附录规定了山西老陈醋中还原糖的测定方法。

D.2　原理

在碱性溶液中，还原糖能将高价铜还原为低价铜，根据其被还原的数量，可求得还原糖的含量。

D.3　仪器

检测还原糖的仪器如下：

a）滴定管：25mL；

b）锥形瓶：250mL；

c）吸量管：5.0mL、2.0mL；

d）电炉：300w~500w。

D.4　试剂

检测还原糖的试剂如下：

a）菲林氏甲液：称取硫酸铜（$CuSO_4 \cdot 5H_2O$）15g及次甲基蓝0.05g溶解于1000ml蒸馏水中。

b）菲林氏乙液：称取酒石酸钾钠50g，氢氧化钠54g及亚铁氰化钾4g溶解于1000mL蒸馏水中。

c）葡萄糖标准溶液：准确称取在100℃烘至恒重的无水葡萄糖1.0000g，放于100mL烧杯中，用蒸馏水溶解后倒入1000mL容量瓶中，用蒸馏水反复冲洗烧杯，洗液一并倒入容量瓶，加浓盐酸5mL，用蒸馏水稀释至刻度。此溶液每毫升相当于1.0000mg葡萄糖。

D.5　操作

D.5.1　空白滴定

取菲林氏甲、乙液各5.0mL于250mL锥形瓶中，加入10.0mL蒸馏水，用滴定管加入约9mL葡萄糖标准溶液，摇匀后加热（电炉应预热15min后使用），使其在2min内沸腾，沸腾30s后，以每2s一滴的速度匀速滴入葡萄糖标准溶液，至蓝紫色消失即为终点，溶液沸腾后葡萄糖标准溶液的耗用量应控制在0.5mL～1.0mL之内，否则重做。记录沸腾前后共耗用葡萄糖标准溶液的体积。

D.5.2　预备滴定

取菲林氏甲、乙液各5.0mL于250mL锥形瓶中，加入10.0mL蒸馏水，加入体积浓度5%的样品稀释液2.0mL，摇匀后加热，沸腾30s后，以每2s一滴的速度匀速滴入葡萄糖标准溶液，至蓝紫色消失即为终点，记录沸腾前后共耗用葡萄糖标准溶液的体积。

D.5.3　正式滴定

取菲林氏甲、乙液各5.0mL于250mL锥形瓶中，加入10.0mL蒸馏水，加入体积浓度5%样品稀释液2.0mL，再用滴定管加入比预滴定耗用量少约1mL的葡萄糖标准溶液，摇匀后加热，沸腾30s后，以每2s一滴的速度匀速滴入葡萄糖标准溶液，至蓝紫色消失即为终点，溶液沸腾后，葡萄糖标准溶液的耗用量应控制在0.5mL～1.0mL之内，否则重做，记录沸腾前后共耗用葡萄糖标准溶液的体积。

D.6　计算

见式（D.1）

$$X = \frac{(V_1 - V_2) \times \rho}{2.0 \times \frac{5}{100} \times 1\ 000} \times 100 \quad \cdots\cdots\cdots (D.1)$$

式中：

X——样品中还原糖的含量，单位为克每100毫升（g/100mL）；

V_1——标定菲林氏甲、乙液耗用葡萄糖标准溶液的体积，单位为毫升（mL）;

V_2——测定样液耗用葡萄糖标准溶液的体积，单位为毫升（mL）。

ρ——葡萄糖标准溶液的质量浓度，单位为毫克每毫升（mg/mL）。

计算结果保留小数点后两位数字。

D.7　结果允许误差

同一样品两次测定值之差不得超过0.05 g/100mL。

附录 E

（规范性附录）

总酯的检测方法

E.1 范围

本附录规定了山西老陈醋中总酯的测定方法。

E.2 原理

先用碱中和山西老陈醋中的酸，再加入一定量的碱使酯皂化,过量的碱再用酸进行反滴定。

E.3 仪器

检测总酯的仪器如下：

a）酸度计或pH计（附磁力搅拌器），精度 +0.01 pH；

b）全玻璃回流装置；

c）水浴锅；

d）酸式滴定管。

E.4 试剂

检测总酯的试剂如下：

a）0.100 0 mol/L氢氧化钠标准溶液，按GB/T 601规定的方法配制和标定；

b）0.100 0 mol/L硫酸标准溶液，按GB/T 601规定的方法配制和标定。

E.5 分析步骤

E.5.1 试样制备

按6.2.3测定总酸含量的样品处理规定，吸取20.0 mL样品稀释液 ，置于250 mL具塞锥形瓶中，准确加入测定总酸含量时消耗氢氧化钠标准溶液的毫升数（切勿过量），然后再准确加入0.100 0 mol/L (记录C1)氢氧化钠标准溶液20.0 mL (记录V1)，摇匀，装上冷凝管，与沸水浴回流皂化0.5h，取下，冷却至室温，将试样移入250 mL烧杯中，用20.0 mL蒸馏水冲洗锥形瓶，洗液并入烧杯中。

E.5.2 仪器的准备

安装好酸度计或pH计，接通电源，待稳定后，用pH= 9.18（25℃）的缓冲液校正仪器。

E.5.3　滴定

向试样杯中放一枚转子，将其置于磁力搅拌器上，插入电极，开启搅拌，按下pH读数开关，用0.100 0 mol/L(记录C2)硫酸标准滴定溶液滴定至pH达到8.2即为终点，记录消耗硫酸标准溶液毫升数V2。

E.6　计算

见式（E.1）：

$$X=\frac{(c_1\times V_1-c_2\times V_2)\times 0.088}{20.0\times\frac{10}{100}}\times 100 \quad \cdots\cdots\cdots\cdots \text{(E.1)}$$

式中：

X——样品中总酯的含量，单位为克每100毫升（g/100mL）；

c_1——氢氧化钠标准溶液的浓度，单位为摩尔每升（mol/L）；

c_2——硫酸标准溶液的浓度，单位为摩尔每升（mol/L）；

V_1——测定时消耗氢氧化钠标准溶液的体积，单位为毫升（mL）；。

V_2——测定时消耗硫酸标准溶液的体积，单位为毫升（mL）；

0.088——与1.00mL 氢氧化钠标准溶液[c（NaOH）=1.000 mol/L]相当的以克表示的乙酸乙酯的质量。

计算结果保留小数点后两位数字。

E.7　精密度

在重复条件下，获得的两次独立测定结果的绝对差不得超过算术平均值的 10 %。

编后赘语

一、编写缘起

我决定编写这本小册子，经过了多年的犹豫。先是多年前中国微生物学会酿造分会的多位先生建议，希望我编写一本酿醋的专业书籍，我觉得自己几乎没有实践经验，不敢承担；后是近几年王建忠先生的多次建议。王先生是山西金醋生物科技有限公司的创始人，近数年来他为地道的山西老陈醋传统工艺的保护、传承和发展做出了不少努力，他希望我能编写一本全面介绍山西老陈醋的科学普及书籍，以便于普及山西老陈醋的科学知识。因为涉及的范围小了，又在近几年多次参与有关山西老陈醋的活动，我便冒昧地决定了。

把山西老陈醋作为主题的书籍，除方心芳1934年的《山西醋》外，正式出版的，据我所知，最早的一本是纪文海在1959年编著的《山西清徐老陈醋》（轻工业出版社，部分内容见附录3），2003年颜景宗、谭学良编著了《山西老陈醋史话》（山西人民出版社），最近的是2013年，由王尚殿主编了《中国·山西老陈醋》（山西科学技术出版社）。1980年刘集贤、万良适合编的《漫话山西醋》（山西人民出版社），对老陈醋也有较多介绍。这些前人的作品，为本书的编写提供了宝贵的资料和启示，但是全面介绍酿醋技术的历史发展过程、酿醋形成过程的生物化学和微生物学，以至于较详细描述酿造技术，再延伸到醋的应用，尤其是保健功能等等的著作，本人则尚未见到过。当然，要作如此广泛且通俗易懂的介绍，就必然超越山西老陈醋的狭窄范围。因此，本书不能不涉及其他种类的中国醋，虽然多少有点文不对题，但借此让读者全面地初步认识中国食醋的丰富文化底蕴，可能会得到理解。

我从开始参加工作以来，就常与我国的传统发酵产品打交道，觉得这些体现中华民族智慧的美食是属于每个中国人的，山西老陈醋是山西人的，也是我的，让这些产品的科学知识有更广泛的传播，是我应尽的义务。所以作为来自工业微生物领域的退休老兵，便以几十年来我那一知半解，且是零散的积累作为基础，参考了一些资料，勉强撰成了这本书。山西老陈醋的前途是无限的，我期待着后来者对本书的不断修正、批判和扬弃。

二、编写基础

我知道山西老陈醋，是在20世纪60年代，那时我在中国科学院微生物研究所工业微生物研究室方心芳先生手下做点打杂的实验工作。大概是1963年的春天，方先生交给我一个100毫升的广口瓶，里面装着大半瓶黑色胶状物，他告诉我那是醋膏，是山西老陈醋一种特有的副产品。他让我分析里面的醋酸。我分析了，发现用滴定法测定的含酸量不高，闻起来也不像平时所见的醋那么刺鼻。后来我并没有进一步用它做研究，但我第一次知道了山西老陈醋的特别之处。直到许多年后，我才知道，原来那种醋膏里面的醋酸含量并不十分高，而且是以钠盐形式存在的，醋膏里面还含有大量的有机酸。

方心芳院士（1907-1992）
《解放军报》记者摄

1977年夏天我去太原开会，方先生交代我务必去山西两个地方看看，一个是杏花村汾酒厂，一个是清徐县的醋厂。那时交通远不如现在，我整整费了3天时间，才走马观花式地完成了任务。那时百业待兴，酒厂并不景气，醋厂更是简陋破败，但两家工厂接待我的人听说我来自科学院微生物所，热情接待了我，让我参观了工厂车间，了解了酿造的工艺过程。因为事先对汾酒已经有了较多了解，所以这次经历，给我印象更深的是清徐的老陈醋。此后，我和醋厂的一位技师建立了联系，回京后我给他们寄过一些技术资料，也收到过他们寄来的老陈醋。从此我们家便开始用老陈醋调味了，直到现在。

20世纪90年代初，我到中国微生物学会服务，领导让我关心学会下属的酿造分会。记得第一次参加分会活动，是1991年12月到石家庄参加由张林先生主持的食醋学组的学术研讨会。那时方先生还健在，我请教他关于食醋的研究，他考虑后写给我几条意见（1996年发表在《中国酿造》杂志上），根据方先生的意见，我在大会做了《重视科技，振兴醋业》的发言。这是我涉足醋业的开始，此后我参加有关酿醋的学术会议比较多了，学习了一些有关酿醋的书籍，参观过一些现代化程度差别很大的醋厂，并反复研读过方心芳在1934年对山西醋的调查报告。因为山西醋的特点较突出，引起了我更浓厚的兴趣。

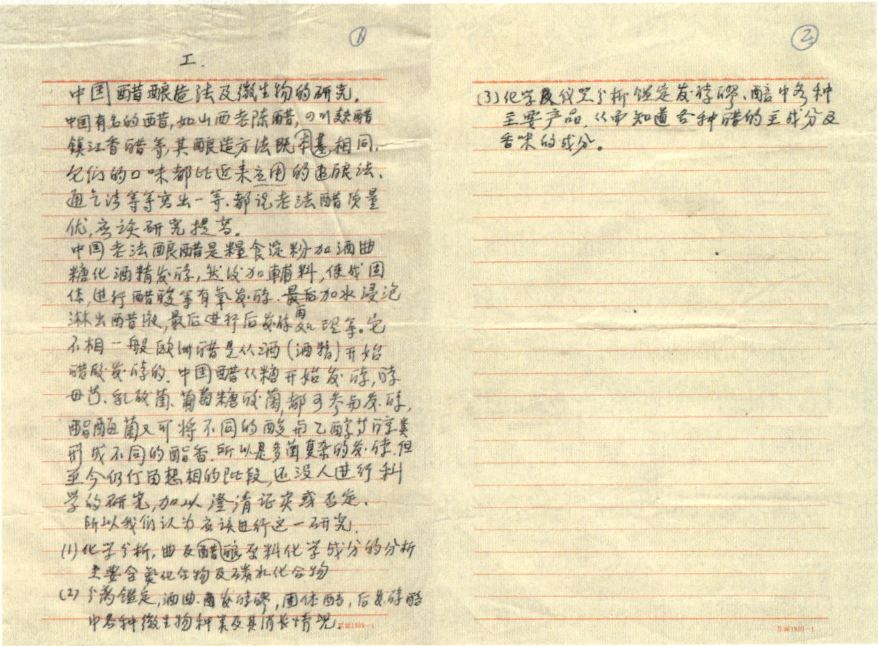
①

I.

中国醋酿造法及微生物的研究。

中国有名的醋，如山西老陈醋，四川麸醋、镇江香醋等，其酿造方法既不尽相同，它们的口味都比近来应用的速酿法、通气法等等高出一等。都说老法醋质量优，应该研究提高。

中国老法酿醋是粮食淀粉加酒曲糖化酒精发酵，然后加辅料，使成固体，进行醋酸等有氧发酵。最后加水浸泡淋出醋液，最后进行后发酵处理等。它不相一般欧洲醋是从酒（酒精）开始醋酸发酵的。中国醋从糖开始发酵，酵母菌、乳酸菌、葡萄糖酸菌，都可参与发酵，醋酸菌又可将不同的酸与乙醇等酯类形成不同的醋香。所以是多菌复杂的发酵。但至今仍停留在经验的阶段，还没人进行科学的研究，加以澄清证实或否定。

所以我们认为应该进行这一研究。

(1) 化学分析，曲及醋醅原料化学成分的分析主要含氮化合物及碳水化合物

(2) 分离鉴定，酒曲、酒发酵醪，固体醅，后发酵醅中各种微生物种类及其消长情况。

②

(3) 化学及仪器分析鉴定发酵醪、醅中各种主要产品，以便知道各种醋的主成分及香味的成分。

方心芳醋研究计划

那时酿造学会的秘书长靳勇杰先生原是商业部负责副食品的局级干部，他又是山西人，熟悉老陈醋。1996年食醋学组在太原开会，得靳老的引荐，我认识了不少山西的酿醋专家，还得到山西老陈醋集团董事长郭俊陆先生的热情介绍，仔细考察过包括该集团清徐醋厂在内的一些老陈醋车间。正好老朋友王元太先生在山西食品研究所当所长，还一度担任酿醋协会的会长。而山西生物研究所的所长谢红教授又是我们中国微生物学会的常务理事，同样关心老陈醋的命运。1998年，山西著名的酿醋老师傅颜景宗老先生研制了一种苦荞醋新产品，我应邀参加了鉴定会，从此我又遇到了一位可以经常请教的老师。颜老1928年10月21日（农历九月九日）生于

安徽亳州，1940年在战乱中来到正在太原谋生的父亲身边，从此在这里成家立业，70多年来，在太原酿醋至今。他的学历并不高，但60多年刻苦钻研，已经是一位既有一定理论基础知识，又有丰富实践经验的老专家了。颜老今年已经八十有

七，依旧精神矍铄，本书中有颜老的采访记录（见附录4），读者可以从中获得更多的知识。

天时地利人和，就是仰赖这些朋友，让我在新世纪到来之前，就把山西老陈醋作为自己退休后关心的一个重要对象了。

进入新世纪以后，我几乎每年都为与醋有关的事到山西去，我参加过几次山西醋发展研讨会，也应邀参加过制订老陈醋的新国家标准。20世纪末，我们曾联合几位山西的专家，一起向山西省的有关领导提出过发展山西醋的建议（提纲见附录5），我和山西醋似乎越来越投缘了。

随后，在2004年，我和王元太高工联名在《中国酿造》上发表了《山西老陈醋的工艺精华和质量特色》一文，呼吁重视老陈醋的酿造技术的总结和提高（见附录6）。

2009年12月3日，山西省财政厅、山西省经济和信息化委员会、山西省商务厅和山西省质量技术监督局4个政府机构联合发出了《关于促进山西醋产业加快发展若干意见的通知》（简称山西醋八条，见附录7）。这是本书作者多年来首次见到山西省省级领导部门以文件形式表达对山西醋业的关注，令我这个非山西公民感到异常兴奋。的确，此后山西醋业出现了一些新气象，有关研讨会多有举行，一些试验基地也正在建设与运转。尤其是2014年10月1日，经过多年酝酿与多次审定后终于公布的《地理标志产品山西老陈醋》（GB/T19777-2013）（见附录8）终于开始执行。我们期待着山西老陈醋这一体现中华民族智慧的食品焕发新的光彩。

三、几个问题之我见

本书不是学术专著，我对商品学、经济学、社会学是门外汉，无力涉及许多现实问题，因此只想论述一些科学知识。但在编写本书过程中，获得了一些知识，也思考过某些普遍关心的问题，为此，在论述正题之后，想再谈谈自己的认识，一方面可以将经过概括的资料与读者分享，一方面也可以就教于各界读者。

第一个问题：山西人为什么爱吃醋?

1978年有关部门在华北五市对每人每年的食醋量有过一次调查，结果是：天津市5.1斤，石家庄市8斤，北京市8.4斤，呼和浩特市10斤，太原市18斤。1978年我国还是计划经济时代，统计数字应该更准确，这些统计数字表明以太原为代表的山西省的食醋消费确实远高于全国。据中国调味品协会统计，在新旧世纪交替的近20年中，山西省居民家庭食醋的消费总量，是全国平均值的150%左右。

看来山西人爱好醋，是很有历史了。1936年出版的《中国实业志·山西省》即已有这样的叙述："晋人嗜醋，凡小康之家，皆自酿造……据晋省各县报告，年产值约在70万元以上，唯皆自酿自用，并不以从事买卖为主，间有余醋，则向市集出售，设坊专酿之家极少。"据该文献记载当年的调查，山西省"共有53家酿醋作坊，其分布情况是：太谷12家，蒲县7家，清徐6家，曲沃5家，汾城4家，襄陵、汾阳、新绛各3家，徐沟、冀城、河津、沁县各2家，祁县、平遥各1家，或附属于酒酱作坊，或兼营其他杂货，坊址大多集中于各县城区。"在这部由当时政府部门发表的，应该具有较高权威性的资料中，我们得以了解到，当时全省醋的年产值达到70万元，而由已统计的酿醋作坊生产的醋的总产值不过65060元，这是由23720担，即约1700吨的产量（按当时度量衡标准，每担为120市斤，每市斤约为600克计算之概数）计算而来的。由此可以推测，直到20世纪30年代中期，在山西醋产业的规模还很小，在53家醋坊中，资本额超过万元的，不过3家，资本额少于1千元的则达到22家。然而当时民间家庭酿醋却十分普遍，因此食醋的总产量应该在

2万吨左右，按当时全省人口1200万计算，平均每人的醋消费量为1.7公斤。由于山西省当时还基本上处于自给自足的自然经济状态，醋的酿造工艺也不会很规范，但当时自酿醋中会有相当数量的老陈醋。“熏醅”和“冬捞冰夏晒醋”的操作在当时家庭酿醋过程中是比较常见的。

关于山西省的食醋和老陈醋产量的历史记录，就我所得的资料，加以总结如下，本书编著者不才，没有找到更原始的材料，希望今后能有人继续补充、匡正。

年代	食醋总产量	老陈醋总产量	资料来源
1934 年	3000 吨		纪文海：《山西清徐老陈醋》
1936 年	1700 吨		《中国实业志·山西省》
1945 年		～0	刘集贤、万良适：《漫话山西醋》
1947 年	200 吨		刘集贤、万良适：《漫话山西醋》
1948 年	100 吨		刘集贤、万良适：《漫话山西醋》
1949 年		2～3 吨	刘集贤、万良适：《漫话山西醋》
1958 年	1800 吨		纪文海：《山西清徐老陈醋》
1959 年	3600 吨		纪文海：《山西清徐老陈醋》
1962 年		73 吨	刘集贤、万良适：《漫话山西醋》
1966 年		100 吨	刘集贤、万良适：《漫话山西醋》
1976 年		250 吨	刘集贤、万良适：《漫话山西醋》
1978 年		512 吨	刘集贤、万良适：《漫话山西醋》
1979 年		600 吨	刘集贤、万良适：《漫话山西醋》
2012 年	30 万吨	约 3 万吨	网上资料

在20世纪60年代以后的一段时期，许多生活必需品需要凭票证计划供应，但在全国买醋要票证的，大概只有山西省居民，更说明山西人把食醋和食油一样当成生活必需品了。根据附图所示的这些已经成为收藏品的醋票，我们可以看到，从1962年至1977年延续16年之久（凭票买醋的开始时间应该比1962年更早），从太原市这样的省会城市到山西的某个生产大队，都需要凭配给才能买到食醋。购买的数量，有的票证上有规定，而像太原市的醋票，则连分配的数量也没有确定。我们可以理解为当时粮食紧

张，原料无法保证充分供应，所以只能根据生产量的多少来确定每月给居民分配的数量了。

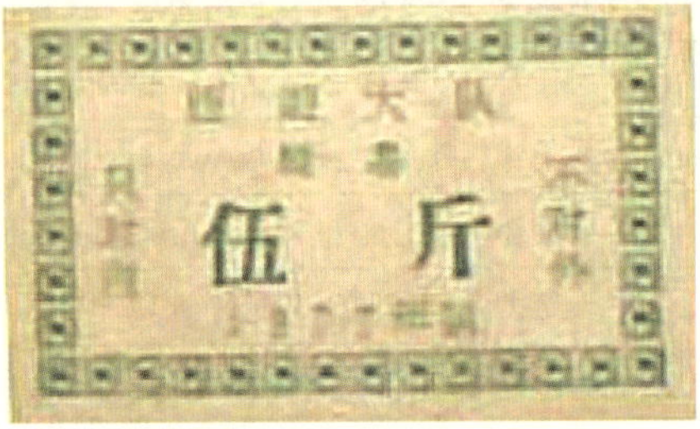

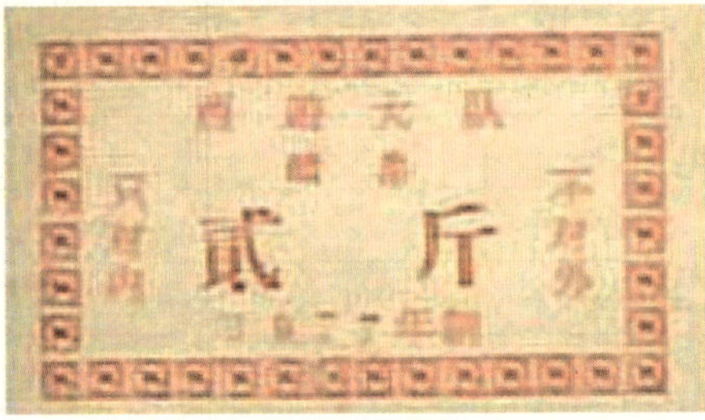

太原的醋消费量高于华北其他4市，可以说明山西省的食醋消费量远高于其他省。山西人爱吃醋，也是不争的事实。我在山西听到过这样的顺口溜："山西人爱吃醋，家家有个醋葫芦""男人不吃醋，感情不丰富；女人不吃醋，家庭不和睦；小孩不吃醋，学习不进步；老人不吃醋，越活越糊涂"等等。可见醋在山西几乎可以影响社会安定与繁荣了。其原因，目前还未见到权威性的研究结果，目前普遍的看法，是认为除了山西醋的品种多，质量较好之外，还有其特殊的地理生活原因。一是山西人以面食为主，无论小麦面，还是其他各种杂粮面食，以醋佐餐可以增加食欲，因此醋是多数山西人餐桌上不可缺少的必备调味品，至于有人说可以帮助消化，没有看到可靠的营养学实验证据，不敢武断；二是山西的大部分水质硬度较大，即含有较多的钙盐和镁盐，多饮醋，醋酸与这些钙、镁离子结合，容易减少那些难溶性的钙盐和镁盐在体内的积聚，有利健康，俗话所说醋可以起到软化血管的作用，也许是指这方面的作用，但是，醋如何

“软化血管”的科学实验也没有见到过，同样不敢武断；三是由于煤炭是山西的主要能源，千百年来煤矿的开采并不能保证煤气，即以一氧化碳为主要成分的气体不会大量散逸到大气中，兼之冬日室内密闭，难免煤气中毒，且发生的概率较高，因此，民间自古以来就知道用醋“解”煤气和急救煤气中毒患者的措施，据说效果奇验。一氧化碳在化学性质上是一种还原剂，与食醋，或与食醋中的各种成分（包括挥发性与不挥发的）如何发生作用，本书编著者未见过有关可信的实验结果，有待后起贤达解开这个谜团。我这里只从自然科学的角度进行了非常粗浅的推测，至于食醋的文化背景，则更大有文章可做，又岂敢以这薄薄的小书妄发议论？

第二个问题：山西老陈醋特色的传统工艺起源于何时，是谁发明的？

具有鲜明特色的山西老陈醋的起源，主要有两种流行的说法，一是顺治年间（1644—1661）介休人王来福在清源县（今清徐县清源镇）发明的，因此有些人把王来福称为“醋圣”；一是起源于明代清源县的“美和居”醋号（这一醋号在1936年出版的《中国实业志·山西省》一书发表的对山西制醋业调查记录中并没有载入）。然而，这些说法并没有可靠的依据。应该说，某种传统工艺经数百年流传，是逐渐形成和完善的，很难说是某个人的发明，就像我们历来那样，常常把某项或某个产业归功于一位并不实际存在的人物，例如把农业归功于神农氏，把缫丝归功于嫘祖一样。像酿醋这样的技术，多半是由劳动人民操作的，他们在古代基本上没有用文字记录的能力，更少有著述的可能，酿造技术只能是代代口口相传而延续下来的。某些工艺的改进，同样不会有文字记录。本书编著者多年来一直想在古籍上寻找王来福的踪迹，但没有找到。见诸文字的材料，最早见到的是在20世纪70年代初，由清徐曲醋厂发表在《山西发酵》上的文章，该文提及王来福，也仅凭传说，并无过硬的史料。

王来福在清初发明老陈醋的说法，还与另外一些传说相抵触。我们今天可以看到最早关于老陈醋工艺的详细描述，是1934年方心芳的文章《山西醋》，文中提到过的益源庆，虽然经过了80年，我们今天还可以在原址见到这家醋号的招牌，当然这家企业已经不知更换多少主人了。益源庆20世纪30年代即生产老陈醋，因此我们可以推论，他们的生产工艺是传承了很多年的。究竟传承了多少年呢？流行的说法则是，益源庆的厂址是明代宁化府的酿造作坊，假如这种说法正确，而且一直延续下来了，那就说明早在14世纪末到15世纪，即明朝初年就已经有老陈醋了。我们期待着历史学家和有心人作更深入的探寻，让老陈醋的技术演变过程更清晰。

在山西，乃至全国的酿造界流传过一本手抄本《看曲论》。这一著作曾经在《中国酿造》和《中国酒曲》等书刊中全文正式发表过。本书编著者在20世纪80年代初见到过孟乃昌先生油印出版的校释文章，后在纪文海的《山西清徐老陈醋》一书中得知，原来这个手抄古本来自清徐曲醋厂的老工人手中，纪文海曾在其著作中做了今文摘译。知道了这本古抄本的来源，我们便可以推测，它很可能是酿醋作坊中的老工人的经验，经过当时有一定文字表达能力的人士记录而成，记录者的文字水平有限，因此抄本中错别字较多。为了读者参考方便，故将其原文及纪文海的今释作为附录（见附录3）。酿酒与酿醋所用的大曲同出一源，这又是一个证明。

第三个问题：山西老陈醋应该如何定位？

1934年，后来成为我国酿造界唯一中国科学院院士的方心芳曾到山西清源（1952年与徐沟县合并为今日之清徐县）和太原调查老陈醋，与他的业务领导孙学悟联合署名写出了调查报告，这是首次发表的我国现代科学家关于山西老陈醋的科研报告。这篇报告今天仍然是醋的科学研究和醋酿造界应该参考的经典文献（见附录2）。

在这篇报告中，首次为老陈醋做了科学的说明："醋制成后即出卖者，称'新醋'，陈放后者称'陈醋'。陈醋之制法可分加工与不加工两种。不加工者即将原醋入瓮陈放，天长日久可成色浓味重之老陈醋；加工者于三伏天将醋置于日下曝晒，使水分蒸发逸去，冬日置于户外，醋中水分结冰，浮于液面，随时取出，此可谓日晒抽冰法。凡经此一冬三伏之醋，色浓体重亦称陈醋。若经三年以上，则可谓加工法之上好陈醋矣。"他还分析过当时一些著名厂家的醋产品，这些商家的品牌是：太原的包丰裕、清源的永泉玉和聚庆成等。他还考察过太原的益源庆醋号，这可能是今天硕果仅存的老字号。方心芳又说："我国之醋最著名者，首推山西醋与镇江醋……盖上等山西醋之色泽气味皆因陈放长久，醋之本身起化学作用而生成，初非假人工而喂制，不愧为我国名产。”也许正因为当年山西老陈醋是味美色佳，芳香诱人的优质产品，所以方心芳才不辞辛苦来到交通闭塞的清源考察。

80年过去了，国家已经远非昔日可比。自1956年山西老陈醋在全国调味品鉴定会议上被评为第一名起，多次夺得优质产品的荣誉。老陈醋已经成为全国的著名品种，几乎全国各大型超市都能买到。几十年来，酿造界和科研机构对老陈醋的技术改良也做了大量工作，老陈醋的产量超过当年数百倍，行销全国并有少量出口。

山西的醋业久已驰名全球，在国内不同风格醋产品中，独树一帜。2014年10月1日开始执行《地理标志产品山西老陈醋》国家新标准，更有利于保护、传承和发展这个传统优秀产品了。因此，在新形势下，有必要考虑山西老陈醋的重新定位问题。

当前，全世界食醋产品已经突破原有调味品的狭窄空间，成为保健饮料中一类新兴产业。日本超市中醋产品林林总总，保健用粮食醋和水果醋的产值很可能已经超过了调味品用醋；欧洲也在迅速发展，他们在优秀传统工艺的基础上，采用现代科研成果，工艺先进，生产效率很高；我国某些名牌醋品，例如镇江醋业，由于经营理念的革新和新技术的全面推广，正在高速壮大，其他地方，特别是沿海发达地区，醋饮料、醋保健新产品也在不断涌现。这无疑是对山西醋严峻的挑战。需要山西醋业界、有关管理部门和地方领导，以及一切关心山西醋业的各界人士认真对待，审时度势，找出山西醋，特别是老陈醋的发展新出路。

山西发展醋业的优势是老陈醋的品牌优势和独特的酿造技术，以及由此产生的优良的产品内涵。除了老陈醋特有的芬芳气味和鲜美的滋味外，老陈醋中含有大量有机酸，特别是按传统工艺认真生产的达到国家新标准的山西老陈醋，应该含有较丰富的川芎嗪（四甲基吡嗪），这是一种有多种生理活性的天然化合物。除了这种成分以外，老陈醋还含有其他多种我国一般食醋不含或含量很少的保健成分，例如黄酮、多酚类化合物、琥珀酸等等。因此，山西老陈醋应该果断跳出传统调味品的老思路，尽快将老陈醋应用方向迅速转变为以保健品为主。这样，不仅为我国广大消费者提供了一种优良有效的保健品，还将使老陈醋的产值大为提高。我以为，按照传统观念，仅仅把老陈醋作为调味品，即使作为高级调味品，其产值也是非常有限的，如果作为保健品，其价值将会十倍提高，这将明显提升老陈醋在国人和外国人心目中的地位。其实，在国外也已经存在类似的醋产品，例如意大利的巴塞米醋（Aceto Balsamico），每100毫升的价格可以达到数百美元。

同时，山西盛产各种小杂粮，苦荞醋的开发成功，更增强了开发以小杂粮为原料的各种保健醋的信心。醋业的健康快速发展，有可能促进山西和临近各省农业产品结构的改革，大幅度提高农业产值。

我们高兴地看到，山西的有关领导和管理部门已经更加重视山西醋业的发展，《关于促进山西醋产业加快发展若干意见的通知》（山西醋八条）早在2009年已经以行政部门的文件发布。如果在企业发达的基础上，由国家加大科研和创新的投入，在技术改造方面采取更有力的措施，不断开发新的保健产品，山西醋业将会出现崭新的局面。我在过去十几年中，曾有过一些建议和想法，特选择了《关于振兴山西醋业的建议书》《山西老陈醋的工艺精华和质量特色》两篇已经发表的文章作为附录。开篇时我已经说过，我的实践经验很少，掌握的资料也有限，本书中可能会有许多不确切，甚至错误的内容，希望读者不吝批评指正。

本书的出版，首先要感谢王建忠先生的支持，除了提供出版费用外，还为我的写作提供了许多帮助；其次要感谢北京龙门醋厂的刘传刚先生，他仔细审阅了本书全部初稿，提出了几十条宝贵的修改意见；最后要感谢南京出版社的程瑶编辑，她为本书的出版付出了大量的劳动。

程光胜

甲午年冬至于回龙观四为斋